星载 InSAR 高精度几何处理

张 过　陈振炜　王舜瑶 等　著

科 学 出 版 社
北 京

内 容 简 介

本书针对星载干涉测量中地形特征复杂区域 InSAR 高程测量和广域 InSAR 形变测量面临的技术瓶颈，从误差理论入手，到技术算法研制，提出一套星载 InSAR 高精度几何处理方法，并在应用上提出 InSAR 与地质学相结合的斜坡地灾易发性分区方法。具体内容包括：星载 InSAR 测量原理与数据处理，星载 InSAR 地形测量与地表形变监测误差分析，复杂地形星载 InSAR 影像配准、相位滤波与相位解缠，复杂地形多基线多角度融合，广域 InSAR 地表形变监测方法与流程，全国地表形变一张图研制成果，基于 InSAR 技术的斜坡地灾易发性分区，全国斜坡地灾易发性分区一张图研制成果等。生产实践结果验证了本书所提出技术体系的有效性和可行性。

本书可供测绘、国土、航天、规划、农业、林业、资源环境、遥感、地理信息系统等地理空间信息相关行业的生产技术人员和科研工作者阅读参考。

图书在版编目（CIP）数据

星载 InSAR 高精度几何处理/张过等著. —北京：科学出版社，2023.4
ISBN 978-7-03-074596-5

Ⅰ.①星… Ⅱ.①张… Ⅲ.①合成孔径雷达-干涉测量法 Ⅳ.①P237

中国版本图书馆 CIP 数据核字（2022）第 255190 号

责任编辑：杨光华/责任校对：高 嵘
责任印制：吴兆东/封面设计：苏 波

科学出版社出版
北京东黄城根北街 16 号
邮政编码：100717
http://www.sciencep.com
北京中科印刷有限公司印刷
科学出版社发行 各地新华书店经销
*
开本：787×1092 1/16
2023 年 4 月第 一 版 印张：13 3/4
2025 年 3 月第二次印刷 字数：326 000
定价：198.00 元
（如有印装质量问题，我社负责调换）

前言

合成孔径雷达干涉（InSAR）测量诞生于 20 世纪 60 年代末，发展初期主要用于大范围地表高程信息的提取，其中最著名的是美国国家航空航天局生产的 SRTM DEM。随后，通过差分处理，InSAR 技术被应用于形变监测中，并在地表形变、地震形变、火山形变、滑坡体监测及重大基础设施形变监测中发挥了重要作用。

InSAR 可以全天候、全天时主动对地测量，获取大范围、高精度的地表高程和形变信息。而广域的地表形变信息对揭示地球动力学理论具有重要的指导意义，且对监测缓变地质灾害具有重要的实际意义。尤其是时序 InSAR 技术的出现，将地表形变监测的精度提高到了毫米级，加之本身数据覆盖范围大，其适用性大大提高。

本书从星载 InSAR 技术发展现状出发，系统阐述星载 InSAR 几何处理原理及误差体系，提出复杂地形星载 InSAR 高程测量和广域星载 InSAR 地表形变监测新方法，以及基于 InSAR 技术的斜坡地灾易发性分区系统流程，并基于这些方法制作全国地表形变一张图及全国斜坡地灾易发性分区图。本书所构建的 InSAR 误差体系、高程、形变测量新方法、地灾易发性评价系统，以及基于本书理论体系和创新方法研制的全国形变一张图及全国斜坡地灾易发性分区图，在全国尺度重大基础设施安全监测及地质灾害防治等应用中具有广阔前景。

本书共 5 章：第 1 章介绍国内外 InSAR 卫星发展现状，着重介绍复杂地形条件下的 InSAR 高程测量、广域条件下的 InSAR 地表形变监测两大热点方向的研究现状，并在此基础上，进一步介绍基于 InSAR 技术的斜坡地灾易发性分区这一应用方向的制作现状；第 2 章介绍星载 InSAR 的定位几何模型、地形测量与地表形变监测的基本原理，并介绍星载 InSAR 数据处理的基本方法，在此基础上，对星载 InSAR 地形测量与地表形变监测进行误差分析，为后续章节提供理论基础；第 3 章首先论述影响复杂地形条件下 InSAR 高程测量面临的几个主要难题，包括影像配准、相位滤波、相位解缠与阴影叠掩，然后分别提出相应的改进方法，并通过试验验证方法的有效性；第 4 章介绍广域星载 InSAR 地表形变监测面临的几个主要问题，并针对这些问题提出处理方法，通过试验验证方法的有效性，同时介绍基于本书方法研制的全国地表形变一张图及其精度；第 5 章介绍斜坡地灾的孕灾环境和诱发因素，介绍斜坡地灾易发性评价中常用的方法，提出顾及 InSAR 地表形变结果的态势结合斜坡地灾易发性评价方法，通过试验验证该方法的有效性，同时介绍基于本书方法研制的全国斜坡地灾易发性分区图及其精度。

本书主要取材于作者近些年完成的研究工作，主要内容源自课题研究报告及所发表的学术论文，其中部分内容已在国内外有关刊物发表。本书的写作分工为：张过和陈振炜负责总体内容框架及星载 InSAR 高精度几何处理技术体系的制订；陈振炜负责撰写第 2 章中星载 InSAR 地形测量误差与仿真试验部分，以及第 3 章复杂地形星载 InSAR 高程测量全部内容，同时参与撰写第 4 章中广域星载 InSAR 地表形变监测处理流程；王舜瑶主要负责撰写第 2 章中星载 InSAR 地表形变监测误差与仿真试验部分，以及第 4 章广域星载 InSAR 地表形变监测主要内容，同时参与撰写第 5 章中湖北恩施州斜坡地灾易发性评价的相关内容；刘宇涛负责撰写第 5 章基于 InSAR 技术的斜坡地灾易发性分区的主要内容；徐子兴负责撰写第 1 章绪论的主要内容、第 2 章中星载 InSAR 测量原理与数据处理的相关内容、第 4 章中广域星载 InSAR 地表形变监测面临的问题及广域星载 InSAR 地表形变监测方法的相关内容。

希望本书内容能为国内同行科研工作者提供参考，进一步推动星载 InSAR 技术的应用和深入发展。鉴于作者写作水平有限，行文中难免存在不足之处，敬请各位读者批评指正。

作　者

2022 年 12 月

目录

第1章　绪　　论

国内外合成孔径雷达干涉（interferometry synthetic aperture radar，InSAR）卫星朝着多波段、多极化、多工作模式、高空间分辨率等方向发展，但在地形测绘、地表形变监测等应用领域，仍存在亟须解决的难题。本章简要介绍国内外InSAR卫星发展现状，着重介绍复杂地形条件下的InSAR高程测量、广域条件下的InSAR地表形变监测两大热点方向的研究现状，并在此基础上，进一步介绍基于InSAR技术的斜坡地灾易发性分区这一应用方向的制作现状。

1.1　国内外InSAR卫星发展现状

近五十年来，国内外成功发射了多颗InSAR卫星，为高程测量和形变监测的研究和应用提供了丰富的数据基础，InSAR卫星也由仅能提供单波段、单极化、单一工作模式、低空间分辨率、长重访周期的合成孔径雷达（synthetic aperture radar，SAR）数据，逐渐发展为可以提供多波段、多极化、多工作模式、高空间分辨率、短重访周期、多星串行的SAR数据获取系统。

1978年6月，美国国家航空航天局（National Aeronautics and Space Administration，NASA）喷气推进实验室（Jet Propulsion Laboratory，JPL）发射了海洋卫星Seasat，作为人类历史上第一颗装载有合成孔径雷达的卫星系统，Seasat开启了星载InSAR对地观测的新篇章（Born et al.，1979）。后来，欧洲空间局（European Space Agency，ESA）分别于1991年和1995年成功发射了ERS-1卫星和ERS-2卫星，两颗卫星均搭载了C波段的SAR系统，采用太阳同步轨道，并大大提高了干涉处理的精度（Francis et al.，1995）。2002年3月，ENVISAT卫星发射升空，这颗卫星在ERS系列卫星的基础上，对成像幅宽和分辨率等方面都进行了改进，并具有多种极化方式。

2007年，德国航空航天中心（Deutsches Zentrum für Luft- und Raumfahrt e.V.，DLR）发射了载有X波段合成孔径雷达的TerraSAR-X卫星，该卫星具备高成像分辨率、多成像模式、多极化方式和较短的卫星重访周期等特点。2010年6月，德国航空航天中心又发射了一颗配置几乎相同的卫星TanDEM-X，与TerraSAR-X卫星编队协同飞行，构成了高精度双星干涉测量系统。两颗SAR卫星在相近的阵式中飞行，可以获取高可重构下的理想干涉基线，从而获得高精度的高程信息，在地形高程反演方面具有极大优势（Krieger et al.，2007）。

自2007年6月至2010年11月，意大利航天局（Agenzia Spaziale Italiana，ASI）和意大利国防部陆续发射了4颗COSMO-SkyMed卫星，COSMO-SkyMed星座正式进入四星联动的工作模式。COSMO-SkyMed系列卫星组成的星座工作在X波段，具有SpotLight

（聚束成像模式）、StripMap（条带成像模式）和 ScanSAR（扫描成像模式）多种工作模式，具有卫星星座重访周期短等特点（Covello et al.，2010）。

欧洲空间局分别于 2014 年 4 月 3 日和 2016 年 4 月 25 日发射了 Sentinel-1A 卫星和 Sentinel-1B 卫星，均载有 C 波段合成孔径雷达。这两颗卫星的独立重访周期为 12 天，组合重访周期为 6 天，拥有 4 种工作模式，被广泛应用于地震形变监测、滑坡形变监测、城市形变监测、矿区形变监测、火山形变监测和冰川移动监测等形变监测领域（Zhang et al.，2020）。

此外，比较典型的 InSAR 卫星还有加拿大的 RADARSAT-1 卫星（C 波段，1995 年 11 月发射升空）和 RADARSAT-2 卫星（C 波段，2007 年 12 月发射升空）、日本的 JERS-1 卫星（L 波段，1992 年 2 月发射升空）、ALOS 卫星（L 波段，2006 年 1 月发射升空）和 ALOS-2 卫星（L 波段，2014 年 5 月发射升空）等。

国内对星载 InSAR 系统的研制虽然起步相对较晚，但至今也取得了显著的成果。2016 年 8 月 10 日，我国成功发射了高分三号 01 星，作为国内首颗 C 波段多极化 SAR 卫星，其观测幅宽为 10～650 km，空间分辨率为 1～500 m，具备 12 种成像模式，有效改变了我国高分辨率 SAR 图像依赖进口的状况（余博 等，2019）。2021 年 11 月 23 日和 2022 年 4 月 7 日，我国又相继成功发射了高分三号 02 星和高分三号 03 星，加上原有的高分三号 01 星，高分三号系列卫星“三星组网”大大提升了卫星的重访和应用能力。2019 年 4 月 30 日和 2021 年 8 月 19 日，天绘二号 01 组卫星和 02 组卫星成功发射，天绘二号是我国第一个近距离编队卫星系统，采用异轨道面卫星编队、一发双收雷达收发模式的技术体制，利用卫星编队形成干涉所需的基线，可以快速测制全球 1∶5 万比例尺数字表面模型和雷达正射影像（楼良盛 等，2022）。2022 年 1 月 26 日和 2 月 27 日，陆地探测一号 01 组 A 星和 B 星相继成功发射，构建了全球首个用于地表形变干涉测量应用的 L 波段双星星座。该星座由设计参数相同的两颗 L 波段 SAR 卫星组成，在轨具备“跟飞”“绕飞”两种编队飞行模式。“跟飞”编队模式下，双星以地表形变干涉测量为核心任务，可单星或双星联合进行差分干涉，实现大尺度、毫米级高精度地表形变监测，可以有效支持地面沉降、滑坡、地面塌陷、地震形变监测等行业应用；“绕飞”编队模式下，双星通过星间高精度相位、时间、空间三同步实现近距离协同对地观测，可实现干涉 SAR 高精度地面高程测量，有效支持全国自然资源调查体系构建、全球地理信息资源库建设与更新，以及高精度地形数据更新（晓曲，2022）。

由此可见，国外的 InSAR 卫星系统已较为成熟，而国内的 InSAR 卫星在日益增长的应用需求牵引下，近几年也呈现出爆发式发展的形势。然而 InSAR 卫星的两个重要应用领域——高程测量与地表形变监测，依然面临着一些技术瓶颈。对复杂地形进行高程测量，受到 InSAR 观测几何特性与相位特征的影响，面临着处理手段困难、产品信息缺失等难题。而对于地表形变监测，随着 InSAR 数据量的剧增，且我国陆地面积广袤、地形地貌复杂，广域 InSAR 处理成为重大需求，对误差改正、参数解算、有效信息提取提出了挑战。此外，对于近年来火热的 InSAR 地质灾害应用方向，如何有效地将 InSAR 技术与地学手段合理结合，也存在亟须解决的技术性难题。本书将重点围绕以上几个问题详细介绍星载 InSAR 数据处理关键技术。

1.2 复杂地形 InSAR 高程测量现状

20 世纪 60 年代末至 70 年代初，InSAR 测量最早被用于对金星（Rogers et al.，1969）和月球表面（Zisk，1972）的观测。Graham（1974）通过机载 InSAR 系统进行地形测量，开创了 InSAR 技术在对地观测中获取高程信息的先河。1979 年，美国喷气推进实验室成功发射 Seasat-A 卫星，首次从太空获得地球表面干涉测量的数据（Born et al.，1979）。Zebker 等（1986）利用机载干涉雷达的单轨双天线数据，首次得到了实用性的地表高程结果。Goldstein 等（1988）利用 Seasat 星载 SAR 数据，采用 InSAR 技术获取了死亡谷 Cottonball 盆地的地形图。20 世纪 90 年代以后，随着星载合成孔径雷达卫星的不断升空，SAR 数据大大丰富，InSAR 地形测量得到了快速发展。

高程测量是星载 InSAR 技术的主要应用方向之一，尽管在通常情况下的 InSAR 测高技术已较为成熟，但对复杂地形情况，通过干涉测量的手段进行地形测量，仍面临着诸多问题。从观测几何的角度来说，复杂地形使 SAR 影像不可避免地出现阴影、叠掩等斜距成像特有的现象，从而造成干涉相位的不连续性及影像信息缺失等问题；从数据处理的角度来说，复杂地形造成影像相对几何变换关系复杂化、几何失相干现象显著、相位梯度变大等问题，影响了 InSAR 影像配准、相位滤波、相位解缠等处理环节。因此，本书在 InSAR 测高方向重点关注复杂地形的测绘技术。

经典的 InSAR 影像配准方法通过多个配准点的平移量来拟合两幅 SAR 影像间非线性的几何变换关系，但地形起伏较大、影像对的垂直基线较大、平行基线变化率较高、脉冲重复频率（pulse repetition frequency，PRF）差异较大等因素都会体现到每个以配准点为中心的窗口中，使这些平移量的估计存在较大的模糊度，且影像内部大量的失相干区域同样会导致许多偏移量错估值，这些因素共同导致影像配准不精确。韦海军等（2009）提出了一种适合复杂地形、非线性处理与线性处理相结合的 SAR 影像配准方法。该方法利用外部数字高程模型（digital elevation model，DEM）数据将辅影像通过一个非线性映射转换到与主影像相同的视角下，从而消除主辅影像之间由于视角差异及地形起伏带来的非线性形变，然后采用传统基于相关系数的方法计算主影像与转换后的辅影像之间的偏移量，从而消除由轨道误差带来的线性形变。张泽昆（2011）提出了一种适用于低相干山地区域、基于边缘和纹理特征相结合的影像配准方法，以边缘和纹理作为基本特征，通过纹理特征的提取对经边缘特征提取后的影像进行修正来提高配准的精度。周荣荣（2019）提出了一种适用于山地 SAR 影像的配准方法，该方法先进行 SAR 影像模拟，然后将向量场一致性的点集匹配算法用于模拟 SAR 影像与真实 SAR 影像的匹配，间接得到左右真实影像上的控制点，最终完成山地地形 SAR 影像的精确配准。针对地形复杂条件下的配准困难问题，多数研究者将目光放在配准算子和配准测度上，做了大量的工作却忽略了影像间非常量的变换关系对配准精度的限制，而有些研究者则把焦点放在解算影像间复杂的相对几何关系上，没有考虑 InSAR 影像对的相互变换关系实际上极为简单，否则干涉的条件就难以成立的事实。因此，复杂地形条件下，只有兼顾了几何关系给配准精度带来的影响及噪声干扰下误配率高但配准精度要求也高这两方面因素，才能实现 InSAR 影像的高精度配准。

InSAR 相位滤波需要兼顾有效滤除噪声和尽可能地保留相位中有效的信息。目前 InSAR 相位滤波方法主要分为空间域滤波、频率域滤波和时频滤波。①在空间域滤波方法中，由于复杂地形区域干涉条纹密度较大，传统的均值滤波（唐智 等，2004）或中值滤波（Lanari et al.，1996）等不考虑干涉条纹特性的滤波方法并不适用，多视滤波、矢量滤波、传统 Lee 滤波（Lee et al.，1998）对条纹密度较大影像的滤波效果也不够理想。刘璐等（2013）和 Bo 等（1999）对空间域滤波方法进行了改进，主要是采用自适应滤波窗口，避免条纹密度大的区域受滤波的影响而导致相位信息损失。②频率域滤波的思路为在频率域下分离有效相位频段和噪声频段，常用的频率域滤波方法有固定通频的低通滤波、高通滤波、带通滤波和 Goldstein 滤波等。其中，经典固定通频的低通滤波、高通滤波和带通滤波均没有考虑条纹频率在影像上的变化，因此并不适用于复杂地形区域，经典 Goldstein 滤波方法对低相干区域的滤波效果也较差，会丢失大量的边缘信息。Chi 等（2021）、Li 等（2019）、Song 等（2013）和 Baran 等（2003）在 Goldstein 滤波方法基础上又提出了改进算法，这些算法主要是对滤波因子的数值进行了调整或将滤波因子调整为自适应因子，使干涉图滤波效果有所改善。③时频滤波方法主要是小波滤波方法，小波分析能够有效区分信号中的噪声和突变部分，因此基于小波分析的相位滤波方法既能去除噪声，又能保持相位突变时的相位值，是一类较好的相位噪声滤波方法。岳焕印等（2002）提出了一种干涉图的小波域多尺度滤波算法，对干涉图的实部和虚部分别进行处理，用 Pearson 分布系数确定了信号和噪声项小波系数的概率密度函数，然后用最大后验概率准则估计无噪数据的小波系数。靳国旺等（2006）提出矢量分离式小波软阈值滤波方法，能有效地保持干涉图中的相位信息。Yan 等（2021）提出了一种基于小波变换的快速非局部均值滤波方法，分别在实部和虚部进行小波变换，并采用快速非局部均值滤波来平滑获取小波系数。综上所述，仅使用空间域或频率域的滤波很难得到理想的滤波结果，而时频滤波方法是目前精度最高的一类方法（主要是小波滤波方法），但目前这类方法往往未考虑复小波系数为复数的情况，丢失了虚部信息，导致信号相位噪声的增加，影响滤波效果，对于复杂地形等相干性较低的情况，滤波方法仍有很大的提升空间。

相位解缠是将干涉图的相位主值恢复为真实值的过程。当观测区域地势起伏较大、地形复杂时，密集的地形残差相位条纹，在短距离内具有较大的相位梯度，可能会使相位解缠结果产生错误。目前 InSAR 干涉相位解缠的方法主要分为三大类：局部法、全局法和最小费用流法。①局部法往往通过干涉相位图上的路径积分来实施相位展开，最为经典的有 Goldstein 提出的枝切法（Goldstein et al.，1988），但是当残差点较为密集时，枝切线容易形成环路，导致局部解缠失败。②全局法一般使用解缠前后相位均方差的最小二乘法来进行解缠相位的最优寻解，以逼近真实相位值，但由于不对残差点进行处理，解缠过程中会存在由残差点引起的传播误差。③最小费用流法通过最小费用流的思路解决相位解缠的工作，是一类较为高效的解缠方法。针对复杂地形的相位解缠，许多学者进行了研究与改进。谢先明（2011）针对条纹密集干涉图和复杂地形干涉图的相位解缠问题，把传统路径跟踪策略与无迹卡尔曼滤波结合起来，提出了一种基于路径跟踪策略的无迹卡尔曼滤波相位解缠方法。在此基础上，有学者将人工智能的搜索策略引入无迹卡尔曼滤波相位解缠方法，提出一种基于人工智能搜索策略的无迹卡尔曼滤波相位解缠方法。刘辉等（2017）在实现零中频矢量滤波的基础上，设计了一种 DEM 辅助的山区 InSAR 相位解缠方法。该方法将原始干涉图与 DEM 模拟的干涉图做差分处理，获取条纹中心频率极低的零中频干涉图，再对零中频干涉图进行滤波和相位解缠处理，并将其解缠结果与模拟干涉相位求和，得到原始干涉图的解缠结果，从而减小相位欠采样和频谱混叠现象对干涉处理的影响。Sheng 等（2022）提出了一种考虑距离向坡度的最小费用流相位解缠方法，采用距离向坡度划分干涉相位的高质量和低质量区域，将基于坡度质量图作为流量的单位成本，以平衡最小费用流中每个节点的残差，实现最小费用流网络的最低费用，从而达到最小的残差估计并完成解缠。以上方法均从降低地形相位的角度来解决解缠问题，但对于复杂的地形，降低了坡度影响后的干涉相位仍然面临着阴影叠掩、辅助 DEM 精度有限等因素的影响，导致较大的相位梯度，仍影响了相位解缠的正确执行。

多基线 InSAR 结合了长基线干涉图条纹密集、能反映地形的精细结构的优点与短基线干涉图条纹稀疏、有利于相位展开的优点，既能发挥长基线 InSAR 数据对地形变化敏感的优势，又能解决长基线干涉相位在地形起伏大的区域面临的解缠难题。Xu 等（1994）首次提出了多基线 InSAR 方法的概念。Ferretti 等（1999）提出了一种多基线 InSAR DEM 重建的小波方法，利用大气失真的特定频率趋势，直接估计每个干涉图的噪声和大气失真功率，然后在小波域中通过加权平均将可用的 DEM 组合在一起。谢先明（2011）把无迹卡尔曼滤波应用到多基线干涉相位估计之中，提出一种多基线无迹卡尔曼滤波相位估计方法，并利用扩展粒子滤波的强大数据融合能力及不受模型噪声特性影响的特点，提出一种多基线扩展粒子滤波相位估计方法。高延东（2019）提出了一种基于两阶段编程的多基线无迹卡尔曼滤波方法。Yuan 等（2020）提出了一种基于聚类分析的新型多基线相位解缠和滤波算法。梁小星等（2021）提出了一种基于边缘检测与路径跟踪策略的多基线 InSAR 高程反演算法。Zhou 等（2021）提出了一种称为 CANet 的无监督深度卷积神经网络，用于基于聚类分析的多基线 InSAR 相位解缠。这些多基线联合的方法均受到噪声抵御能力差、计算效率低等因素的限制，同时未对多基线伴随的不同时相所引入的其他误差进行深入分析。

针对复杂地形区域阴影叠掩所产生的数据空洞问题，许多学者对多角度 InSAR 展开了研究。由于 SAR 是侧视斜距成像，从 InSAR 影像对获取的高程信息就可能在透视收缩、叠掩区和阴影区出现缺失问题，利用多角度 InSAR 可以对透视收缩、叠掩和阴影区域进行补偿。星载多角度 InSAR 主要采用升降轨数据融合方法，是因为升降轨的可观测区域可以相互补偿，叠掩和阴影区域的缺失数据可以通过融合这两种互补的数据进行恢复。Carrasco 等（1997）基于相干性融合了升降轨 ERS DEM 数据，首先设定相干性阈值，对于待确定的像素点，如果两幅影像在该点的相干性都高于阈值，就采用加权平均的方法计算，否则选择相干性高的 DEM 估计作为该点的高程。Deo 等（2014）利用基于相干性计算的高程误差图在升降轨 TanDEN-X 融合中确定权重。Jiang 等（2014）考虑多源数据高程模糊度差异及相位噪声的变化，结合最大似然估计法定权，将升轨 TerraSAR-X 数据生成的 DEM 与降轨 COSMO-SkyMed 数据生成的 DEM 进行融合。杜亚男等（2015）提出了一种迭代的顾及垂直基线、阴影和叠影的升降轨数据融合方法。秦小芳等（2018）提出了一种采用非局部干涉相位滤波分别得到升轨和降轨的高分辨率 DEM，然后基于非局部干涉估计得到的相干系数进行升降轨 DEM 融合的方法。目前阴影叠掩的补偿以升降轨融合方法为主，且主要研究集中在融合方法上，但对叠掩的准确识别及叠掩现象对 InSAR 相位带来的误差水平，并没有从机理上进行深入的研究，而只是从结果上进行简单的赋权叠加处理，这使复杂地形条件下的阴影叠掩补偿效果受到限制。

1.3 广域 InSAR 地表形变监测现状

InSAR 第一次被成功应用于地表形变监测领域是 Gabriel 等（1989）利用差分合成孔径雷达干涉（differential interferometric synthetic aperture radar，D-InSAR）测量技术对美国 Imperial Valley 地区的地表形变进行了监测。此后的三十多年里，InSAR 技术在形变监测领域得到了广泛的研究，被成功应用于地震形变监测（Massonnet et al.，1993）、滑坡形变监测（Fruneau et al.，1996）、城市形变监测（刘国祥 等，2001）、矿区形变监测（Ge et al.，2001）、火山形变监测（Pritchard et al.，2004）、冰川移动监测（Kwok et al.，1996）等多个领域。但受制于在轨 SAR 卫星数量，这些研究多在小范围内开展。

在轨 SAR 卫星数量的增多，带来了更丰富的数据选择，推动了 InSAR 广域地表形变监测的相关研究。Costantini 等（2017）利用 20 000 幅 SAR 影像（包含 ERS 数据、ENVISAT 数据和 COSMO-SkyMed 数据）获取了意大利全境地表形变。Bischoff 等（2020）利用 Sentinel-1 数据对丹麦全境进行了 InSAR 监测。Emil 等（2021）结合 ALOS PALSAR-1 数据和 Sentinel-1 数据对卡塔尔全境实施了 InSAR 监测。Hamling 等（2022）结合 InSAR 监测结果、地震运动数据和连续全球导航卫星系统（global navigation satellite system，GNSS）数据，建立了新西兰的高分辨率速度场。但以上研究中的国家面积较小，都不超过 40 万 km^2。

国内也陆续开展了省级甚至是大区级的 InSAR 形变监测工作：张玲（2017）首次实现了华北平原、长三角和汾渭盆地近 25 万 km^2 范围的全覆盖监测，形成区域监测成果“一张图”；张永红等（2019）开展了江苏全省地面沉降 InSAR 监测；刘斌等（2020）对金沙江中下游区域进行了 InSAR 广域地表形变监测与地灾隐患识别。

相比于小范围 InSAR 处理，广域 InSAR 处理中的计算效率问题、广域大气效应改正问题、相位解缠问题等会更明显且更难以解决。近几年来，许多学者也开始对广域 InSAR 处理方法进行改进。Li 等（2019）定量分析了 InSAR 中固体潮的时空特征，并在中国中部江汉平原和美国中西部大平原进行了基于 Sentinel-1 影像的案例研究，对固体潮在 InSAR 广域形变监测中的影响进行了分析。Yu 等（2020）对海潮负荷在大范围 InSAR 观测中的影响进行了分析，并在英国西南部针对海潮负荷校正对 InSAR 时间序列的降噪贡献进行了试验。Papoutsis 等（2020）提出了一种并行永久散射体干涉（persistent scatterer interferometry，PSI）方法，该方法基于预期的永久性散射体数量，建立考虑土地利用的非均匀贴片网格，并引入了分布式实现，在 20 核服务器上处理速度可以提高 5 倍，并将该方法应用到希腊全国地表形变监测中。Tang 等（2021）提出了一种相干散射体 InSAR（coherent-scatterers InSAR，CS-InSAR）及其并行处理方案，用于自动高效地处理 Sentinel-1 数据。Wang 等（2022a）针对广域形变监测中的 InSAR 对流层延迟问题，提出了多时相移动窗口线性模型。Wang 等（2022b）提出了一种精细化的并行 Stacking-

InSAR 工作流程，该工作流程采用联合极化 Stacking 方法减少随机噪声、选用短空间基线减少地形误差，采用多项式拟合并消除小尺度大气误差等方法提高广域 InSAR 形变监测精度，利用超算服务器并行处理提高 InSAR 处理效率，并将该工作流程应用到西藏自治区的广域形变监测中。

随着广域 InSAR 处理方法的改进，国内也开展了全国地表形变 InSAR 监测工作。Wang 等（2021）借助超算系统，基于 Sentinel-1 数据首次实现了中国全境地表年平均形变速率 InSAR 测量图提取，空间分辨率优于 100 m（20×4 多视），城镇形变测量精度优于 6 mm。针对当前中国全境地表 InSAR 形变图的空间分辨率较低、未经过大量检查点精度验证的现状，尽管广域 InSAR 形变监测在国内外已开展了部分研究，取得了一些进展，但是仍存在不少问题，许多广域处理仅局限在几十万平方千米的空间尺度上，而随着处理面积数量级的增加，现有方法的效果与效率将大幅降低，而对于数百万乃至近千万平方千米面积的数据处理，许多方法则通过降低分辨率或抽稀数据密度的方式换取计算的效率和精度。此外，对海量数据的处理，效率是不可忽视的一个关键因素，而现有的时序处理方法往往需要耗费大量计算资源，效率极低，对广域处理可行性较差。因此如何研发一种适用于全国陆域面积的 InSAR 地表形变监测处理方法，在保障结果分辨率的前提下，同时兼顾精度与处理效率，是目前值得研究的热点问题。

1.4 斜坡地灾易发性分区制作现状

全球地质灾害发生频繁，地质灾害发生时，不可避免地会造成人员伤亡和经济损失。各个国家对如何预防地灾和减少地灾造成的损失开展了很多研究，地质灾害易发性评价作为预防地灾的有效手段已经被广泛应用于各个国家防灾减灾的工程中。

国内外地质灾害易发性评价历史大致可划分为三个阶段。

第一个阶段：20 世纪 50 年代至 70 年代，国外许多国家和学者开始了地灾易发性评价研究，这一时期主要根据专家野外的调查经验，采用定性描述或分类判别的方法，从地质学的角度进行定性分析，我国在这一阶段也开始有计划地开展全国大江、大河和重要交通干线的地灾调查，服务于国民经济建设中的重大工程。

第二个阶段：20 世纪 80 年代至 90 年代，初步形成了以统计分析为主的地灾易发性评价理论和方法，包括专家打分法、二元统计分析法、多元统计分析法、信息量法、证据权法、确定性地质模型等一系列的定性分析和定量评价方法，并成功进行了许多应用研究。

第三个阶段：21 世纪以来，随着计算机技术的发展，许多研究者将计算机技术与地灾易发性评价方法相结合，将机器学习和深度学习方法也应用于地灾易发性评价中，机器学习和深度学习可以有效避免主观因素的影响，客观得到评价结果，主要包括决策树、随机森林、逻辑回归、支持向量机和人工神经网络等方法。多种方法的出现，也引起越来越多的人关注地灾易发性评价。

近年来，很多研究者在研究区尝试多种方法，通过比较分析，得出适合研究区地灾易发性评价的最佳方法。Pradhan（2012）以槟榔屿（马来西亚西北部小岛）东南山区为研究区域，选用了不同的评价因子，比较了决策树、支持向量机、神经网络模型生成的15个滑坡易发分区图，结果显示三种方法评价精度均令人满意，其中神经网络模型得到的结果精度最高。Barella等（2019）等以巴西米纳斯吉拉斯州东南部地区为研究区域，选取坡度、坡向、曲率、斜坡单元、岩性和地形湿度指数为评价因子，并选取滑坡密度、似然比、信息值、贝叶斯模型、证据权法、逻辑回归和判别分析分别制作滑坡易发性评价模型，结果表明证据权法、信息值和似然比这三种方法得出的结果精度较高。Arabameri等（2020）以伊朗塔勒汉—阿拉穆特盆地为研究区，应用集成机器学习的方法，使用了地形地貌、地质环境、气候水文等方面的18个评价因子，对区域进行了地灾易发性评价，计算获得的模型精度高达0.993。Wubalem（2021）以埃塞俄比亚西北部的乌阿佐盆地为研究区域，选用岩性、土地利用、水系距离、坡度、曲率作为评价因子，应用地理信息系统（geographic information system，GIS）的频率比、信息量和确定性系数方法对研究区域进行滑坡易发性评价，并获得了较好的结果。吴润泽等（2021）以三峡库区湖北段为研究区，以滑坡灾害为研究对象，选取高程、坡度、斜坡结构、土地利用类型、岩土体类型、断裂距离、路网距离、河网距离及归一化植被指数这9个影响因子建立滑坡空间数据库，运用随机森林算法进行滑坡易发性评价，并绘制了滑坡易发性分区图。

此外，许多学者提出了多个模型相结合的耦合模型：Roy等（2019）采用证据权法和支持向量机相结合的方法制作了印度西孟加拉邦大吉岭和噶伦堡地区的滑坡易发性分区图；仪政等（2021）分别将信息量模型和人工神经网络、随机森林、支持向量机等进行耦合，并比较了不同耦合模型的精度；黄发明等（2022）为研究不确定性因素下易发性建模规律，以中国延长县为例，获取了82处地质灾害和14种环境因子，通过频率比和证据权等与决策树相耦合的方法进行建模，完成了研究区域地灾易发性评价。

地灾易发性评价因子作为数据驱动方法中的输入要素，对地灾易发性分区结果有重要影响。评价因子包括孕灾环境和诱发因素，最常用的评价因子主要有高程、坡向、坡度、工程岩组、断层距离、土地利用、道路距离、水系距离、震源距离和降水量等（Pourghasemi et al.，2018；Kanungo et al.，2012），也有学者将归一化植被指数（Pradhan et al.，2010）、地形湿度指数（闫怡秋 等，2021）、平面曲率、剖面曲率、河流功率指数（Duman et al.，2006）、沉积物搬运指数（Roy et al.，2019）、风化深度（Ercanoglu et al.，2004）等作为评价因子。

然而，以上评价因子大多不会在短时间内发生变化，属于静态数据，而由InSAR技术生成的地表形变图则反映了数据覆盖时间范围内的地表动态变化，两者结合可以更全面地进行斜坡地灾隐患筛查。如何将InSAR动态特征与地学静态特征数据有机结合，进行更准确的斜坡地灾易发性评价，是目前的主要问题与研究热点。

参考文献

杜亚男，冯光财，李志伟，等, 2015. TerraSAR-X/TanDEM-X获取高精度数字高程模型技术研究. 地球物理学报, 58(9): 3089-3102.

高延东, 2019. 面向高精度DEM的InSAR关键处理技术研究. 徐州: 中国矿业大学.

黄发明，石雨，欧阳慰平，等, 2022. 基于证据权和卡方自动交互检测决策树的滑坡易发性预测. 土木与环境工程学报, 44(5): 16-28.
靳国旺，徐青，秦志远, 2006. InSAR 干涉图的滤波方法. 系统仿真学报, 18(9): 2563-2565.
梁小星，谢先明，孙玉铮，2021. 一种结合边缘检测的多基线 InSAR 高程反演方法. 遥感信息，36(1): 102-111.
刘斌，葛大庆，王珊珊，等, 2020. TOPS 和 ScanSAR 模式 InSAR 在广域地灾隐患识别中的联合应用. 武汉大学学报(信息科学版), 45(11): 1756-1762.
刘国祥，丁晓利，陈永奇，等, 2001. 使用卫星雷达差分干涉技术测量香港赤腊角机场沉降场. 科学通报 (14): 1224-1228.
刘辉，靳国旺，张红敏，等, 2017. DEM 辅助的山区 InSAR 相位解缠. 测绘科学技术学报, 34(2): 215-220.
刘璐，陈永强, 2013. 改进的 InSAR 相位 Lee 滤波器. 科学技术与工程, 13(19): 5668-5672.
楼良盛，刘志铭，张昊，等, 2022. 天绘二号卫星关键技术. 测绘学报, 51(12): 1-21.
秦小芳，张华春，张衡，等, 2018. TerraSAR-X/TanDEM-X 升降轨双基干涉模式获取 DEM 方法研究. 雷达学报, 7(4): 487-497.
唐智，周荫清，李景文，2004. InSAR 数据处理中基于相关系数的配准方法. 雷达科学与技术，2(2): 108-114.
韦海军，梁甸农，朱炬波, 2009. 一种适合长基线、复杂地形的 InSAR 精配准方法// 第十四届全国信号处理学术年会(CCSP-2009)论文集: 559-562.
吴润泽，胡旭东，梅红波，等，2021. 基于随机森林的滑坡空间易发性评价：以三峡库区湖北段为例. 地球科学, 46(1): 321-330.
晓曲, 2022. 陆地探测一号 01 组卫星. 卫星应用(3): 70.
谢先明, 2011. InSAR 及多基线 InSAR 关键技术研究. 成都：电子科技大学.
闫怡秋，杨志华，张绪教，等，2021. 基于加权证据权模型的青藏高原东部巴塘断裂带滑坡易发性评价. 现代地质, 35(1): 26-37.
仪政，宋琨，黄海峰，等，2021. 信息量与多模型耦合的滑坡易发性评价研究. 人民长江，52(10): 146-151.
余博，李如仁，陈振炜，等, 2019. “高分三号”卫星图像干涉测量试验. 航天返回与遥感, 40(1): 66-73.
岳焕印，郭华东，王长林，等, 2002. SAR 干涉图的静态小波域 MAP 法滤波. 遥感学报, 6(6): 456-463.
张玲, 2017. 全国地面沉降 InSAR 调查与监测工程进展介绍. 国土资源遥感, 29(1): 91.
张永红，李明巨，吴宏安，等, 2019. 江苏全省地面沉降 InSAR 监测. 测绘科学, 44(6): 114-120.
张泽昆, 2011. 低相干山地区域雷达图像配准技术研究与应用. 成都：成都理工大学.
周荣荣, 2019. 山地 SAR 影像配准方法研究. 西安：长安大学.
ARABAMERI A, PRADHAN B, REZAEI K, et al., 2020. An ensemble model for landslide susceptibility mapping in a forested area. Geocarto International, 35(15): 1680-1705.
BARAN I, STEWART M P, KAMPES B M, et al., 2003. A modification to the Goldstein radar interferogram filter. IEEE Transactions on Geoscience and Remote Sensing, 41(9): 2114-2118.
BARELLA C F, SOBREIRA F G, ZÊZERE J L, 2019. A comparative analysis of statistical landslide susceptibility mapping in the Southeast Region of Minas Gerais State, Brazil. Bulletin of Engineering Geology and the Environment, 78(5): 3205-3221.
BISCHOFF C A, FERRETTI A, NOVALI F, et al., 2020. Nationwide deformation monitoring with

SqueeSAR® using Sentinel-1 data. Proceedings of the International Association of Hydrological Sciences, 382: 31-37.

BISWAJEET P, SARO L, 2009. Landslide risk analysis using artificial neural network model focussing on different training sites. International Journal of Physical Sciences, 4(1): 1-15.

BO G, DELLEPIANE S, BENEVENTANO G, 1999. A locally adaptive approach for interferometric phase noise reduction. IEEE International Proceedings of Geoscience and Remote Sensing Symposium: 264-266.

BORN G H, DUNNE J A, LAME D B, 1979. Seasat mission overview. Science, 204(4400): 1405-1406.

CARRASCO D, DIAZ J, BROQUETAS IBARS A, et al., 1997. Ascending-descending orbit combination SAR interferometry assessment//Third ERS Symposium on Space at the Service of Our Environment: 14-21.

CHI B, ZHUANG H, FAN H, et al., 2021. An adaptive patch-based goldstein filter for interferometric phase denoising. International Journal of Remote Sensing, 42(17): 6746-6761.

COSTANTINI M, FERRETTI A, MINATI F, et al., 2017. Analysis of surface deformations over the whole Italian territory by interferometric processing of ERS, ENVISAT and COSMO-SkyMed radar data. Remote Sensing of Environment, 202: 250-275.

COVELLO F, BATTAZZA F, COLETTA A, et al., 2010. COSMO-SkyMed an existing opportunity for observing the Earth. Journal of Geodynamics, 49(3-4): 171-180.

CROSETTO M, PÉREZ ARAGUES F, 2000. Radargrammetry and SAR interferometry for DEM generation: validation and data fusion// SAR Workshop: CEOS Committee on Earth Observation Satellites, 450: 367.

DAI F C, LEE C F, LI J, et al., 2001. Assessment of landslide susceptibility on the natural terrain of Lantau Island, Hong Kong. Environmental Geology, 40(3): 381-391.

DEO R, ROSSI C, EINEDER M, et al., 2014. Fusion of ascending and descending pass raw TanDEM-X DEM// 2014 IEEE Geoscience and Remote Sensing Symposium. IEEE, 4: 21-24.

DEVARA M, TIWARI A, DWIVEDI R, 2021. Landslide susceptibility mapping using MT-InSAR and AHP enabled GIS-based multi-criteria decision analysis. Geomatics, Natural Hazards and Risk, 12(1): 675-693.

DUMAN T Y, CAN T, GOKCEOGLU C, et al., 2006. Application of logistic regression for landslide susceptibility zoning of Cekmece Area, Istanbul, Turkey. Environmental Geology, 51(2): 241-256.

ELDHUSET K, WEYDAHL D J, 2013. Using stereo SAR and InSAR by combining the COSMO-SkyMed and the TanDEM-X mission satellites for estimation of absolute height. International Journal of Remote Sensing, 34(23): 8463-8474.

EMIL M K, SULTAN M, ALAKHRAS K, et al., 2021. Countrywide monitoring of ground deformation using InSAR time series: A case study from Qatar. Remote Sensing, 13(4): 702.

ERCANOGLU M, GOKCEOGLU C, VAN ASCH T W J, 2004. Landslide susceptibility zoning north of Yenice (NW Turkey) by multivariate statistical techniques. Natural Hazards, 32(1): 1-23.

FERRETTI A, PRATI C, ROCCA F, 1999. Multibaseline InSAR DEM reconstruction: The wavelet approach. IEEE Transactions on Geoscience and Remote Sensing, 37(2): 705-715.

FISHER R A, 1936. The use of multiple measurements in taxonomic problems. Annals of Eugenics, 7(2): 179-188.

FRANCIS C R, GRAF G, EDWARDS P G, et al., 1995. The ERS-2 spacecraft and its payload. ESA Bulletin, 83: 13-31.

FRUNEAU B, ACHACHE J, DELACOURT C, 1996. Observation and modelling of the Saint-Etiennede-Tinée landslide using SAR interferometry. Tectonophysics, 265(3-4): 181-190.

GABRIEL A K, GOLDSTEIN R M, ZEBKER H A, 1989. Mapping small elevation changes over large areas: Differential radar interferometry. Journal of Geophysical Research: Solid Earth, 94(B7): 9183-9191.

GE L, RIZOS C, HAN S, et al., 2001. Mining subsidence monitoring using the combined InSAR and GPS approach// Proceedings of the 10th International Symposium on Deformation Measurements. International Federation of Surveyors (FIG): 1-10.

GOLDSTEIN R M, ZEBKER H A, WERNER C L, 1988. Satellite radar interferometry: Two-dimensional phase unwrapping. Radio Science, 23(4): 713-720.

GRAHAM L C, 1974. Synthetic interferometer radar for topographic mapping. Proceedings of the IEEE, 62(6): 763-768.

GURI P K, PATEL R C, 2015. Spatial prediction of landslide susceptibility in parts of Garhwal Himalaya, India, using the weight of evidence modelling. Environmental Monitoring and Assessment, 187(6): 1-25.

HAMLING I J, WRIGHT T J, HREINSDÓTTIR S, et al., 2022. A snapshot of New Zealand's dynamic deformation field from ENVISAT InSAR and GNSS observations between 2003 and 2011. Geophysical Research Letters, 49(2): e2021GL096465.

HUSSAIN S, HONGXING S, ALI M, et al., 2022. Optimized landslide susceptibility mapping and modelling using PS-InSAR technique: A case study of Chitral valley, Northern Pakistan. Geocarto International, 37(18): 5227-5248.

JIANG H, ZHANG L, WANG Y, et al., 2014. Fusion of high-resolution DEMs derived from COSMO-SkyMed and TerraSAR-X InSAR datasets. Journal of Geodesy, 88: 587-599.

KANUNGO D P, ARORA M K, SARKAR S, et al., 2012. Landslide susceptibility zonation (LSZ) mapping: A review. Journal of South Asia Disaster Studies, 2: 81-105.

KRIEGER G, MOREIRA A, FIEDLER H, et al., 2007. TanDEM-X: A satellite formation for high-resolution SAR interferometry. IEEE Transactions on Geoscience and Remote Sensing, 45(11): 3317-3341.

KWOK R, FAHNESTOCK M A, 1996. Ice sheet motion and topography from radar interferometry. IEEE Transactions on Geoscience and Remote Sensing, 34(1): 189-200.

LANARI R, FORNARO G, RICCIO D, et al., 1996. Generation of digital elevation models by using SIR-C/X-SAR multifrequency two-pass interferometry: The Etna case study. IEEE Transactions on Geoscience & Remote Sensing, 34(5): 1097-1114.

LEE J S, PAPATHANASSIOU K P, AINSWORTH T L, et al., 1998. A new technique for noise filtering of SAR interferometric phase images. IEEE Transactions on Geoscience & Remote Sensing, 36(5): 1456-1465.

LEE S, CHOI J, MIN K, 2002. Landslide susceptibility analysis and verification using the Bayesian probability model. Environmental Geology, 43(1): 120-131.

LI D W, JIANG L M, JIANG H J, et al., 2019. InSAR phase simulation of solid Earth tide and its influence on surface deformation monitoring at wide-area scale. Chinese Journal of Geophysics, 62(12): 4527-4539.

LI S, KANG X, HU J, 2013. Image fusion with guided filtering. IEEE Transactions on Image processing, 22(7): 2864-2875.

MASSONNET D, ROSSI M, CARMONA C, et al., 1993. The displacement field of the landers earthquake mapped by radar interferometry. Nature, 364(6433): 138-142.

NOVELLINO A, CESARANO M, CAPPELLETTI P, et al., 2021. Slow-moving landslide risk assessment

combining machine learning and InSAR techniques. Catena, 203: 105317.
PAPOUTSIS I, KONTOES C, ALATZA S, et al., 2020. InSAR Greece with parallelized persistent scatterer interferometry: A national ground motion service for big copernicus sentinel-1 data. Remote Sensing, 12(19): 3207.
PARDESHI S D, AUTADE S E, PARDESHI S S, 2013. Landslide hazard assessment: Recent trends and techniques. Springer Plus, 2(1): 1-11.
POURGHASEMI H R, TEIMOORI YANSARI Z, PANAGOS P, et al., 2018. Analysis and evaluation of landslide susceptibility: A review on articles published during 2005–2016 (periods of 2005–2012 and 2013–2016). Arabian Journal of Geosciences, 11(9): 1-12.
PRADHAN B, 2012. A comparative study on the predictive ability of the decision tree, support vector machine and neuro-fuzzy models in landslide susceptibility mapping using GIS. Computers & Geosciences, 51(2): 350-365.
PRADHAN B, LEE S, 2010. Regional landslide susceptibility analysis using back-propagation neural network model at Cameron Highland, Malaysia. Landslides, 7(1): 13-30.
PRADHAN B, SEZER E A, GOKCEOGLU C, et al., 2010. Landslide susceptibility mapping by neuro-fuzzy approach in a landslide-prone area (Cameron Highlands, Malaysia). IEEE Transactions on Geoscience and Remote Sensing, 48(12): 4164-4177.
PRITCHARD M E, SIMONS M, 2004. An InSAR-based survey of volcanic deformation in the central Andes. Geochemistry, Geophysics, Geosystems, 5(2): 1.
ROGERS A E E, INGALLS R P, 1969. Venus: Mapping the surface reflectivity by radar interferometry. Science, 165(3895): 797-799.
ROY J, SAHA S, ARABAMERI A, et al., 2019. A novel ensemble approach for landslide susceptibility mapping (LSM) in Darjeeling and Kalimpong districts, West Bengal, India. Remote Sensing, 11(23): 2866.
SHENG Q, LI H, GUO Y, et al., 2022. Minimum cost flow phase unwrapping method considering range direction slope. Journal of Applied Remote Sensing, 16(1): 014517.
SONG R, GUO H, LIU G, et al., 2013. Improved Goldstein SAR interferogram filter based on empirical mode decomposition. IEEE Geoscience and Remote Sensing Letters, 11(2): 399-403.
SUN D, WEN H, WANG D, et al., 2020. A random forest model of landslide susceptibility mapping based on hyperparameter optimization using Bayes algorithm. Geomorphology, 362: 107201.
TANG Y, WANG C, ZHANG H, et al., 2021. Parallel CS-InSAR for mapping nationwide deformation in China//2021 IEEE International Geoscience and Remote Sensing Symposium. IEEE: 3392-3395.
VAN WESTEN C J, 1993. Application of geographic information systems to landslide hazard zonation, ITC Publication No 15. International Institute for Aerospace and Earth Resources Survey, Enschede, The Netherlands: 245.
WANG C, TANG Y, ZHANG H, et al., 2021. First mapping of China surface movement using supercomputing interferometric SAR technique. Science Bulletin, 66(16): 1608-1610.
WANG H B, SASSA K, 2005. Comparative evaluation of landslide susceptibility in Minamata area, Japan. Environmental Geology, 47(7): 956-966.
WANG S, ZHANG G, CHEN Z, et al., 2022b. A refined parallel stacking InSAR workflow for large-scale deformation fast extraction: A case study of Tibet. Geocarto International: 1-12.
WANG Y, DONG J, ZHANG L, et al., 2022a. Refined InSAR tropospheric delay correction for wide-area

landslide identification and monitoring. Remote Sensing of Environment, 275: 113013.
WUBALEM A, 2021. Landslide susceptibility mapping using statistical methods in Uatzau Catchment Area, Northwestern Ethiopia. Geoenvironmental Disasters, 8(1): 1-21.
XU W, CHANG E C, KWOH L K, et al., 1994. Phase-unwrapping of SAR interferogram with multi-frequency or multi-baseline//Proceedings of IEEE International Geoscience and Remote Sensing Symposium, 2: 730-732.
YALCIN A, 2008. GIS-based landslide susceptibility mapping using analytical hierarchy process and bivariate statistics in Ardesen (Turkey): Comparisons of results and confirmations. Catena, 72(1): 1-12.
YAN Z, YAN H, WANG T, 2021. A fast non-local means filtering method for interferometric phase based on wavelet packet transform. Radio Science, 56(6): 1-14.
YANG H, ADLER R F, 2008. Predicting global landslide spatiotemporal distribution: Integrating landslide susceptibility zoning techniques and real-time satellite rainfall estimates. International Journal of Sediment Research, 23(3): 249-257.
YAO X, THAM L G, DAI F C, 2008. Landslide susceptibility mapping based on support vector machine: A case study on natural slopes of Hong Kong, China. Geomorphology, 101(4): 572-582.
YIN K L, YAN T Z, 1988. Statistical prediction models for instability of metamorphosed rocks//International Symposium on Landslides, 5: 1269-1272.
YU C, PENNA N T, LI Z, 2020. Ocean tide loading effects on InSAR observations over wide regions. Geophysical Research Letters, 47(15): e2020GL088184.
YUAN Z, LU Z, CHEN L, et al., 2020. A closed-form robust cluster-analysis-based multibaseline InSAR phase unwrapping and filtering algorithm with optimal baseline combination analysis. IEEE Transactions on Geoscience and Remote Sensing, 58(6): 4251-4262.
ZEBKER H A, GOLDSTEIN R M, 1986. Topographic mapping from interferometric synthetic aperture radar observations. Journal of Geophysical Research: Solid Earth, 91(B5): 4993-4999.
ZHANG L, JIANG H, LIAO M, et al., 2014. Joint use of multi-orbit high-resolution SAR interferometry for DEM generation in mountainous area//2014 IEEE Geoscience and Remote Sensing Symposium: 406-409.
ZHANG M, CHEN F, TIAN B, et al., 2020. High-frequency glacial lake mapping using time series of Sentinel-1A/1B SAR imagery: An assessment for the Southeastern Tibetan Plateau. International Journal of Environmental Research and Public Health, 17(3): 1072.
ZHOU L, YU H, LAN Y, et al., 2021. CANet: An unsupervised deep convolutional neural network for efficient cluster-analysis-based multibaseline InSAR phase unwrapping. IEEE Transactions on Geoscience and Remote Sensing, 60: 1-15.
ZISK S H, 1972. Lunar topography: First radar-interferometer measurements of the Alphonsus-Ptolemaeus-Arzachel Region. Science, 178(4064): 977-980.

第 2 章　星载 InSAR 几何处理原理与误差体系

本章主要介绍星载 InSAR 的定位几何模型、地形测量与地表形变监测的基本原理，并介绍星载 InSAR 数据处理的基本方法，在此基础上，对星载 InSAR 地形测量与地表形变监测进行误差分析，为后续章节提供理论基础。

2.1　星载 InSAR 测量原理与数据处理

2.1.1　星载 SAR 定位几何模型

如图 2.1 所示，雷达卫星高度为 H，在飞行过程中以一定的频率向地面发射脉冲电磁波，波束中心与垂向的夹角为 θ_0。形成扫描带宽度为 ΔX 的覆盖区域，其中成像区域中沿卫星的飞行方向为方位向，沿雷达波束方向为斜距向，而斜距向在地面上的投影为地距向。合成孔径的过程压缩了波束宽度 β_{r}，提高了方位向分辨率 ΔY。成像过程将接收信号处理为二维影像，SAR 往往以斜距投影的方式成像，即与雷达波指向所对应的影像方向上（一般为行向），像素以等斜距间隔的形式分布，因此可由影像上任一斜距坐标为 r_0 像元的斜距 R_0 和斜距分辨率 d_{r} 计算任何一列像元对应的斜距，即 $R_i = R_0 + (r_i - r_0)\cdot d_{\mathrm{r}}$，在 SAR 影像空间，斜距向也称为距离向。而在影像方位向上（一般为列向），像素间通常以等成像时间间隔分布，该时间间隔与 PRF 有关，可根据任一方位向 az_0 像元的成像

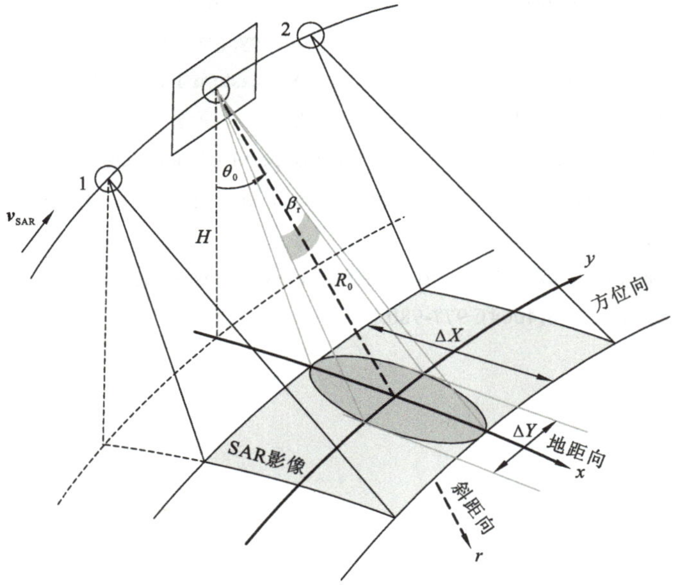

图 2.1　合成孔径雷达卫星对地成像示意图

时刻 t_0 和行时间隔 d_t 计算任何一行像元对应的成像时刻，即 $t_j = t_0 + (az_j - az_0) \cdot d_t$，从而可以推算影像坐标系中任意一点所对应的卫星成像时刻，进而根据星历数据内插获取该时刻卫星的位置和速度信息。

定位模型建立了影像坐标与空间坐标的联系，合成孔径雷达卫星最常用的定位模型是距离-多普勒（range-Doppler，RD）模型（Curlander，1982），基本原理是利用 SAR 传感器到目标的距离信息、雷达波信号的多普勒频率信息，以及地球椭球和高程参数，确定目标点的空间坐标。其中传感器与目标的距离（斜距）可以确定一个以传感器空间坐标位置为球心、斜距为半径的球面，而传感器与目标相对运动所形成的等多普勒频移信息构成了一个双曲面，再结合地球椭球面及高程信息，则由三个曲面的交点可确定目标点的空间位置。实际上就是由距离方程、多普勒方程和地球椭球方程解算三个未知数，即目标空间坐标 (X_P, Y_P, Z_P)，RD 模型的三个方程构建方法如下。

如图 2.2 所示，在以地球质心为原点的空间直角坐标系 $O\text{-}XYZ$ 下，S 为 SAR 传感器的空间位置，相对于地球椭球的高度为 H，P 为某观测的地面目标点，SP 与垂直地面方向的夹角为 θ，P' 为 P 在地球椭球面上的投影，P 与 P' 的距离为 h，即 P 点的高程，其坐标 (X_P, Y_P, Z_P) 为待求量，而 S 的坐标 (X_S, Y_S, Z_S) 可由星历数据根据 P 点的成像时刻内插得到。S 到目标点 P 的距离为 R，是由雷达波速和回波时间所确定的已知量，则距离方程可构建为

$$R^2 = (X_S - X_P)^2 + (Y_S - Y_P)^2 + (Z_S - Z_P)^2 \tag{2.1}$$

距离方程在空间上确定一个球面。

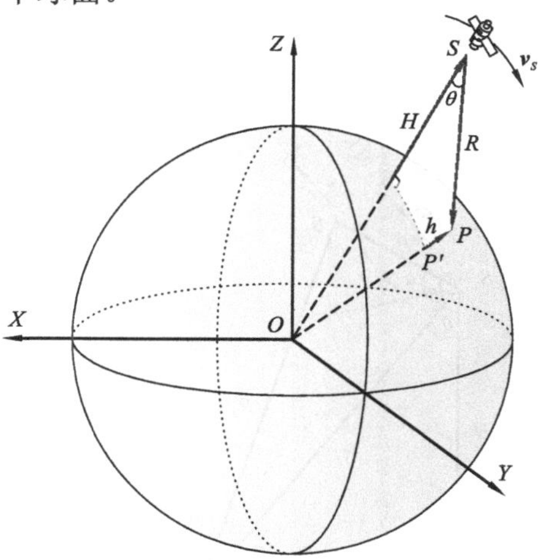

图 2.2　合成孔径雷达卫星定位几何关系示意图

而当雷达波到达目标点时，由波束脉冲发射时间内卫星的目标点的相对速度形成的多普勒频移为

$$f_{\mathrm{D}} = -\frac{2}{\lambda R}(OS - OP)(\boldsymbol{v}_S - \boldsymbol{v}_P) \tag{2.2}$$

式中：OS 和 $\boldsymbol{v}_S$ 分别为卫星 S 在空间坐标系下的位置和速度矢量；OP 和 $\boldsymbol{v}_P$ 分别为观测目标点 P 的位置和速度矢量，其中 $\boldsymbol{v}_S$ 可根据星历数据内插得到，而 $\boldsymbol{v}_P$ 在地心惯性系下一般为 $\mathbf{0}$；λ 为雷达工作波长。由于传感器与目标点相对运动，回波信号产生了一个与相对速度成正比的频率偏移量，据此构建了多普勒频移方程，该方程在空间内确定了一个等

多普勒曲面，并且由式（2.2）可知，该曲面在几何形式上是一个双曲面。

此外，由于目标点位于地面上，其坐标满足地球形状模型方程，若可知目标点的高程 h，则该点坐标满足地球椭球加上高程的模型，以 1984 世界大地测量系统（world geodetic system 1984，WGS-84）为空间坐标系，则 P 点坐标 (X_P,Y_P,Z_P) 满足

$$\frac{X_P^2+Y_P^2}{a_e+h}+\frac{Z_P^2}{b_e+h}=1 \tag{2.3}$$

式中：a_e、b_e 分别为 WGS-84 地球椭球的长、短半轴。该方程确定了一个以地球椭球为参考面、高程为 h 的椭球面。

结合式（2.1）～式（2.3），可以解算出目标点的空间坐标 (X_P,Y_P,Z_P)。

2.1.2 星载 InSAR 地形测量基本原理

在地形测量的应用方面，InSAR 卫星观测方式有双天线、双星或多星编队等一发多收的方式，以及重复轨道观测的多发多收的方式，其中一发多收的方式可以避免绝大部分由地物随时间变化而引起的时间失相干，更多地用于业务化的地形测量。一发多收和多发多收的观测方式在干涉测高几何的本质上是一致的，本小节以卫星多发多收为例介绍 InSAR 地形测量的基本原理。

1. InSAR 地形测量几何

以典型的正侧视 SAR 成像模式为例，可将 InSAR 测高几何简化为二维平面模型，如图 2.3 所示。

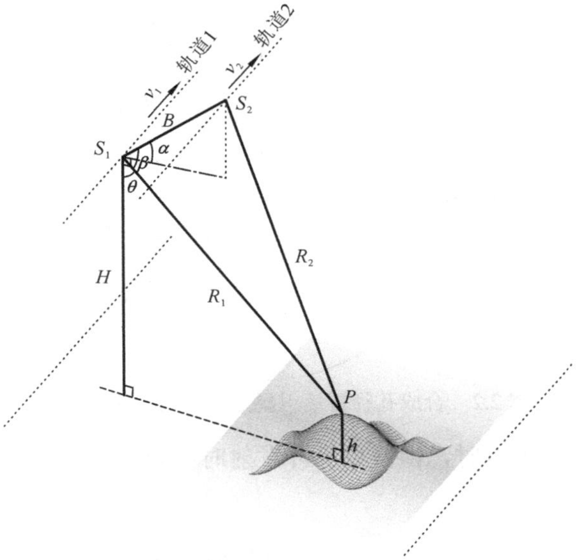

图 2.3 InSAR 技术高程测量几何示意图

图 2.3 中：P 为卫星两次观测的同一个地面目标点；h 为 P 到参考椭球面的高程；S_1、S_2 分别为卫星两次观测 P 点时的位置；R_1、R_2 分别为卫星 S_1、S_2 到目标点 P 的距离（斜距）；B 为 S_1、S_2 之间的空间基线长度，并且空间基线与水平方向的夹角（基线倾角）

为 α 。设 S_1 为主卫星，则 S_1 到参考椭球面的垂直高度为 H ， θ 为 S_1 观测目标点 P 时的视角，即矢量 $\mathbf{S_1P}$ 与垂直地面方向的夹角， β 为空间基线与 S_1 观测 P 点时视线方向的夹角，显然 $\beta=\alpha+(90^\circ-\theta)$ 。

假设在不考虑椭球面曲率的情况下，则地面目标点 P 的高程 h 满足几何关系：

$$h=H-R_1\cos\theta \tag{2.4}$$

式中：卫星 S_1 的垂直高度 H 可由星历参数中卫星的位置信息计算得到，斜距 R_1 也可由微波传播速度与发射到接收之间的时间间隔计算得到，精度一般为米级。因此，精确求取视角 θ 是得到准确高度值的关键，高程 h 关于视角 θ 的敏感度为

$$\frac{\partial h}{\partial\theta}=R_1\sin\theta \tag{2.5}$$

由于星载传感器的斜距 R_1 一般很大，为百公里级别，可见高程关于视角变化的敏感度很高，为了得到米级的高程精度，视角的精度要求达到十万分之一弧度的级别，通过直接测量的手段是无法达到的。

另外，根据卫星 S_1 、 S_2 与目标点 P 的观测几何可得

$$\cos\beta=\frac{R_1^2+B^2-R_2^2}{2R_1B} \tag{2.6}$$

设 ΔR 为 R_1 、 R_2 之间的斜距差，即

$$\Delta R=R_1-R_2 \tag{2.7}$$

代入式（2.6），可得

$$\cos\beta=\frac{B}{2R_1}+\frac{\Delta R}{B}-\frac{\Delta R^2}{R_1B} \tag{2.8}$$

对于干涉测量，斜距的值远远大于基线的长度， $R_1\gg B$ ，且 $B>\Delta R$ 。

因此，式（2.8）可近似为

$$\cos\beta\approx\frac{\Delta R}{B} \tag{2.9}$$

令 $\cos\beta=\cos[\alpha+(90^\circ-\theta)]=\sin(\theta-\alpha)$ ，联合式（2.4），可得

$$\begin{cases}h=H-R_1\cos\theta\\ \sin(\theta-\alpha)=\dfrac{\Delta R}{B}\end{cases} \tag{2.10}$$

在式（2.10）中求解高程 h 关于斜距差 ΔR 的变化敏感度：

$$\frac{\partial h}{\partial\Delta R}=\frac{R_1\sin\theta}{B\cos(\theta-\alpha)} \tag{2.11}$$

由于星载干涉测量中 $R_1\gg B$ ，高程值对斜距差具有很高的敏感度。假设卫星的斜距测量误差为 2 m、斜距 $R_1=750\,000\text{ m}$ 、视角 $\theta=23.5^\circ$ 、基线倾角 $\alpha=45^\circ$ 、基线长度 $B=500\text{ m}$ ，则对应的高程误差约为 1 280 m，显然这是远远不能满足要求的。

在干涉测量中，使用相位代替斜距值。微波传播路径为一个波长 λ 的距离时，相位的变化量为一个周期，即 2π 。因此当雷达波经过斜距长度 R 时，相位变化量为

$$\varphi=\frac{2\pi}{\lambda}\cdot R \tag{2.12}$$

将卫星 S_1 、 S_2 对同一个目标点 P 所形成的相位差 $\varphi_1-\varphi_2$ 记为干涉相位 φ_{int} ，同时考

虑雷达波的波程从传感器到目标点，再从目标点返回传感器，共经历了 2 倍的斜距距离，在重复轨道观测的模式下，则相位差与斜距差的关系为

$$\varphi_{\text{int}}=\varphi_1-\varphi_2=-2\cdot\frac{2\pi}{\lambda}(R_1-R_2)=-\frac{4\pi}{\lambda}\cdot\Delta R \tag{2.13}$$

将式（2.13）代入式（2.10）可得到干涉相位与高程的关系：

$$\begin{cases}h=H-R_1\cos\theta\\ \varphi_{\text{int}}=-\dfrac{4\pi}{\lambda}B\sin(\theta-\alpha)\end{cases} \tag{2.14}$$

此时高程 h 关于干涉相位 φ_{int} 的敏感度为

$$\frac{\partial h}{\partial\varphi_{\text{int}}}=-\frac{\lambda R_1\sin\theta}{4\pi B\cos(\theta-\alpha)} \tag{2.15}$$

假设雷达工作在 X 波段，波长为 0.03 m，相位 φ 的噪声标准差为 30°，则同样在斜距 $R_1=750\,000\text{ m}$、视角 $\theta=23.5°$、基线倾角 $\alpha=45°$、基线长度 $B=500\text{ m}$ 的情况下，高程精度为 0.8 m，虽然干涉测量高程的精度还与其他诸多因素有关，但比使用斜距测量的结果有了极大改善。

定义基线在垂直于视线方向上的分量为垂直基线，而在平行于视线方向的分量为平行基线，即

$$\begin{cases}B_{\perp}=B\cos(\theta-\alpha)\\ B_{\parallel}=B\sin(\theta-\alpha)\end{cases} \tag{2.16}$$

则根据式（2.14）可计算干涉相位的高程模糊度，即干涉相位变化一个周期 2π 对应的高程变化量为

$$\Delta h_{2\pi}=-\frac{\lambda R_1\sin\theta}{4\pi B\cos(\theta-\alpha)}\cdot2\pi=-\frac{\lambda R_1\sin\theta}{2B_{\perp}} \tag{2.17}$$

因此干涉对的垂直基线越长，则干涉相位对高程变化越敏感，所提取的高程精度也越高。当然干涉对的基线也不能尽可能长，由于基线越长，对目标的入射角差异越大，则两次信号间的频谱重叠度越小，相干性越差，当基线达到一定长度时，两个信号的频谱完全没有重叠部分，则彻底失相干，无法形成干涉。因此对地形测量而言，选择合适基线的干涉对是一个权衡的问题。

在式（2.14）中，干涉相位 φ_{int} 并非观测值，因为传感器接收的相位只保留主值，范围在 $(-\pi,+\pi]$，而不包含整周期数，即观测相位与真实相位相差 2π 的整数倍。由于影像上各像元的整周期数并不会一致，相位相对关系也是不确定的，在干涉相位图上的干涉条纹边缘处相位值会存在阶跃性跳变的现象，如由 $-\pi$ 突变到 $+\pi$。面对干涉相位“缠绕”的情况，为了正确求解目标高程值，需要恢复影像上干涉相位之间正确的相对关系，即进行相位解缠。设缠绕的干涉相位为 φ_{int}^0，则真实的干涉相位 φ_{int} 可记为

$$\varphi_{\text{int}}=\varphi_{\text{int}}^0+2\pi k+\varphi_{\text{c}} \tag{2.18}$$

式中：k 为整数，对于干涉相位图上不同的像元，k 的值是变化的。求解干涉相位图上各像元的 k 值，以确定各像元的相位正确的相对关系，就是进行相位解缠的操作。而对于整幅干涉图 φ_{c} 则为固定值，可由已知的地面点高程作为控制点求得。

结合式（2.14）与式（2.18），可建立干涉相位观测值与目标高程之间的关系：

$$h = H - R_1 \cos\left(\sin^{-1}\left(\frac{-\lambda(\varphi_{\text{int}}^0 + 2\pi k + \varphi_c)}{4\pi B}\right) + \alpha\right) \tag{2.19}$$

以上只是代表了 InSAR 获取目标高程的一般原理，在实际数据处理过程中，可能并不是严格按照上述计算过程和公式来获取目标高程值，而是通过一些其他计算方式或手段来进行求解，以获得更好的高程结果。

2. 平地相位估计

对相位解缠而言，通常并不会直接使用干涉相位的观测值来进行相位展开，而是首先进行平地相位去除的操作，以降低干涉条纹的密度，避免条纹过于密集而导致解缠困难。平地相位可理解为当雷达照射的目标区域为理想的平坦面时所产生的干涉相位，对于实际数据，它是干涉相位中与地形起伏无关的一个相位分量，如图 2.4 所示，P^0 为平地上的一点，R_1^0、R_2^0 分别为 S_1、S_2 到 P^0 的斜距，d 为 P^0 与 P 之间的距离，当 P^0 所在位置对应的 $R_1^0=R_1$ 时，P^0 则与 P 点处于同一个像元，即 P^0 处的干涉相位为 P 点所对应的平地相位，记为 φ_{flt}，则参考式（2.14）有

$$\varphi_{\text{flt}} = -\frac{4\pi}{\lambda} B \sin(\theta^0 - \alpha) \tag{2.20}$$

式中：θ^0 为传感器观测平地点 P^0 时的理论视角，$\Delta\theta$ 为 θ^0 与对应像元的实际视角 θ 之间的差值，即 $\theta=\theta^0+\Delta\theta$。将与地形起伏无关的平地相位 φ_{flt} 从实际相位中分离，可得到与地形起伏相关的相位 φ_{topo}：

$$\begin{aligned}
\varphi_{\text{topo}} &= \varphi_{\text{int}} - \varphi_{\text{flt}} \\
&= -\frac{4\pi}{\lambda} B[\sin(\theta - \alpha) - \sin(\theta^0 - \alpha)] \\
&= -\frac{4\pi}{\lambda} B[\sin(\theta^0 + \Delta\theta - \alpha) - \sin(\theta^0 - \alpha)] \\
&= -\frac{4\pi}{\lambda} B\cos(\theta^0 - \alpha)\cdot\Delta\theta
\end{aligned} \tag{2.21}$$

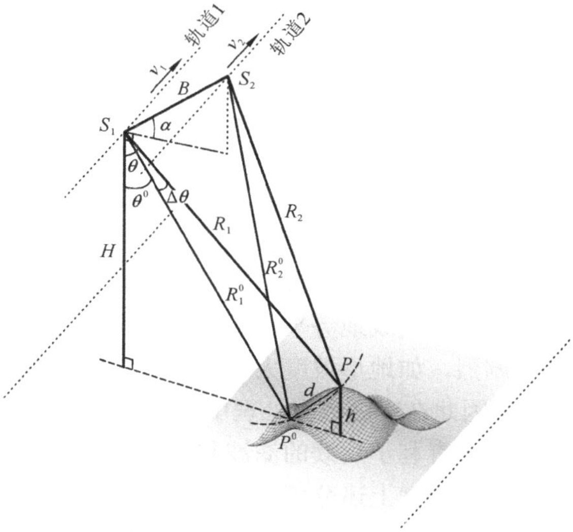

图 2.4　平地相位几何示意图

由于斜距远大于高程值，$\Delta\theta$很小，有

$$\Delta\theta = \frac{d}{R_1} \tag{2.22}$$

且

$$d = \frac{h}{\sin\theta^0} \tag{2.23}$$

将式（2.22）、式（2.23）代入式（2.21）有

$$\varphi_{\text{topo}} = -\frac{4\pi B\cos(\theta^0 - \alpha)}{\lambda R_1 \sin\theta^0}\cdot h \tag{2.24}$$

对干涉相位φ_{int}的两个分量φ_{flt}和φ_{topo}而言，平地相位φ_{flt}与实际成像区域的地形起伏情况无关，但与参考平面的位置相关，即φ_{flt}的值随着目标点平面位置的变化而变化。根据式（2.24）可知，同一个方位向上，距离向的变化会引起参考平面上目标点的观测视角θ^0的变化，进而引起平地相位φ_{flt}的变化；而对于同一个距离向，方位向不同，则对应的空间基线长度B也不同，尤其是轨道平行程度较低的情况，同样会使相应平地相位φ_{flt}也不同。在距离向上，结合$H = R^0\cos\theta^0$的几何关系，可分析平地相位φ_{flt}在斜距向上的变化率：

$$\frac{\partial\varphi_{\text{flt}}}{\partial R^0} = \frac{\partial\varphi_{\text{flt}}}{\partial\theta^0}\cdot\frac{\partial\theta^0}{\partial R^0} = -\frac{4\pi B\cos(\theta^0 - \alpha)}{\lambda R^0 \tan\theta^0} \tag{2.25}$$

在假定$B = 500\text{ m}$、θ^0=23.5°、$\alpha = 45°$、$\lambda = 0.03\text{ m}$、$R^0 = 700\,000\text{ m}$的条件下，1 m的斜距变化就会引起约 0.6 弧度的平地相位变化。假设对于斜距分辨率为 5 m 的影像，则约 2 个像元的大小就会有一个相位周期2π的变化，即平地相位的干涉条纹间隔约为 2 个像元，并且显然基线长度B越大，条纹密度就越大。

对于方位向，容易得到平地相位φ_{flt}关于基线长度B的变化率为

$$\frac{\partial\varphi_{\text{flt}}}{\partial B} = -\frac{4\pi}{\lambda}\sin(\theta^0 - \alpha) \tag{2.26}$$

在与上述假定条件一致的情况下，每 1 cm 的基线长度变化就将引起约 1/4 周期的平地相位变化量。

对于与地形相关的相位分量φ_{topo}，关于目标高度h相对变化的变化率为

$$\frac{\partial\varphi_{\text{topo}}}{\partial h} = -\frac{4\pi B\cos(\theta^0 - \alpha)}{\lambda R_1 \sin\theta^0} \tag{2.27}$$

在与上述假定条件一致的情况下，每 1 m 的高程变化会引起约 0.6 弧度的干涉相位变化量。

综合上述分析可知，平地相位与观测目标的平面位置有关，在干涉相位图上呈现规律性周期变化，对于地形起伏平缓或地势平坦的区域，平地相位是形成相位梯度的主要来源。只有当地形起伏较剧烈，如地形坡度大于 45° 时，由地形起伏所形成的干涉条纹的密度才与平地相位相当。因此在实际数据处理中，将干涉相位中的平地相位分量分离，能够明显降低干涉相位梯度，有利于后续的滤波和解缠等工作。

平地相位是理论计算值，根据上述分析可知，平地相位既可以通过轨道参数等几何信息计算得到，也可以在地面平坦或地形起伏不剧烈的情况下，作为干涉相位的主要频

率成分，通过频域分析等手段从干涉相位图中估计出来。但无论使用何种手段，平地相位的估计都会带入一定的误差，因此，去除平地相位只是为了在 InSAR 地形测量中，便于滤波和解缠等后续处理，在对去除平地相位之后的干涉相位 φ_{topo} 进行解缠后，需要将之前估计的平地相位加回去，得到解缠后干涉相位 $\varphi_{\text{int}}^{0}+2\pi k$，该相位的像元间相对关系是正确的，与真实干涉相位只差一个常量，可通过地面控制点或其他手段获得，以得到干涉相位间正确的绝对关系。

3. 基线参数

在通过 InSAR 技术进行地形测量的过程中，轨道精度、斜距精度、相位精度和数据处理过程的算法精度等因素都会对最终的结果产生影响。其中基线参数是影响最终 DEM 精度的重要因素之一。

基线参数包括基线长度 B 和基线倾角 α。根据式（2.20）可知，基线参数精度会影响平地相位的估计精度，因此基线误差会反映在去除平地相位的干涉相位图上，此时的地形相关相位中残留了部分由基线误差引起的平地相位误差成分，在干涉图上体现为随距离向和方位向而趋势性变化的系统性误差。并且根据式（2.25）和式（2.26）可知，在去平干涉图上，由垂直基线（$B_{\perp}=B\sin\beta=B\cos(\theta-\alpha)$）的长度误差引起的残余平地干涉相位条纹沿距离向上平行分布，而由平行基线（$B_{\parallel}=B\cos\beta=B\sin(\theta-\alpha)$）的长度变化率误差引起的残余平地干涉相位条纹则沿方位向上平行分布。

通过几何关系可分析基线参数对测高精度的影响。根据式（2.10），分别得到基线长度误差和基线倾角误差对高程误差的影响：

$$\begin{cases}\dfrac{\partial h}{\partial B}=-\dfrac{R\sin\theta\tan\left(\theta-\alpha\right)}{B}\\[2ex]\dfrac{\partial h}{\partial\alpha}=R\sin\theta\end{cases}\tag{2.28}$$

假设斜距 $R=750\,000\text{ m}$、视角 $\theta=23.5^{\circ}$、基线长度 $B=500\text{ m}$、基线倾角 $\alpha=45^{\circ}$，则为了达到 5 m 以内的高程精度，基线长度误差需控制在 0.02 m 以内，而基线倾角误差需控制在 3″以内。

在实际数据处理中，将解缠后的干涉相位转换到高程之前，可利用一定数量的控制点，通过最小二乘平差等手段减小基线参数误差，提高高程的解算精度。

而对于双天线这类固定基线的观测模式，则往往需要利用控制数据和干涉相位观测值，对系统的基线参数进行干涉定标，获取高精度的基线参数信息。

2.1.3 星载 D-InSAR 地表形变监测基本原理

D-InSAR 技术是在 InSAR 技术的基础上，将同一个目标在相同几何观测条件下所形成的两个干涉相位作差，获取差分干涉信号中隐含的信息。在应用于地表形变探测方面，差分干涉相位往往是指使用不同时相观测同一目标而形成的干涉相位，减去该目标所对应的平地相位和地形相位分量，得到因目标在两次观测时间内发生位移而产生的干涉相位分量。

1. D-InSAR 地表形变监测几何

如图 2.5 所示，在卫星以一定时间间隔两次观测同一个目标点的期间，目标点 P 与周围地物之间发生相对位移，简化该位移后的位置在卫星视线向上为 P'，P 与 P' 间的距离为 d，则两次观测期间该目标点沿视线向发生了形变量为 d 的位移。在目标点位置没有发生任何相对位移的前提下，卫星两次观测该点的斜距差大小主要与参考平面及目标相对参考平面高度有关，即干涉相位主要包含了平地相位和地形相位，当目标点位置发生了相对变化，相当于卫星第二次观测时的雷达波比无形变的情况下增加了 2 倍（往返）视线向位移量的路程 $2d$，此时干涉相位的增量，即形变相位 φ_{def} 为

$$\varphi_{\text{def}} = -\frac{2\pi}{\lambda}\cdot 2d \tag{2.29}$$

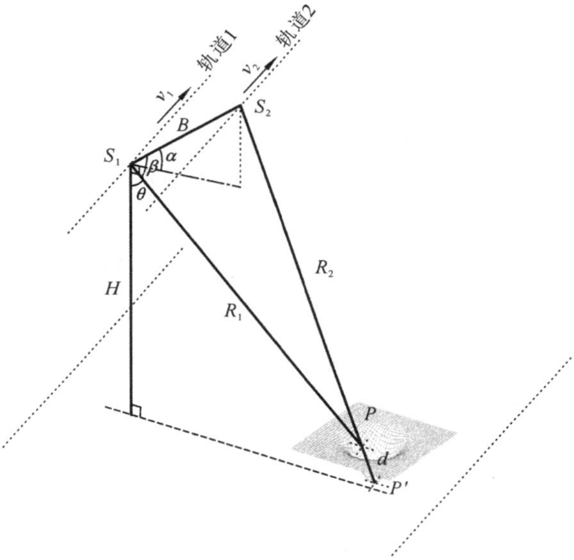

图 2.5　D-InSAR 地表形变测量几何示意图

因此，对于地表形变目标，干涉相位 φ_{int} 的主要成分包括平地相位 φ_{flt}、地形相位 φ_{topo} 和形变相位 φ_{def}，结合式（2.20）、式（2.24）、式（2.29），有

$$\begin{aligned}\varphi_{\text{int}} &= \varphi_{\text{flt}} + \varphi_{\text{topo}} + \varphi_{\text{def}} \\ &= -\frac{4\pi}{\lambda}B\sin(\theta^0-\alpha) - \frac{4\pi}{\lambda}\cdot\frac{B\cos(\theta^0-\alpha)}{R_1\sin\theta^0}h - \frac{4\pi}{\lambda}d\end{aligned} \tag{2.30}$$

分析干涉相位 φ_{int} 关于形变量 d 的敏感度，易得

$$\frac{\partial\varphi_{\text{int}}}{\partial d} = -\frac{4\pi}{\lambda} \tag{2.31}$$

即半个波长左右的微小形变就会引起一整个周期的相位变化，相比干涉相位对高程的敏感度，根据式（2.14），有

$$\frac{\partial\varphi_{\text{int}}}{\partial h} = -\frac{4\pi}{\lambda}\cdot\frac{B\cos(\theta-\alpha)}{R_1\sin\theta} \tag{2.32}$$

由于 $R_1 \gg B$，对比式（2.31）与式（2.32）可知，干涉相位对形变的敏感度要远远

高于对高程的敏感度，D-InSAR 用于形变测量的精度可以达到毫米级甚至亚毫米级。

在 D-InSAR 数据处理中，可通过外部 DEM 所提供的高程值和卫星轨道参数等信息，利用式（2.14）计算不考虑形变量的理论干涉相位，并与观测的干涉相位作差，即执行差分干涉的处理，得到理论上的形变相位 φ_{def}，再根据式（2.29）将形变相位转换为形变量。

2. 地形相位估计

在通过外部 DEM 实施差分干涉的过程中，涉及计算各个像元地形相位的问题，首先需要借助外部 DEM 提取各个像元的高程值，而 SAR 影像坐标系与 DEM 影像坐标系并不一致，且 SAR 影像通常为斜距投影，存在透视收缩的现象，与正射投影的 DEM 之间存在非线性的几何变换关系，因此在通过已知高程反算干涉相位之前，往往需要先建立 SAR 影像与对应 DEM 的变换关系，将 DEM 影像坐标转换到 SAR 影像结构下，形成与 SAR 影像像元一一对应的高程图，获取 SAR 影像上各个像元的高程值，进而通过相位-高程转换关系计算干涉相位。

由于 SAR 影像与 DEM 坐标系在结构形式上差异大，且基于 SAR 影像存在斑点噪声、DEM 纹理信息不明显等特征，直接通过选取 SAR 影像和 DEM 的同名点作为控制计算两者的变换关系的方式难以实现精确的转换，一般需要通过卫星轨道参数等观测几何信息，将 DEM 所对应的地理坐标反算到 SAR 影像坐标上，实现 DEM 到 SAR 影像坐标结构的初步转换。

可以通过 RD 模型构建影像坐标系到地理空间坐标系的对应关系，以 WGS-84 坐标系为例，RD 模型的直接定位方法可以表示为

$$(\mathrm{lat},\mathrm{lon}) = T(x,y,h) \tag{2.33}$$

式中：(x,y) 为影像像素坐标；$(\mathrm{lat},\mathrm{lon})$ 、h 分别为该像素对应的地面点在 WGS-84 坐标系中的经纬度坐标和椭球高。而 RD 模型的间接定位可对应地表示为

$$(x,y) = T^{-1}(\mathrm{lat},\mathrm{lon},h) \tag{2.34}$$

通过 RD 模型的间接定位方法，可以获得地理坐标在 SAR 影像内对应的坐标值，从而将地理坐标空间下的 DEM 映射为 SAR 影像坐标结构下的高程图，如果不存在任何定位误差，则转换后的高程图与 SAR 影像完全对应，可以直接获取 SAR 影像任意像元相应的高程值进行干涉相位计算，但由于定位误差的存在，所计算的影像坐标会有一定的偏差，记存在定位误差的 RD 模型为 T' ，据此计算的影像坐标为 (x',y')，即

$$(x',y') = T'^{-1}(\mathrm{lat},\mathrm{lon},h) \tag{2.35}$$

此时需要建立 (x',y') 与其所对应同一地面点的像元坐标 (x,y) 之间的联系，进而建立 $(\mathrm{lat},\mathrm{lon},h)$ 与 (x,y) 的正确对应关系。初步转换到 SAR 影像结构的高程影像与原始的 SAR 影像之间，只存在由定位误差而引起的较为简单的偏差，用简单的映射函数即可拟合两者的变换关系，如使用仿射变换函数等，记该映射函数为 f ，即

$$(x,y) = f(x',y') = f[T'^{-1}(\mathrm{lat},\mathrm{lon},h)] \tag{2.36}$$

由此可以建立 SAR 影像坐标与地理坐标准确的变换关系。为了得到上述映射函数 f ，可以通过选取若干真实 SAR 影像与转换为 SAR 影像结构的高程图之间的同名点，解算该映射函数参数。但人工选点效率低，自动化程度不高，且在 SAR 影像与高程图之

间选点存在一定的困难，因此使用更多的是通过配准的手段来获取两者的映射关系。

为了将 SAR 影像与高程影像进行配准，首先需要利用高程信息模拟雷达强度图，如图 2.6 所示，即通过卫星观测几何信息和地形起伏信息计算雷达波后向散射系数。由于形成模拟强度图的纹理通常仅利用了地形信息，而不包含散射目标的类别，该方法适用于覆盖区内有明显地形起伏的影像，而对于地形特征不明显的影像，则容易因配准失败而导致映射函数获取失败，且这种情况下选取同名点通常也较为困难，但对于这类数据，地形起伏对干涉相位的贡献很小，定位误差甚至几乎不影响差分干涉相位精度，有时是可以接受的。如果可以获取地面控制点，也可以通过控制点信息建立 SAR 影像与高程图之间的关系。

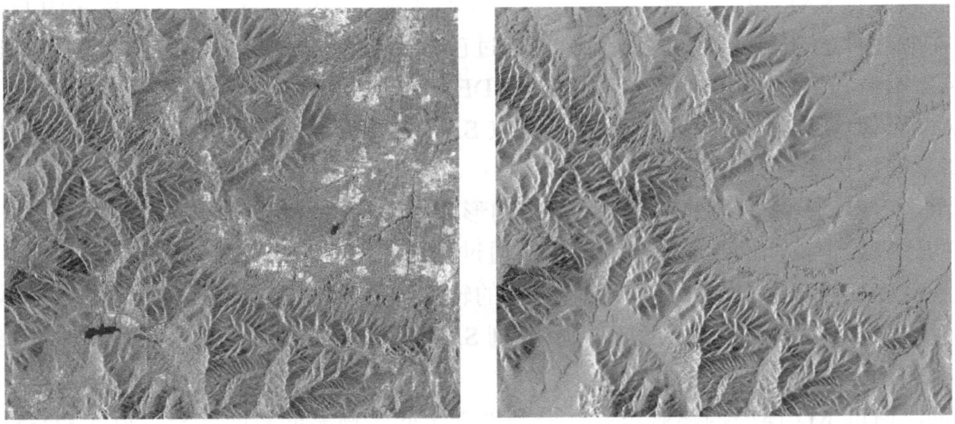

（a）真实的SAR强度影像　　（b）模拟的SAR强度影像

图 2.6　真实与模拟的 SAR 强度影像

2.1.4　星载 InSAR 数据处理

2.1.1～2.1.3 小节描述了 SAR 干涉手段用于地形测量和地表形变探测的基本原理，在 SAR 数据处理中，还面临其他一些实际的问题，需要经由一定的处理过程才能将影像层面的数据转换成所需要的结果。本小节简述利用 SAR 影像数据初步实现地形测量和地表形变探测的一般处理过程。

1. SAR 影像结构与干涉计算

1）数据存储结构

电磁波包含了振幅和相位两部分信息，InSAR 技术充分利用了雷达波的相位信息。在 SAR 影像的每个像元中，都以复数数据的形式存储了相应雷达波信号的振幅和相位信息，这种格式的 SAR 影像称为单视复数（single-look complex，SLC）影像，即一个像元存储了两个数值，分别为复数 $u=a+b\cdot \mathrm{j}$ 的实部和虚部系数 a、b，其中雷达波的振幅为

$$|u|=\sqrt{a^2+b^2} \tag{2.37}$$

相位为

$$\varphi = \arctan\frac{b}{a} \tag{2.38}$$

也可记为

$$u = |u|\,\mathrm{e}^{\mathrm{j}\cdot\varphi} \tag{2.39}$$

2）像元干涉计算

将两个信号 $u_1 = a_1 + b_1 \cdot \mathrm{j}$、$u_2 = a_2 - b_2 \cdot \mathrm{j}$ 进行相位干涉操作，即将 u_1、u_2 进行共轭相乘：

$$u_{\mathrm{int}} = u_1 u_2 = (a_1 + b_1 \cdot \mathrm{j})(a_2 - b_2 \cdot \mathrm{j}) = (a_1 a_2 + b_1 b_2) + (a_2 b_1 - a_1 b_2) \cdot \mathrm{j} \tag{2.40}$$

式中：$(a_1 a_2 + b_1 b_2)$、$(a_2 b_1 - a_1 b_2)$ 分别为干涉相位的实部和虚部，则干涉相位的振幅和相位分别为

$$|u_{\mathrm{int}}| = \sqrt{(a_1 a_2 + b_1 b_2)^2 + (a_2 b_1 - a_1 b_2)^2} = \sqrt{a_1^2 + b_1^2}\sqrt{a_2^2 + b_2^2} = |u_1||u_2| \tag{2.41}$$

$$\varphi_{\mathrm{int}} = \arctan\frac{a_2 b_1 - a_1 b_2}{a_1 a_2 + b_1 b_2} = \arctan\frac{b_1}{a_1} - \arctan\frac{b_2}{a_2} = \varphi_1 - \varphi_2 \tag{2.42}$$

即干涉信号的振幅为两个信号的振幅之积，干涉相位为两个信号的相位之差，可表示为

$$u_{\mathrm{int}} = u_1 u_2 = |u_1||u_2|\,\mathrm{e}^{\mathrm{j}\cdot(\varphi_1 - \varphi_2)} \tag{2.43}$$

由于原始信号的相位 φ_1、φ_2 是复数数据系数通过反正切函数求得的，值域均为 $(-\pi/2, +\pi/2)$，干涉相位 $(\varphi_1 - \varphi_2)$ 的值域为 $(-\pi, +\pi)$，即与上文所分析的对应，干涉相位在 $(-\pi, +\pi)$ 内缠绕。

3）影像坐标结构

SLC 影像一般按照雷达侧视成像的特点形成斜距投影影像，如图 2.7 所示，其中影像行方向（x 轴）对应侧视的距离向，又称斜距向，在该方向上像素以等斜距间隔分布，间隔即为斜距分辨率，影像列方向（y 轴）对应侧视的方位向。

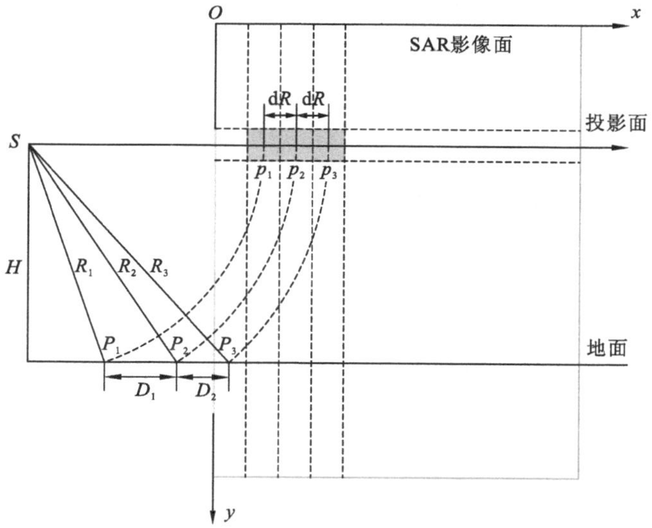

图 2.7　SLC 影像斜距投影成像几何示意图

斜距投影的特点可由图 2.7 直观看出，对于影像上等坐标间隔的点 P_1、P_2、P_3，所对应的斜距 R_1、R_2、R_3 的长度差值也是一致的，即 $R_2 - R_1 = R_3 - R_2 = \mathrm{d}R$，而实际上对应的地面点 P_1、P_2、P_3 的间隔一般不同，$D_1 \neq D_2$，即从 SAR 影像上反映的内容存在透视收缩的现象。

2. 星载 InSAR 数据基本处理方法

无论是进行地形测量还是探测地表形变，都需要先将影像对上对应同一地面位置的像点进行干涉处理，因此这涉及两幅影像之间的配准操作，即寻找主影像与辅影像之间的配准变换关系，并根据配准关系将辅影像重采样到与主影像一致的坐标结构下，形成相同影像坐标对应相同地物的影像对，以便直接进行像素间的干涉计算。为了满足干涉所需的条件，在 InSAR 数据处理中，一般要求干涉对配准精度达到 0.1 个像元以内。

根据配准关系将辅影像重采样到与主影像对应的影像坐标下，然后可对主影像与重采样后辅影像间的对应像素进行干涉计算处理，而由于卫星观测同一目标时的入射角略有差异，在信号频域上体现为频谱不完全重叠，存在一定的频谱偏移，这时的信号干涉会由部分频段不一致而引起一定程度的信号失相干，为了提高整体相干性，需要滤除信号间不同的频率成分，即进行频谱偏移滤波操作，再对滤波后的影像数据进行干涉处理，计算方法在 2.1.2 小节中已介绍。原始干涉相位图、平地干涉相位图和去平干涉相位图如图 2.8 所示。

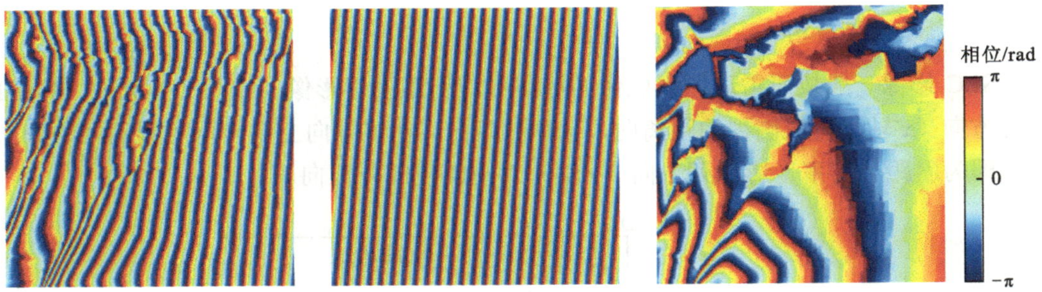

（a）原始干涉相位图　　（b）平地干涉相位图　　（c）去平干涉相位图

图 2.8　原始干涉相位图、平地干涉相位图和去平干涉相位图

对于地形测量应用的 InSAR 数据处理，在形成干涉影像之后，需要进行平地相位的估计和去除，根据 2.1.2 小节中的分析，平地相位可以根据卫星的观测几何进行计算，这种方式需要先估计干涉对之间的基线参数，然后进行理论解算平地相位。对于地形起伏不明显的区域，也可以不通过外部的卫星轨道信息，直接通过对干涉相位图进行频域分析的方式，提取干涉相位主要频率成分作为平地相位。

从干涉相位影像中减去各像元对应的平地相位之后，影像的干涉条纹密度大幅降低，此时有利于进行相位展开计算，但由于干涉相位影像中不可避免地存在噪声，干扰了相位梯度的解算，需要进行相位噪声滤波处理。相位噪声滤波需要同时顾及尽可能地保留有效的相位梯度和尽可能地滤除噪声两个方面，从而保证目标结果的精度。

滤波后的干涉图可进行相位解缠，获取像元间正确的相位相对关系，图 2.9（a）为

图 2.8（c）的解缠结果。为了给解缠工作提供参考依据，往往需要事先估计滤波后干涉图的相干性，得到相干图。

解缠之后的相位需要加上之前估计的平地相位，可以由一个已知的高程控制点解算绝对的相位差，从而转换为高程值，图 2.9（b）为图 2.9（a）所重建的地形图。实际情况中往往需要足够数量的高程控制点进行基线等参数的平差解算，以获取更高精度的高程值。

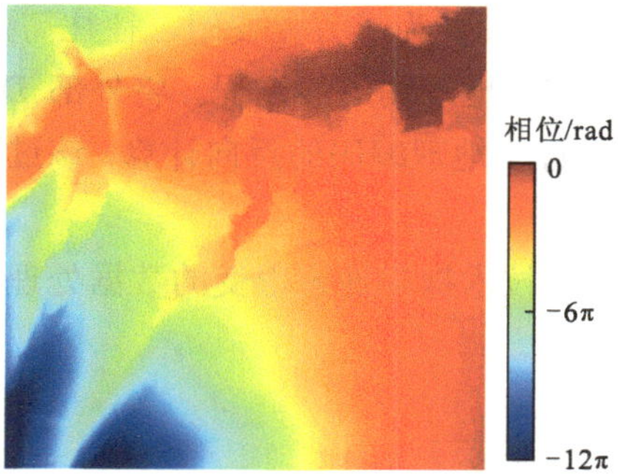

（a）解缠相位图

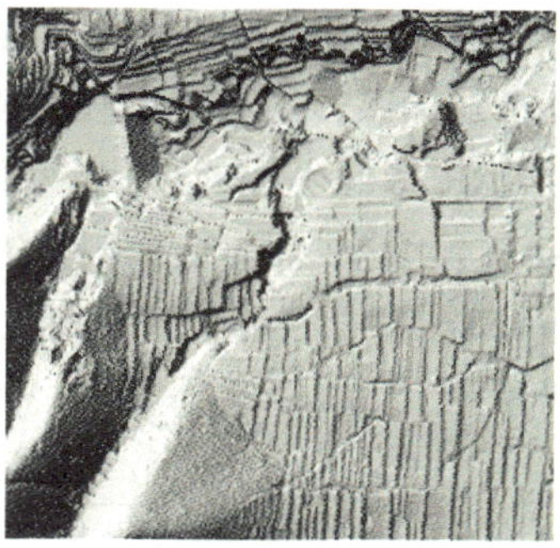

（b）重建的地形图

图 2.9　体现干涉相位正确相对关系的解缠相位图和重建的地形图

而对于地表形变探测应用的 D-InSAR 数据处理，在形成干涉影像之后，需要由已知的高程值估计不包含形变信息的干涉相位分量，再进行差分干涉处理。以下介绍差分干涉计算的一般处理步骤。

根据 2.1.3 小节中的分析，需要将外部 DEM 通过定位模型转换到 SAR 影像空间结构下，利用高程信息模拟出与转换后高程图像元一一对应的 SAR 强度影像，然后将原始 SAR 影像与该模拟影像进行配准计算，获取两者的配准关系，通过配准关系修正定位模型，重新进行外部 DEM 到 SAR 影像空间结构的转换，形成与原始 SAR 影像像元一一对应的高程图。

根据前文内容可以生成不考虑地表形变的理论干涉相位影像，并从真实的干涉相位图中减去，得到反映视线向形变的差分干涉相位图。图 2.10 为模拟的地表形变及其在差分干涉图上的相位体现。

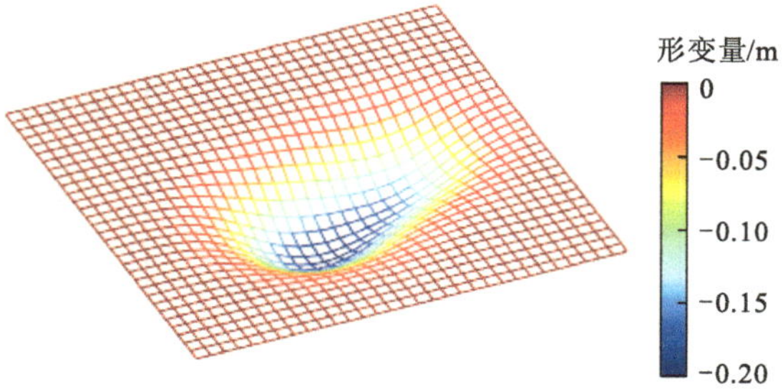

（a）地表形变

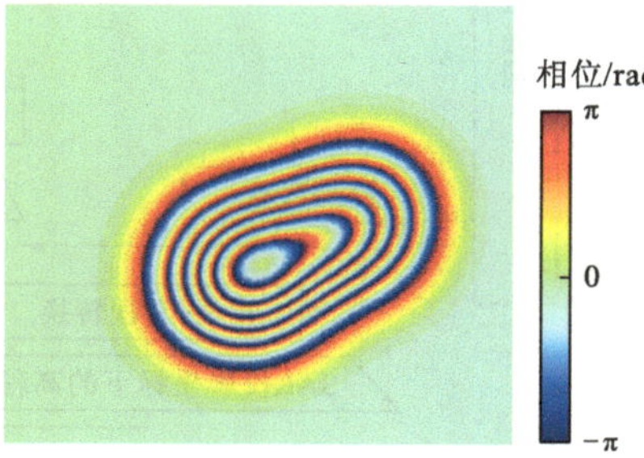

（b）差分干涉图上的地表形变相位

图 2.10　地表形变和差分干涉图上的形变相位示意图

形变相位图中也会存在噪声的干扰，因此同样需要进行相位噪声滤波的处理，方法与地形测量中的处理类似。

由于视线向的相对形变量有可能大于半个波长，形变相位也可能存在缠绕的现象，需要进行解缠处理，与对地形相位解缠的处理类似。解缠后的形变相位是相对值，此时的形变相位图反映的是整个观测区的相对形变关系，理论上需要已知的形变量作为控制点进行绝对形变值解算，但是往往可以通过人工经验指定无地表形变的点作为形变相位零值参考点，然后将形变相位转换为视线向形变量，进而可以分解为各个方向的形变量，如计算垂直向的沉降量、水平向的位移量或沿坡向的滑动量等。

利用 SAR 干涉技术获取的高程图和地表形变图，为了方便使用，往往需要从 SAR 的斜距投影坐标系转换到地图投影坐标系，即实施地理编码的过程。将外部 DEM 转换到对应的 SAR 影像坐标的过程，实际上就是进行了地理编码的反向计算，该过程获得了准确的 SAR 影像坐标与地理坐标的映射关系。

通过 InSAR 技术测量高程和通过 D-InSAR 技术探测地表形变的数据处理基本流程如图 2.11 所示。

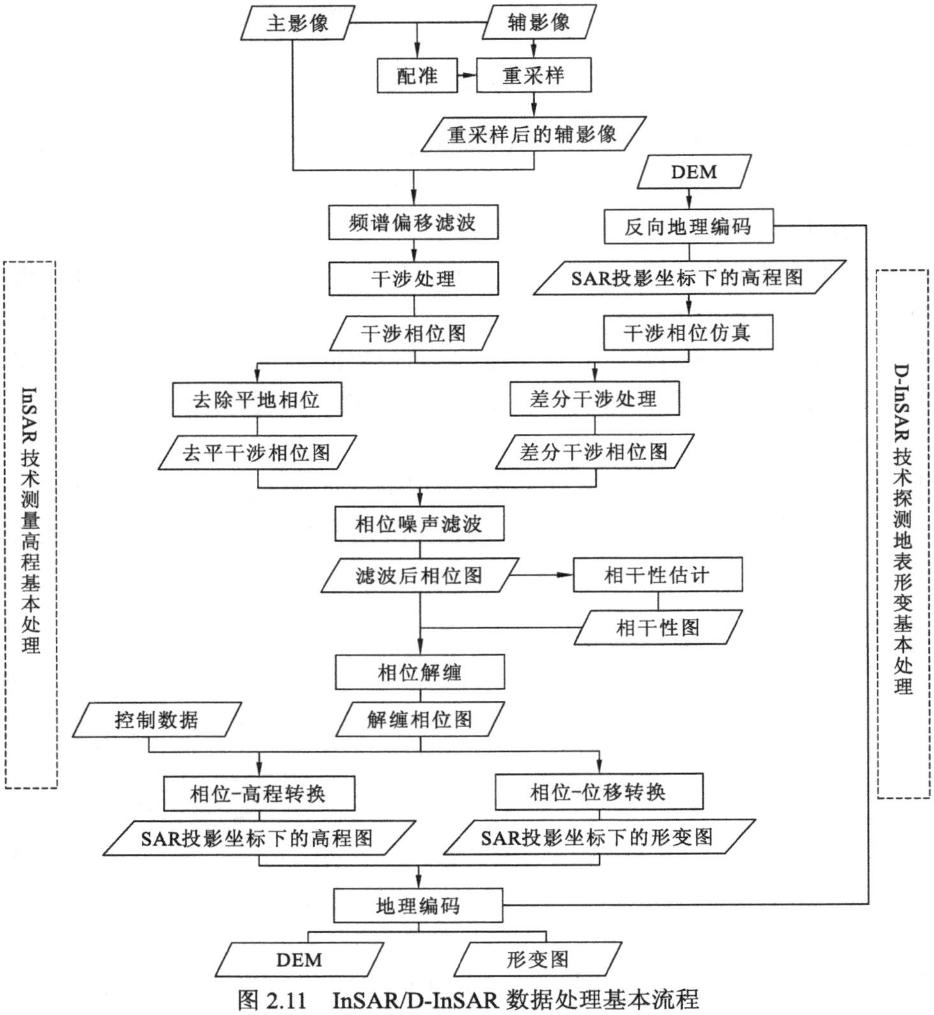

图 2.11 InSAR/D-InSAR 数据处理基本流程

2.2 星载 InSAR 测量误差分类

InSAR 高程测量和地表形变监测的误差包含卫星载荷误差、卫星平台误差、观测环境误差和地面处理误差 4 大类。

2.2.1 卫星载荷误差

（1）传感器时延误差：直接导致斜距误差，会引起距离向的平移误差。

（2）系统晶振误差：直接导致距离向采样率误差，垂轨像元的间隔误差会引起距离向的比例误差。

（3）时钟漂移：引起时间同步误差，传感器时间和星历时间不同步引起方位向的平移误差。

（4）本地振荡器漂移：引起脉冲重复频率（PRF）误差，传感器时间和星历时间不同步引起方位向的平移误差。

（5）热噪声失相干：相位噪声与高程及形变测量误差呈比例关系，同时容易导致相位解缠错误。

2.2.2 卫星平台误差

（1）平台位置误差：会引起距离向、方位向的平移误差。

（2）平台速度误差：三个方向的速度误差会引起方位向的平移误差，沿轨速度误差会引起方位向的比例误差。

（3）基线测量误差：基线误差与高程测量误差呈比例关系，在形变测量中会引入地形相位残差。

（4）多普勒失相干与几何失相干：相位噪声与高程及形变测量误差呈比例关系，同时容易导致相位解缠错误。

2.2.3 观测环境误差

（1）观测环境下的各类失相干，包含时间失相干、体散射失相干、量化失相干、模糊失相干。其中时间失相干出现在重复轨道干涉中。

（2）大气效应。大气效应是重复轨道干涉时，大气在不同观测时间的不同状态所引起的不均匀延迟现象，包含大气不均匀延迟的高程相关部分、湍流部分和横向变化部分，高程相关部分大气效应与高程测量误差呈线性关系，湍流相关部分大气效应属于时空域非线性误差，横向变化部分大气效应符合方位距离向二次模型。

2.2.4 地面处理误差

（1）影像对配准误差：会引起干涉相位误差。

（2）干涉相位滤波误差：主要造成相位信噪比的变化。

（3）相位解缠误差：与相位误差呈比例关系。

影响高程测量精度的误差可归纳为主要的几类：卫星轨道误差、斜距测量误差、基线测量误差、相位噪声误差和数据处理误差。而影响形变测量精度的误差可归纳为主要的几类：卫星轨道误差、地形误差、大气效应和相位噪声误差。本章将分别针对高程测量与地表形变监测，围绕上述几类主要误差，开展误差分析与误差仿真试验。

2.3 星载 InSAR 地形测量误差与仿真试验

2.3.1 星载 InSAR 地形测量误差

星载 InSAR 地形测量误差主要有卫星轨道误差、斜距测量误差、基线测量误差、相位噪声误差和数据处理误差等，本小节对这些误差源进行分析。

1. 卫星轨道误差

卫星星历记录了卫星轨道数据，可分为广播星历和精密星历，记录的数据与真实轨道信息之间的误差称为卫星轨道误差。InSAR 系统测高时采用的星历通常是根据全球定位系统（global positioning system，GPS）跟踪网的观测数据解算得到的 GPS 精密星历。

在 InSAR 系统高程测量时，根据精密星历计算 SAR 传感器的空间位置和速度矢量，星历误差会导致空间基线偏离真实值，造成高程测量误差及地理定位误差，现阶段某些卫星已经达到了 0.05 m 的定轨精度（Krieger et al.，2007）。入射角对应的卫星轨道误差空间分布特性如图 2.12 所示。入射角越大，轨道误差带来的高程误差越小，两者可用二阶多项式进行拟合。联合误差带来的高程测量误差也会随着侧视角的增大而减小，但是总的变化范围并不大，在给定的入射角范围内，定轨误差带来的高程误差约为 0.5 m。

考虑 SAR 侧视角的影响，且双星轨道不一定完全平行，一般来说，需使用如下多项式拟合卫星轨道误差对高程的影响：

$$F(\mathrm{orb}) = a_1 + a_2 x + a_3 xy + a_4 y + a_5 y^2 + a_6 y^3 \tag{2.44}$$

式中：$a_1, a_2, \cdots, a_6$ 为多项式系数；x 为地面点 P 对应的距离向像元坐标；y 为方位向坐标。

2. 斜距测量误差

斜距测量是通过确定雷达天线发射脉冲信号与接收脉冲信号之间的时间差实现的。时间差又称时延，是斜距测量中的关键参数，由星上 GPS 时钟测定。不确定的雷达定时系统、大气延迟效应和不平稳的采样时钟都会给计时系统引入误差，而计时系统的误差是斜距测量误差的主要来源（张永俊 等，2011）。

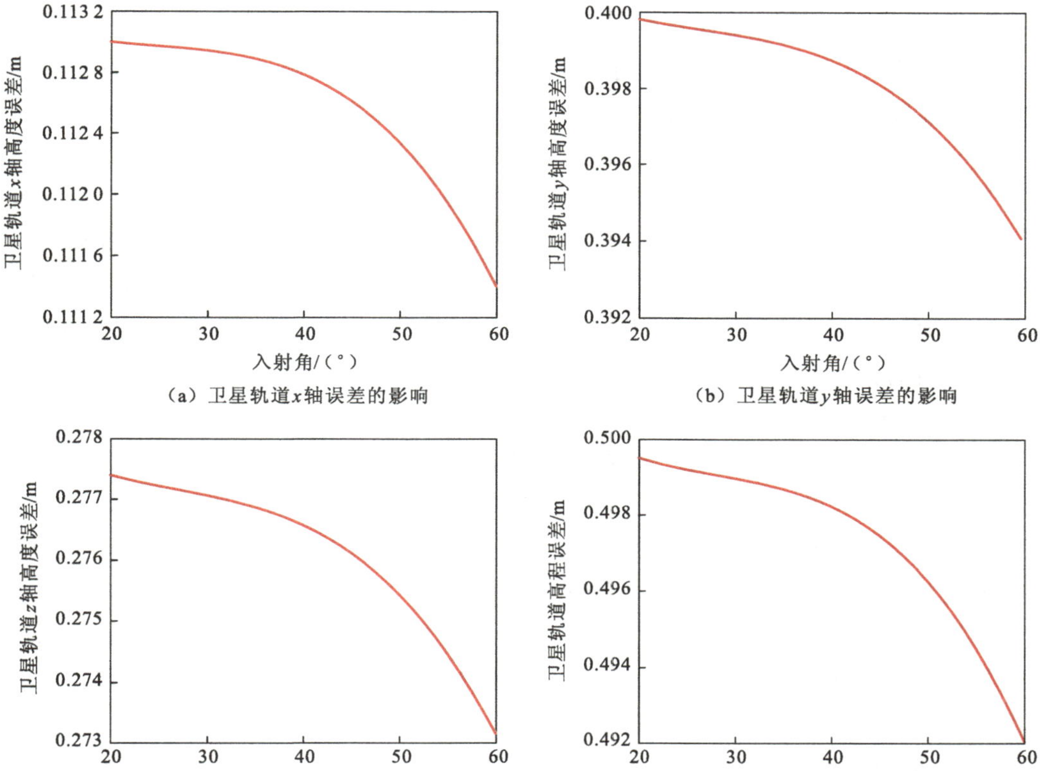

（a）卫星轨道x轴误差的影响

（b）卫星轨道y轴误差的影响

（c）卫星轨道z轴误差的影响

（d）卫星轨道高程误差的影响

图 2.12 不同入射角与卫星轨道 xyz 轴误差及高程误差关系

在分布式双星星座中，斜距测量误差可通过内定标对计时系统进行修正，例如德国 TerraSAR-X/TanDEM-X 双星星座，计时系统修正 212 ns 的斜距测量误差，使定位精度优于 30 cm，斜距测量精度优于 3.75 cm（Montenbruck et al.，2002）。斜距测量误差与高程测量误差之间为线性关系，斜距测量误差越大，高程测量误差越大，如图 2.13 所示。

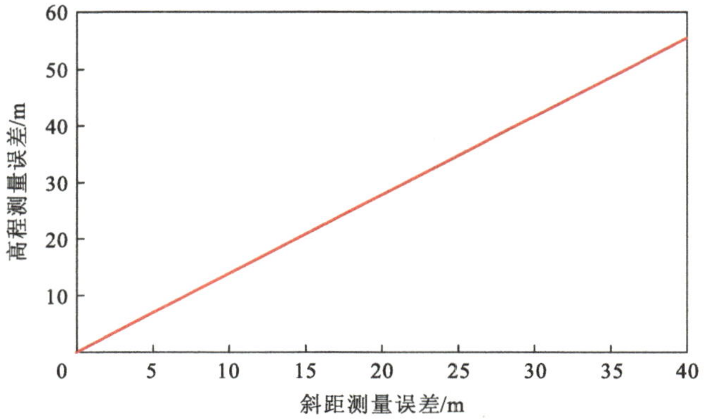

图 2.13 斜距测量误差与高程测量误差的关系曲线

3. 基线测量误差

用 InSAR 技术提取 DEM 的过程中，去除平地效应和相位高程转换时均需要高精度的基线数据，因此基线测量误差不可忽视（徐华平 等，2011）。对于分布式 InSAR 系统，干涉空间基线的长度和倾角等参数通过高精度星间相对定位解算的方式获取。星间基线参数可通过多种跟踪测量方法获取，主要包括基于 GNSS 的跟踪测量技术和基于激光、微波等的星间距离测量系统(陈谷仓 等,2005)。本书所述系统主要参考 TerraSAR-X/TanDEM-X 双星星座采用的多基线双差分 GPS（double differential GPS，DDGPS）技术，通过对星载多基线 GPS 接收机获取的连续载波相位测量数据进行差分处理，筛除观测数据中各项公共误差，精确解算星间相对位置，结合星间相对位置与星间基线之间的几何关系，估计星间基线矢量，最终理论基线测量精度可达到 1 mm（Montenbruck et al.，2002）。

由于所估计的星间基线矢量不是 SAR 天线相位中心对应的基线数据，通过多基线双差分 GPS 技术得到的星间基线矢量不能直接代入 InSAR 数据处理中。通过多基线双差分 GPS 获得精确的定位结果后，对 GPS 接收机相位中心观测数据进行处理得到 SAR 天线相位中心基线长度和倾角参数。通过多基线双差分 GPS 技术获取的基线测量误差主要包括两部分，即 GPS 测量相关误差和部位修正相关误差（高小明，2017），如图 2.14 所示。星载 GPS 进行星间相对定位时会引入多项误差，比如卫星平台姿态测量误差、GPS 载波相位观测噪声误差、接收天线相位中心标定误差、GPS 接收天线安装位置地面标校误差等，这一类属于 GPS 测量相关误差。除此以外，还存在部位修正相关误差，主要包括两个方面：一是卫星平台姿态测量误差，可影响卫星本体坐标系与地固坐标系之间进行坐标转换的准确性；二是 SAR 天线相位中心不一致性误差。对于 TerraSAR-X/TanDEM-X 双星星座，受卫星平台姿态测量误差、系统中观测相位数据噪声、天线相位中心不一致性误差及各类坐标转换误差的影响，实际的基线精度只能达到 2～10 mm（Montenbruck et al.，2002）。在干涉处理得到的相位图中，干涉基线误差包括系统性误差和非系统性误差两部分。在满足其他条件不变的情况下，增加基线长度可以一定程度降低基线测量误差对高程精度的影响。

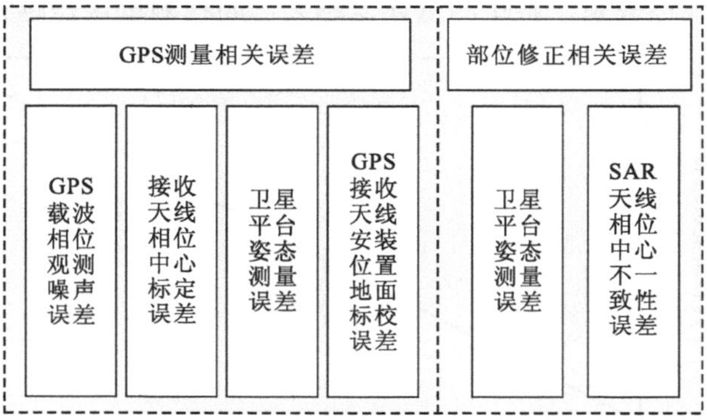

图 2.14　基线测量误差源

4. 相位噪声误差

相位噪声误差是相位误差的重要组成部分，主要由失相干引起，在此基础上进一步细化，可分为 7 类失相干误差源，如图 2.15 所示。

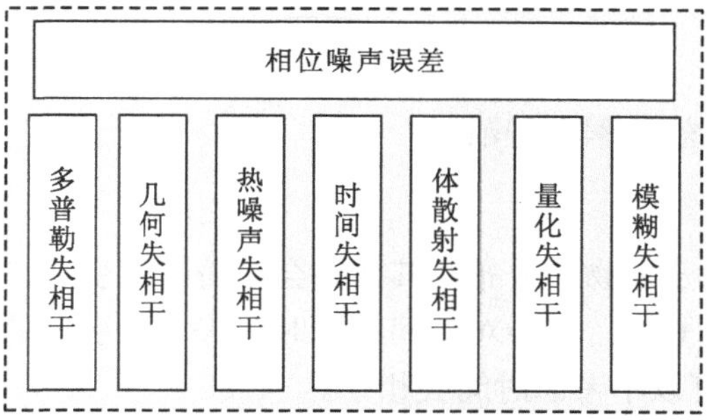

图 2.15　相位噪声误差源

1）多普勒失相干

多普勒失相干主要由 InSAR 系统获取地物信息时所接收回波的多普勒中心频率的差异引起，多普勒失相干的表达式（Raney，1986）为

$$|\rho_{\text{Doppler}}|=\begin{cases}1-\Delta f_{\text{DC}}/B_{\text{a}}, & |\Delta f_{\text{DC}}|\leqslant B_{\text{a}}\\ 0, & |\Delta f_{\text{DC}}|>B_{\text{a}}\end{cases} \tag{2.45}$$

式中：B_{a} 为方位向带宽；Δf_{DC} 为多普勒质心频移。

2）几何失相干

几何失相干主要来源于干涉影像对中主辅影像的雷达波观测入射角、垂直基线长度等差异引起的干涉影像对之间的频谱偏移的影响，且几何失相干严重程度与干涉对中影像之间的偏移量呈正相关（Gatelli et al.，1994）。

几何失相干使垂直基线的长度存在一个极值，即临界值（Bamler et al.，1998）为

$$B_{\perp,\text{crit}}=\lambda\frac{B_{\text{R}}}{c}R_1\tan(\theta-\zeta) \tag{2.46}$$

式中：$B_{\perp,\text{crit}}$ 为垂直基线临界值；B_{R} 为距离向带宽；c 为光速；θ 为雷达波观测入射角；ζ 为地形坡度角；λ 为波长；R_1 为近地点斜距。其中，距离向带宽 B_{R} 与影像距离向分辨率 v_{r} 存在如下关系：

$$B_{\text{R}}=\frac{c}{2v_{\text{r}}} \tag{2.47}$$

几何失相干与垂直基线之间存在如下关系：

$$|\rho_{\text{geom}}|=\begin{cases}\dfrac{B_{\perp,\text{crit}}-B_{\perp}}{B_{\perp,\text{crit}}}, & |B_{\perp}|\leqslant B_{\perp,\text{crit}}\\ 0, & |B_{\perp}|>B_{\perp,\text{crit}}\end{cases} \tag{2.48}$$

在进行配准前，通常采用前置滤波对影像对进行预处理，这一步骤就是通过滤波将主辅影像之间的频谱偏移去除，尽可能降低几何失相干的影响。

3）热噪声失相干

SAR 系统传感器的温度会带来热噪声，对获得的干涉对相干性有直接影响，热噪声失相干与信噪比之间存在如下关系（Prati et al.，1992）：

$$|\rho_{\text{therm}}| = \frac{\text{SNR}}{1+\text{SNR}} \tag{2.49}$$

式中：SNR 为 SAR 系统传感器信噪比。

4）时间失相干

时间失相干主要源于地物的分布及其状态会随着时间变化，获取影像时如果存在时间差，即时间基线大于 0 时，干涉对之间存在时间失相干引起的干涉相位噪声。在分布式 InSAR 高程测量中可以不考虑时间失相干。

5）体散射失相干

雷达电磁波对不同地物散射介质的穿透性存在差异，即每种地物散射介质对应不同穿透深度，地物回波表现在影像中，会引起体散射失相干（Hoen et al.，2000）。尤其在植被茂密观测区，影像同一分辨单元内的信号是植物不同部位的后向散射相干叠加而来，产生相干斑点。为了降低体散射失相干的影响，可以通过控制卫星状态，使双星观测几何尽量一致。

6）量化失相干

观测地物返回的雷达波信号通常需要进行采样处理，采样会造成一定量的信息损失，带来的相干性损失称为量化失相干量。量化失相干引起的相位噪声是非线性的，服从高斯分布。为了降低量化失相干的影响，需要提高 InSAR 系统的数据传输率。

7）模糊失相干

SAR 成像时会出现信号混叠的现象，这种现象引起干涉相位模糊失相干。模糊失相干可分解为方位向和距离向，与模糊信噪比有关。方位向模糊信噪比与脉冲重复频率（PRF）相关，相干性随着 PRF 增大而提高，距离向模糊信噪比可以忽略不计。模糊失相干与距离向模糊信噪比 a_{amb} 和方位向模糊信噪比 r_{amb} 存在如下关系：

$$\rho_{\text{amb}} = \frac{1}{1+a_{\text{amb}}} \cdot \frac{1}{1+r_{\text{amb}}} \tag{2.50}$$

5. 数据处理误差

多基线 InSAR 数据联合处理引起的相位误差是本书要重点分析的误差源。联合数据处理环节较多，产生的干涉相位误差主要概括为影像对配准误差、干涉相位滤波误差及相位解缠误差（Goldstein et al.，1998；Spagnolini，1995）。

1）影像对配准误差

对应于高程测量的精度要求，要使相位误差控制在系统限定的精度以内，复影像的配准精度必须在亚像素级。如果需要控制由复影像配准引起的相位精度在 4° 以内，则需要达到的配准精度在 0.15 个像素以内。

2）干涉相位滤波误差

无论采用何种滤波方法，干涉相位经过滤波后都会损失一定的相位精度。通过比较干涉相位在滤波前后的均方差，定量评价损失的相位精度。

对于大小为(M,N)的干涉图，$\phi_{i,j}$、$\tilde{\phi}_{i,j}$分别表示滤波前和滤波后干涉图中某一像元(i,j)处的相位值，滤波前后相位的均方根（root mean square，RMS）可由下式计算：

$$\mathrm{RMS}=\pm\sqrt{\frac{\sum_{i=0}^{M-1}\sum_{j=0}^{N-1}(\Delta\phi_{i,j})^2}{MN}} \tag{2.51}$$

式中：$\Delta\phi_{i,j}=\tilde{\phi}_{i,j}-\phi_{i,j}$，并且需要对$\Delta\phi_{i,j}$做修正处理：

$$\Delta\phi_{i,j}=\begin{cases}\Delta\phi_{i,j}+2\pi, & \Delta\phi_{i,j}<-\pi \\ \Delta\phi_{i,j}, & -\pi\leqslant\Delta\phi_{i,j}<\pi \\ \Delta\phi_{i,j}-2\pi, & \Delta\phi_{i,j}\geqslant\pi\end{cases} \tag{2.52}$$

所得 RMS 越大，意味着干涉相位滤波前后的变化越大，此时所选滤波方法的相位保持性越差。

3）相位解缠误差

相位解缠误差与所选取的解缠方法、观测区域的地形复杂度均有关，尤其在一些地势起伏较大、地形复杂的区域，解缠难度较大，精度无法保证。对于大小为(M,N)的干涉图，为了定量评价相位解缠精度，可通过以下公式评价相位解缠的质量：

$$\varepsilon=\frac{1}{MN}\sum_{i=0}^{M-2}\sum_{j=0}^{N-1}\omega_{i,j}^{x}\left|\Phi_{i+1,j}-\Phi_{i,j}-\Delta_{i,j}^{x}\right|^{P}+\frac{1}{MN}\sum_{i=0}^{M-1}\sum_{j=0}^{N-2}\omega_{i,j}^{y}\left|\Phi_{i,j+1}-\Phi_{i,j}-\Delta_{i,j}^{y}\right|^{P} \tag{2.53}$$

式中：$\omega_{i,j}^{x}$、$\omega_{i,j}^{y}$为与缠绕相位梯度$\Delta_{i,j}^{x}$、$\Delta_{i,j}^{y}$对应的权重。

2.3.2 地形测量误差仿真试验

2.3.1 小节分析了星载 InSAR 高程测量中主要的误差来源及误差特性，在此基础上，为了进一步探讨星载 InSAR 的高程测量精度，本小节在仿真环境中进行了数据处理验证，通过合理分配误差量，进行高程提取，最后评价高程结果的精度。

在各项误差因素中，基线精度和相位精度是影响测高精度的主要因素。需要指出的是，虽然 2.3.1 小节对各误差源进行了独立分析，但在实际数据处理中，各误差并不完全独立存在。基线误差与绝对相位误差具有耦合性，为了满足误差最小的条件，基线误差引起的绝对相位计算偏差，消除了基线误差带来的高程误差的常量部分，也是主要成分，可以看作绝对相位误差补偿了基线误差，例如只有一个控制点时，无论基线误差多大，所提取的高程图上至少控制点所在像元的高程误差为 0（或接近 0），离控制点越远的像元，高程误差规律性增大。换言之，由于 InSAR 数据处理的特点，基线带来的高程误差与基线误差引起的相位残差周期数有更直接的关系。由于基线误差与绝对相位误差的耦合性，根据理论推导的基线误差引起高程误差，不能直接反映实际的高程精度，本小节通过试验手段分析基线误差与高程精度的关系。

此外，最终相位误差与测高误差具有正比关系，但从原始相位测量误差到最终相位误差的传播具有较高的复杂性，根据 2.3.1 小节的分析，受多种类型相位噪声的影响，相位精度有限，相位滤波处理虽然降低了噪声水平，但也不可避免地使相位细节信息受到损失，相位滤波处理对信噪比的改变难以定量化表示，此外从影像配准到相位解缠，各处理环节对相位精度均产生了一定的影响，相位误差传播及所引起的高程误差，也难以直接通过数学推导获取。

综上所述，对于影响高程精度的两个重要因素——基线精度和相位精度，本小节分别单独设计误差分析试验，以探讨两者对高程精度产生的影响。最后通过综合各项误差，评价星载多基线 InSAR 的高程测量精度。

1. 基线误差与测高精度

将 X 波段作为工作波长，仿真 InSAR 数据，在数据处理中分配不同大小的垂直基线误差，并将该误差保留至绝对相位计算和相位高程转换阶段，分析相应的高程精度与误差关系。

为了不失一般性，仿真试验的地形涵盖了平地、丘陵、山地和高山地，对应的雷达强度影像如图 2.16 所示。

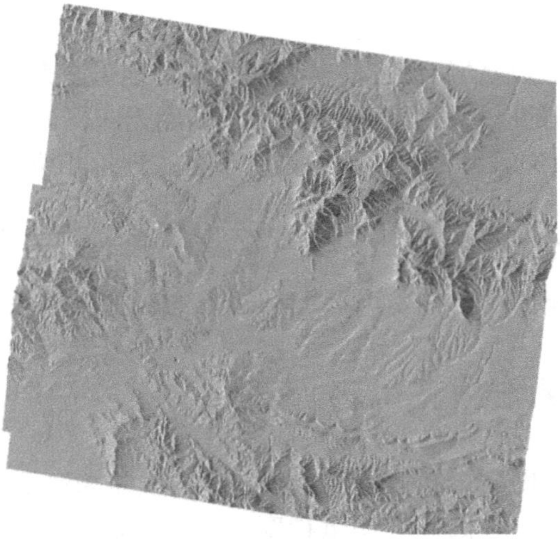

图 2.16　仿真雷达强度影像

仿真试验基本输入参数如表 2.1 所示。

表 2.1　仿真试验基本输入参数

参数		值
采样间隔/m	距离向	0.9
	方位向	2.1
中心斜距/km		630
中心视角/(°)		37
像素数	距离向	12 000
	方位向	12 000
轨道模式		降轨
成像模式		条带
中心垂直基线/m		400

本例中，X 波段干涉数据的高程模糊度为

$$\Delta h_{2\pi} = \frac{\lambda R_1 \sin\theta}{B_\perp} = 28.4\ \mathrm{m} \tag{2.54}$$

虽然通过双差 GPS 可以理论上实现毫米级的基线测量精度，但受测距系统中整周模糊度的影响、各类坐标转换误差的影响及姿态测量误差的影响等，实际的基线精度可能在厘米级左右。此外受绝对相位的影响，基线误差带来的高程误差不会稳定在某个值上下，而是呈现一个趋势性误差，比仅考虑基线误差时小，因此本小节为了便于分析，对基线输入较大误差，分别分配 0.008 m、0.08 m、0.16 m、0.24 m、0.8 m 这几个误差值，经过数据处理，评价对应的高程误差。

图 2.17 为根据上述误差基线计算的地形相位差分后的干涉图，残差相位中除了地形误差相位成分，还包含了趋势性的相位残差，该成分直接反映了基线所带来高程误差的大小。

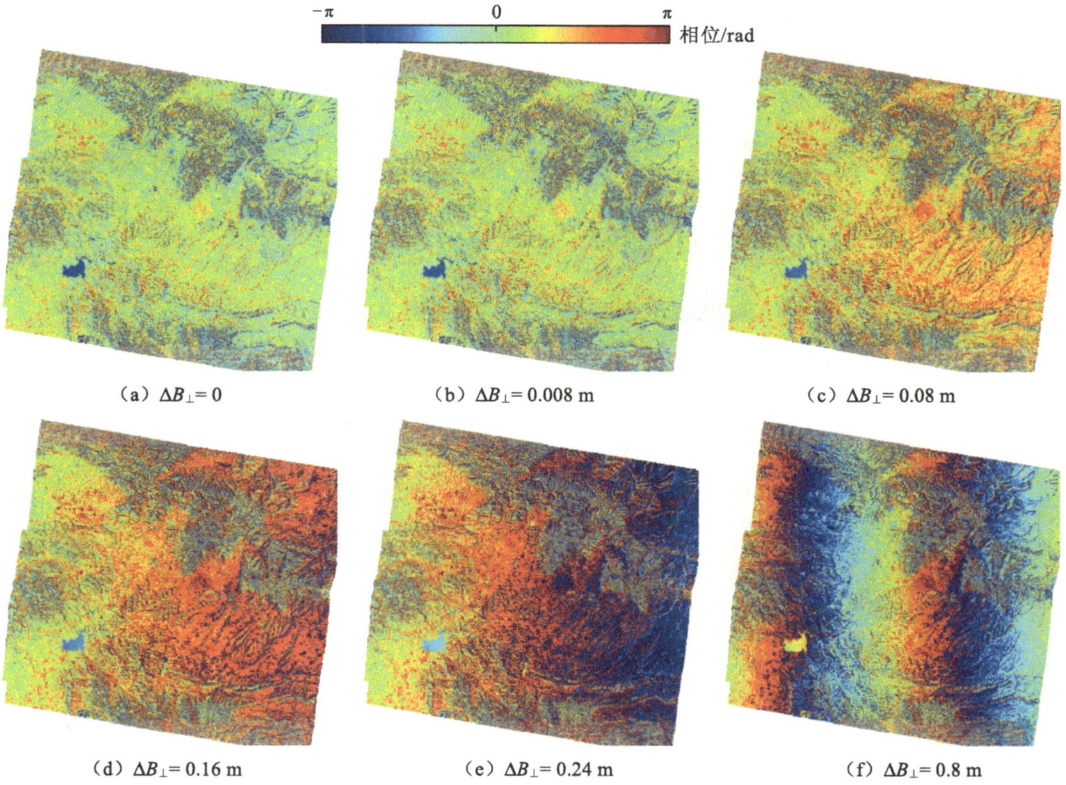

图 2.17　不同垂直基线误差下的残差相位

图 2.18 为不同垂直基线误差下的高程结果，图 2.19 为对应的高程残差图。在该数据处理过程中，由于不引入相位噪声等其他误差，为避免相位滤波对相位精度的影响，同时有利于相位的正确展开，解缠无误时相位精度的损失可以忽略，最终的高程误差体现了基线对高程精度的影响。

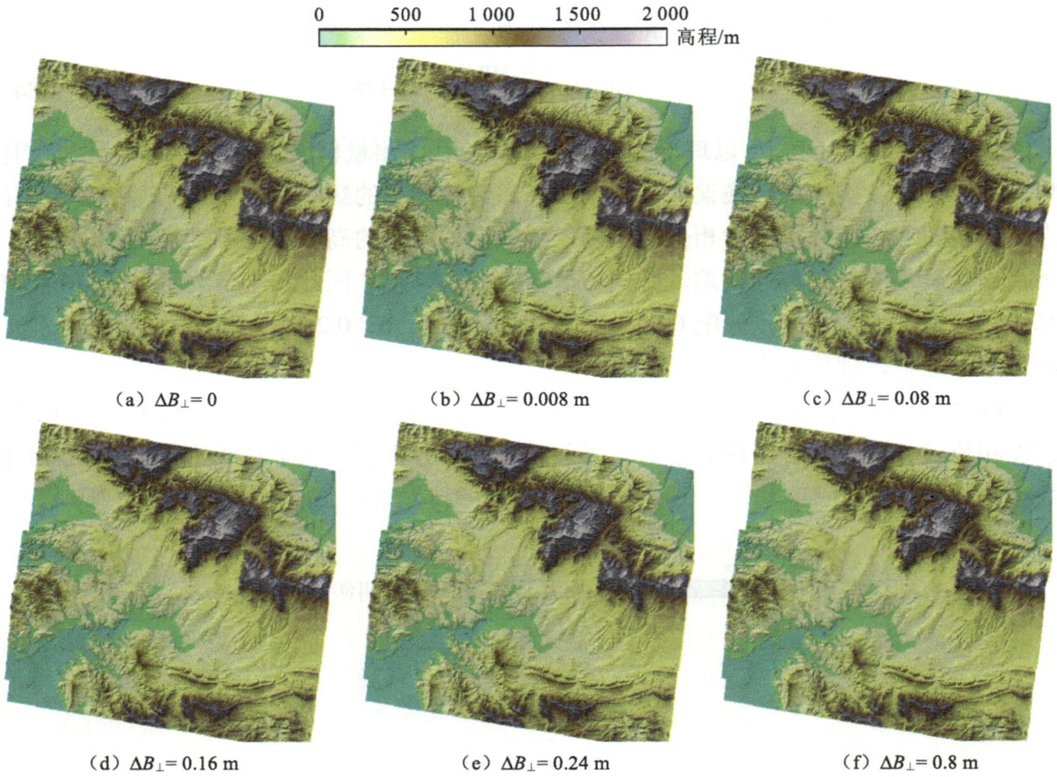

图 2.18 不同垂直基线误差下的高程图

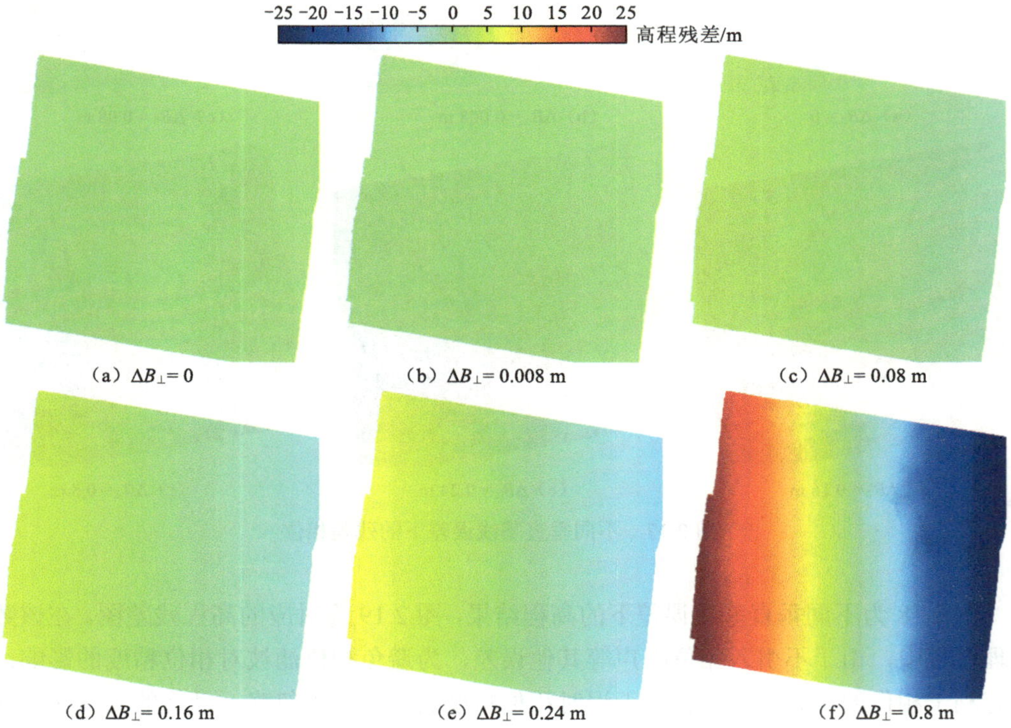

图 2.19 不同垂直基线误差下的高程残差图

图 2.20 为不同垂直基线误差下的高程误差分布统计曲线，从图中可以看出，不同的垂直基线误差大小所带来的高程误差分布特性相似，频率不同；高程误差在误差波动范围内分布整体较为均匀，受观测区域地形的影响，局部分布差异波动。由此可见，基线误差带来的高程误差分布具有较强的系统性，但由于地形起伏的存在，消除高程图中的系统性误差无法彻底消除基线误差带来的高程误差，需要在计算高程值之前先对基线进行标定或精化处理，尤其对地形起伏大的区域更为重要。

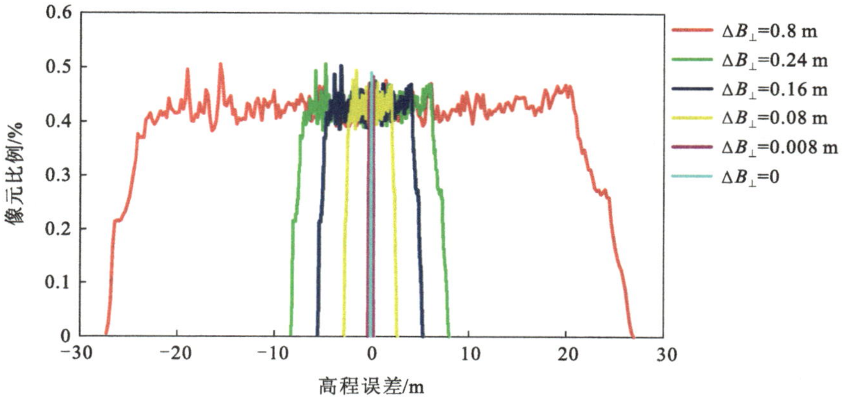

图 2.20　不同垂直基线误差下的高程误差分布统计曲线

从图 2.20 中可以看出，高程误差分布对不同的基线误差有统计学意义上的规律性，因此进一步分析基线误差与高程中误差的关系。表 2.2 统计了不同垂直基线误差下的高程中误差，并形成关系曲线如图 2.21 所示。

表 2.2　垂直基线误差与高程中误差

项目	垂直基线误差/m					
	0	0.008	0.08	0.16	0.24	0.8
高程 RMSE/m	0.010	0.146	1.449	2.897	4.344	14.460

注：RMSE 为 root mean square error，均方根误差

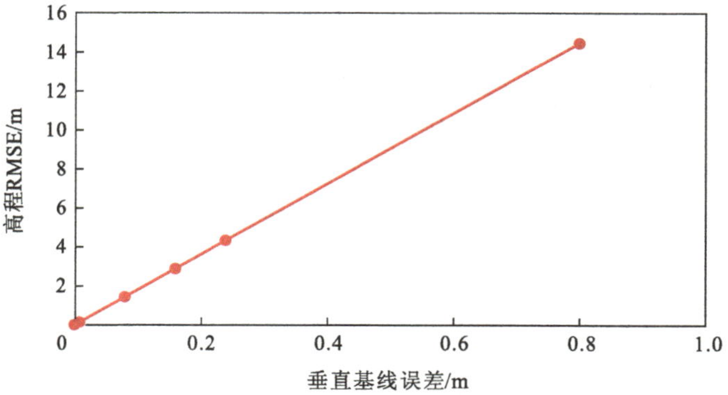

图 2.21　垂直基线误差与高程 RMSE 的关系曲线

由图 2.21 可知，垂直基线误差与高程中误差呈现高度线性化关系，在本试验垂直基线长度为 400 m 的情况下，垂直基线误差为 0.8 m 时，在绝对相位的校正下，误差分布在−27.21～27.02 m，整景影像的高程中误差为 14.46 m。当基线误差变化时，高程误差数据按比例变化。这些数据体现了一般情况下的高程精度。若观测区增大，则高程误差范围与中误差值将随之增大。

综上所述，在 X 波段 InSAR 数据处理中，由于绝对相位的校正作用，理论推导的垂直基线误差引起的高程误差的常量部分被消除，实际高程误差远小于理论推导值，当基线精度达到 0.05 m 以内，相应的高程中误差往往可限制在 1 m 以内，且呈现高度系统性，易于后续平差消除。

2. 相位误差与测高精度

原始相位携带的相位误差主要包含相位测量误差和相位噪声。本小节依然采用 X 波段作为工作波长，仿真 InSAR 数据，加入相位测量误差，同时根据相位噪声量化方式，在仿真过程中分配不同的噪声水平，经过相位滤波等一系列处理，提取高程值，分析不同噪声水平下相应的高程精度与误差关系。

为了不失一般性，仿真试验仍然涵盖平地、丘陵、山地和高山地，对应的雷达强度影像如图 2.16 所示。仿真试验基本输入参数如表 2.1 所示。

本次仿真试验引入的相位误差包含相位测量误差、几何失相干，以及热噪声等来源的相位白噪声，在分析不同相位误差时，采用固定的相位测量误差和几何失相干，通过改变白噪声水平来实现不同相位误差量的分配。

通过干涉相位噪声的峰值信噪比（peak signal to noise ratio，PSNR）表示所加入噪声水平的大小：

$$\mathrm{PSNR}=10\lg\frac{(2\pi)^2}{\mathrm{MSE}} \tag{2.55}$$

式中：MSE 为相位图噪声成分的均方差。

固定相位测量误差与几何失相干、改变热噪声等白噪声大小，形成相位噪声水平分别为 30°、45°、60°、75° 和 90°（PSNR 分别为 21.58 dB、18.06 dB、15.56 dB、13.62 dB、12.04 dB）的噪声相位如图 2.22 所示。

图 2.22 中几何失相干量级由地形及观测几何决定，保持不变，噪声图包含了与地形高度相关的成分；相位观测误差也维持均值为 0、均方差为 6° 不变；不同的白噪声相位污染后，三个成分形成不同 PSNR 的相位误差源。分别形成不同干涉图，为了更清晰地展示，截取干涉图局部区域，如图 2.23 所示，对应的相干性图如图 2.24 所示。

图 2.24（a）～（e）的相干性均值分别为 0.508、0.497、0.485、0.468、0.435。经过多基线数据联合处理，获取高程图，并计算高程残差，如图 2.25 所示。从图 2.25 中可以看出，不同噪声水平下，高程残差均与地形相关，且噪声水平越高，高程残差与地形的相关性越强，误差越大。这意味着在相位滤波过程中，相位热噪声与几何失相干相互影响，即使在几何失相干程度相同的情况下，受噪声污染越重，则相位滤波时地形信息的损失越大。

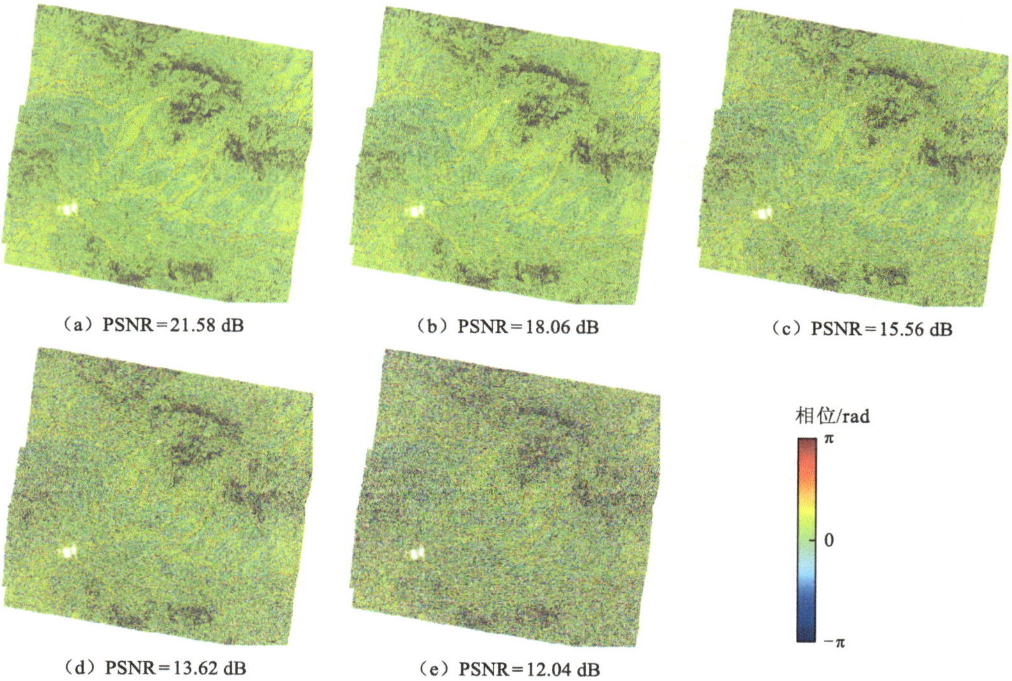

图 2.22　不同噪声水平的噪声相位

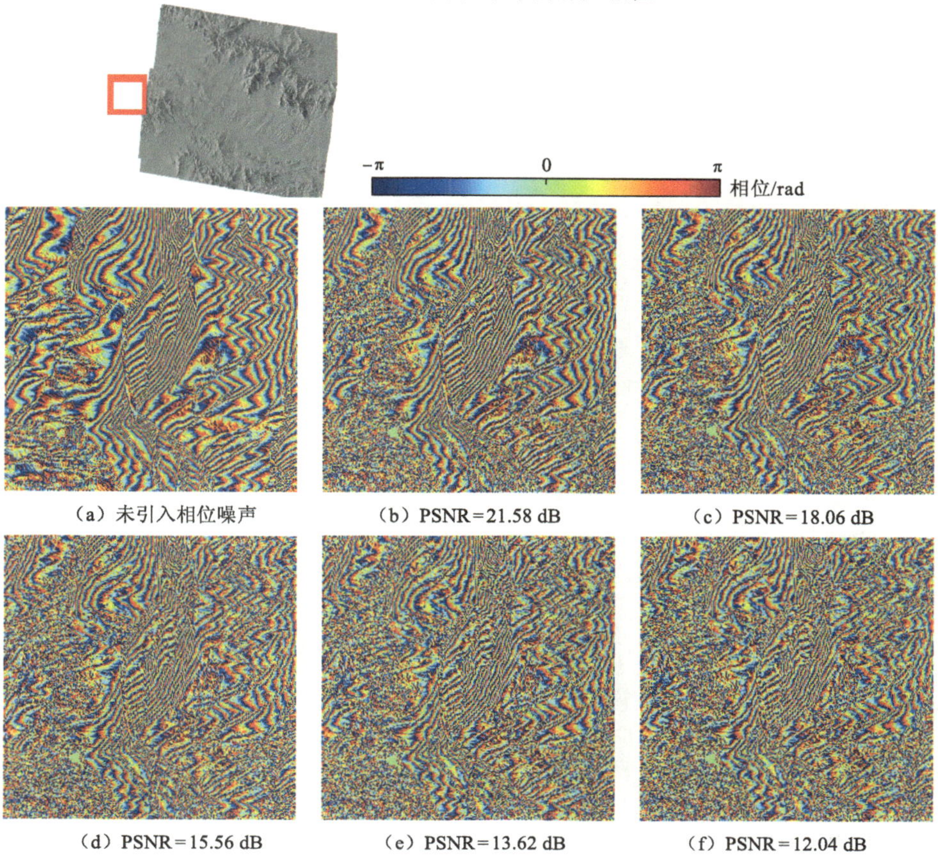

图 2.23　不同噪声水平的干涉相位

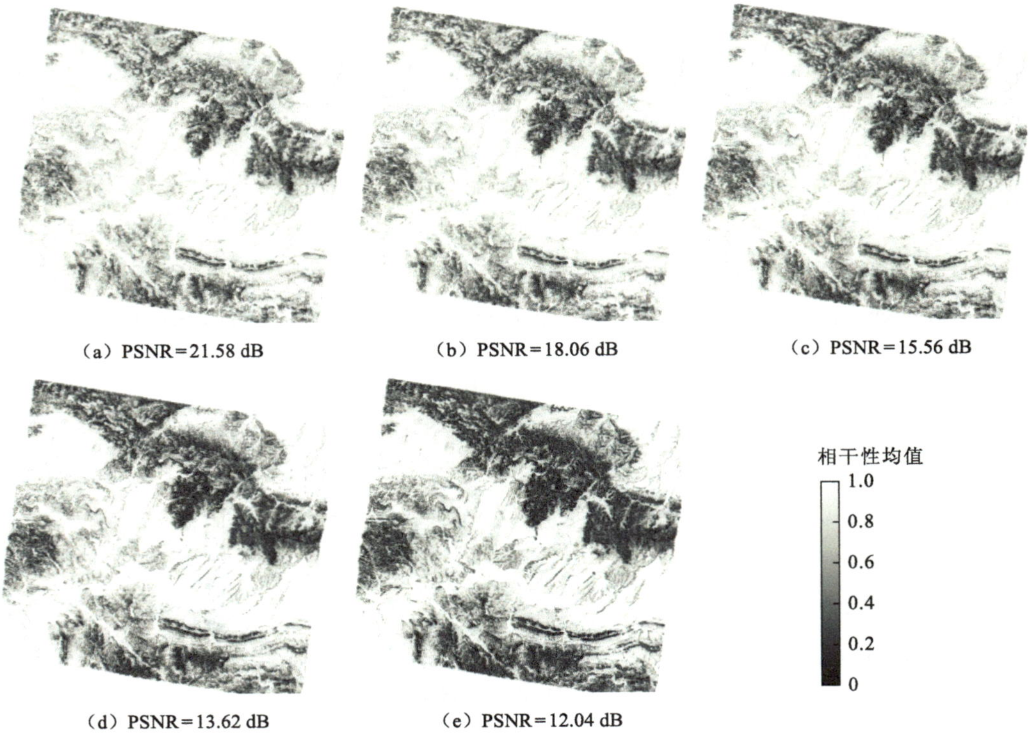

图 2.24　不同噪声水平的相干性图

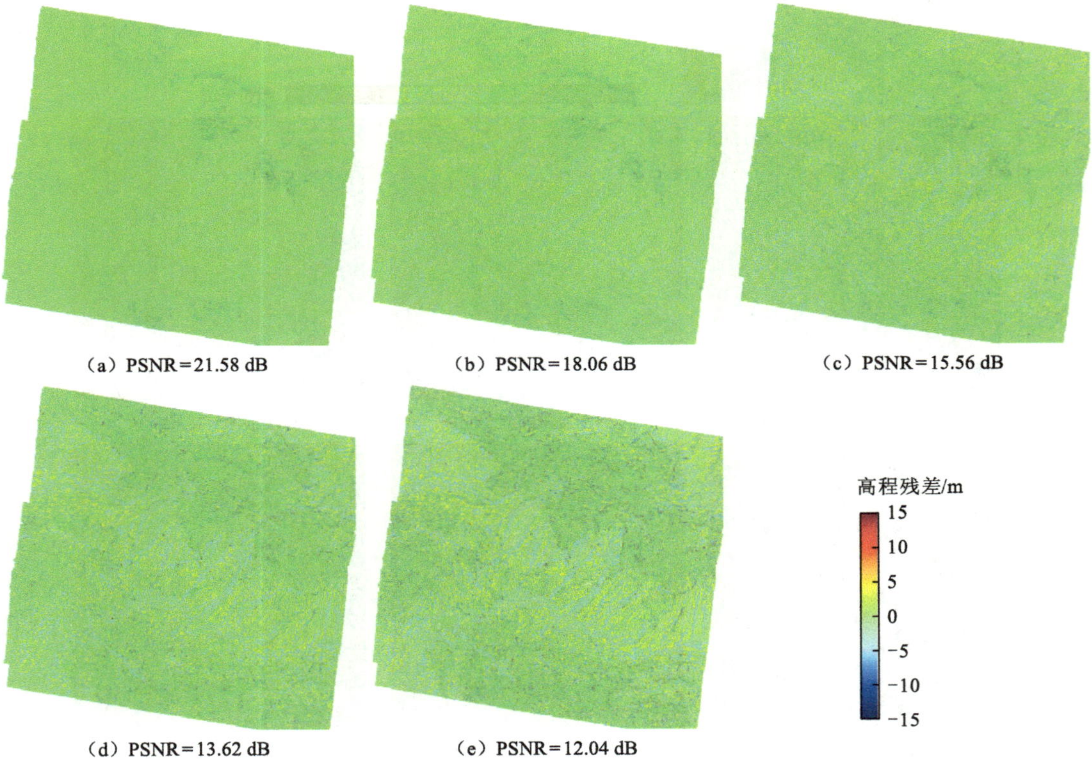

图 2.25　不同噪声水平的高程残差图

图 2.26 为不同噪声水平的高程误差分布统计曲线，从图中可以看出，受相位误差影响的高程误差具有零均值特性，在误差波动范围内非均匀分布。此外受地形的影响，误差分布曲线不完全对称，具有小幅度的抖动。图 2.26 体现了经过数据处理后原始相位误差与高程误差具有统计学意义上的规律性，为了进一步分析两者的相互关系，分别统计不同噪声水平下理论推导的高程精度与经过数据处理后实际获得的高程精度，如表 2.3 和图 2.27 所示，其中理论推导的高程精度视为最终高程信息中包含了原始的相位误差，即相位中误差与高程中误差具有比例关系：

$$h_{\mathrm{RMSE}} = \frac{\lambda R_1 \sin\theta}{2\pi B_{\perp}} \cdot \varphi_{\mathrm{RMSE}} \tag{2.56}$$

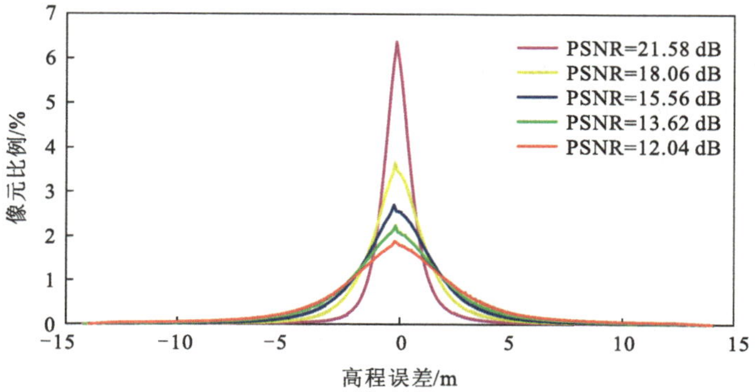

图 2.26　不同噪声水平的高程误差分布统计曲线

表 2.3　相位误差与高程 RMSE

项目	相位噪声均方差				
	30°	45°	60°	75°	90°
PSNR/dB	21.58	18.06	15.56	13.62	12.04
理论推导高程 RMSE/m	2.367	3.550	4.733	5.917	7.100
数据处理后实际高程 RMSE/m	1.696	2.217	2.731	3.197	3.609

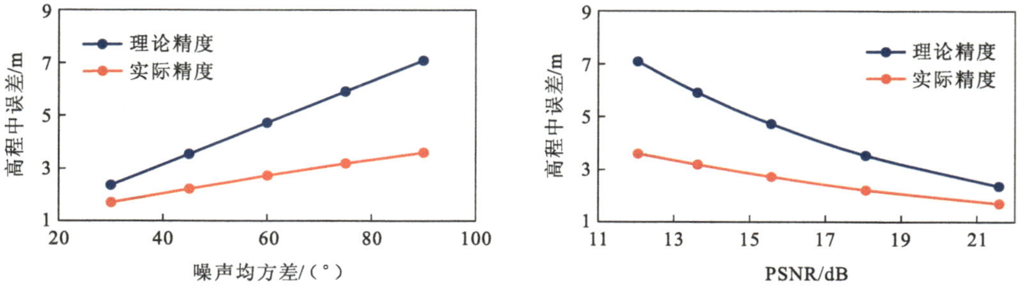

图 2.27　不同噪声水平的理论和实际高程精度

从表 2.3 和图 2.27 可以看出，无论是未经相位误差抑制的理论推导精度，还是经过数据处理的实际精度，相位噪声均方差与高程中误差均具有较强的线性相关性，其中经过相位滤波等处理，相位噪声受到抑制，同时地形细节信息也有不同程度的损失，整体而言，数据处理提高了相位信噪比和高程精度。

综上所述，由于相位误差在数据处理过程中的改变难以量化，无法通过理论推导最终的高程精度，经过独立相位误差的精度分析试验可知：①噪声水平与几何失相干存在相互影响，即使几何失相干程度不变，不同的噪声水平会使相位滤波时地形信息受到不同程度的影响，噪声水平越高，则地形细节保留精度越差；②相位滤波在平衡噪声抑制的同时损失相位细节，但整体提高了相位精度，经过数据处理，高程精度较理论水平提升了约 1 倍。由于分布式 InSAR 相干性普遍高于 0.5，噪声水平优于 15°，在包含了各类地形的区域，经过数据处理后，由相位误差带来的高程中误差普遍小于 1 m。

3. InSAR 测高精度仿真试验

为了客观评价 InSAR 高程测量精度，本小节进行不同地形条件下的仿真试验，提取高程值，并进行精度评价。

依然采用 X 波段作为工作波长，仿真 InSAR 数据，并将平地/丘陵（平均坡度<6°）、山地/高山地（平均坡度≥6°）分开分析，对应的雷达强度影像分别如图 2.28（a）、（b）所示。仿真试验基本输入参数如表 2.1 所示。

（a）平地/丘陵试验区　　（b）山地/高山地试验区

图 2.28　平地/丘陵试验区及山地/高山地试验区雷达强度影像

为接近真实环境，轨道误差在空间直角坐标系中 X、Y、Z 三轴，以及基线误差在基线 TCN 坐标系中的三轴方向上的分配大小如表 2.4 所示。

表 2.4　仿真数据误差分配情况

项目		值
轨道误差（预轨）/m	X	8
	Y	8
	Z	8
斜距误差/m		3
多普勒中心频率误差/Hz		2.5
基线误差/m	T	0.05
	C	0.05
	N	0.05
相位热噪声/dB		27.6

经过 InSAR 数据处理，获得 X 波段地形相位解缠图，如图 2.29 所示，其中山地/高山地试验区存在叠掩现象，反映到干涉相位上即呈现相位跳跃现象，此时的相位解缠具有一定的困难，通过基于相位金字塔的多尺度解缠算法，避免了解缠相位错误截断的问题，如图 2.29（b）所示，解缠相位较好地保留了应有的相位边缘，目视上未有显著问题。通过解缠相位和外部粗 DEM 进行了基线精化，消除基线系统性误差，然后提取高程图，如图 2.30 所示。对高程结果进行误差计算，得到高程误差图，如图 2.31 所示。

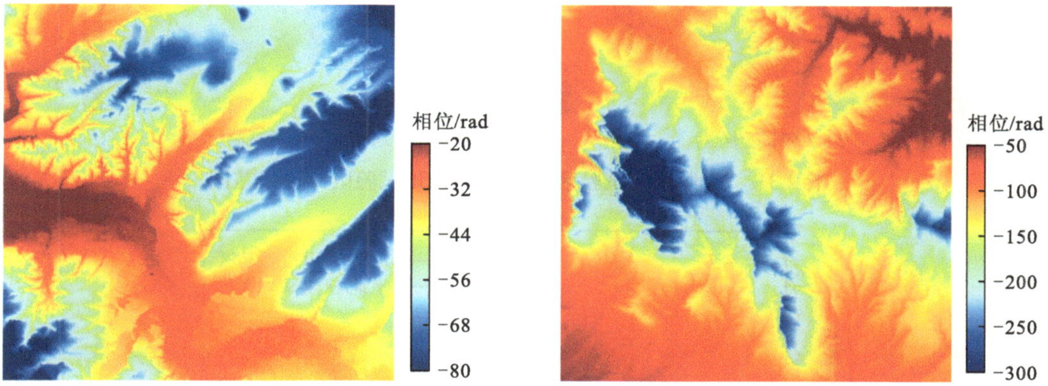

（a）平地/丘陵试验区　　（b）山地/高山地试验区

图 2.29　平地/丘陵试验区及山地/高山地试验区地形相位解缠图

（a）平地/丘陵试验区　　（b）山地/高山地试验区

图 2.30　平地/丘陵试验区及山地/高山地试验区高程图

由图 2.31 可知，地形平缓区域的高程误差整体小于地形陡峭区域，主要误差源为相位测量误差和处理过程中部分有效相位信息损失，而山地的高程误差呈现较强的随机性，主要由几何失相干和叠掩造成。对高程误差进行统计分析，得到分布统计曲线如图 2.32 所示。由图 2.32 可知，高程误差具有零均值特性，受地形的影响，误差分布不严格以 0 值对称，分布特性与单独基线误差和单独相位误差引起的高程误差分布特性都不相同，具有两者结合的特征，符合误差的理论规律。统计高程 RMSE，如表 2.5 所示，其中平地/丘陵试验区的高程精度为 1.054 m，山地/高山地的高程精度为 2.498 m。

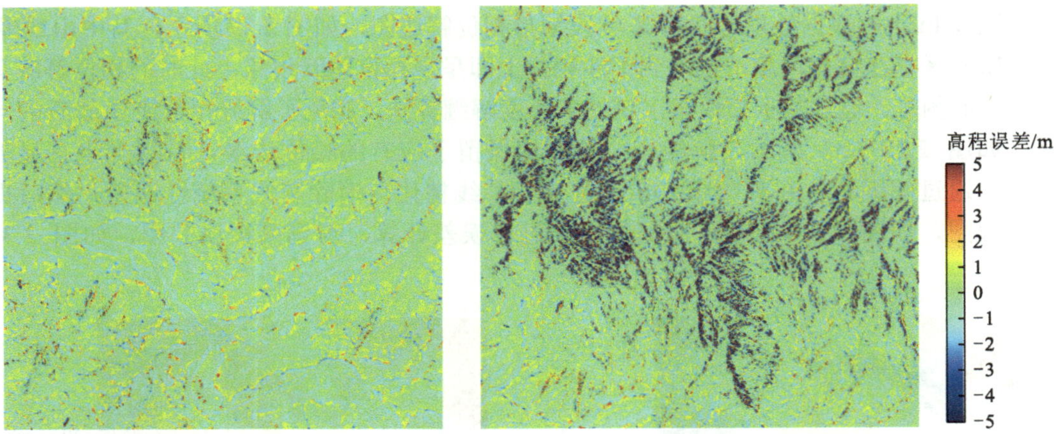

（a）平地/丘陵试验区　　（b）山地/高山地试验区

图 2.31　平地/丘陵试验区及山地/高山地试验区高程误差图

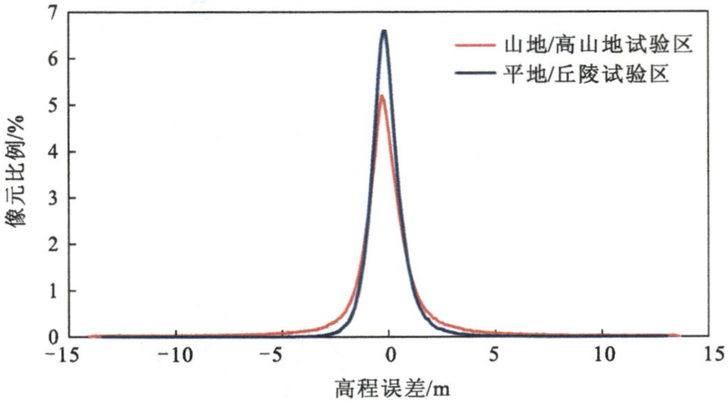

图 2.32　平地/丘陵试验区及山地/高山地试验区高程误差分布统计曲线

表 2.5　平地/丘陵试验区及山地/高山地试验区高程 RMSE

项目	平地/丘陵试验区	山地/高山地试验区
高程 RMSE/m	1.054	2.498

上述试验评价了 X 波段 InSAR 高程测量的精度水平，具有代表性。通过试验结果可知，X 波段分布式 InSAR 卫星在垂直基线 400 m 左右时，可达到平地/丘陵试验区高程精度 1 m、山地/高山地试验区高程精度 2.5 m 的水平，精度与分布式星座 TerraSAR-X/TanDEM-X 产品精度相当。

2.4　星载 InSAR 地表形变监测误差与仿真试验

2.4.1　星载 InSAR 地表形变监测误差

理论上，减去平地相位和地形相位之后的差分干涉相位即为地表形变引起的相位，但在实际数据处理中，差分干涉影像还包含多源误差，为了精确提取地表形变，还需要进行误差分析和去除。

实际差分干涉相位 φ_{diff} 包括形变引起的干涉相位分量 φ_{def}、相对高程误差引起的残余地形相位 $\varphi_{\Delta h}$、基线误差引起的趋势性残余相位 $\varphi_{\Delta B}$、与不均匀的大气延迟有关的干涉相位 φ_{atm}、相位噪声 φ_{noise}，即

$$\varphi_{\text{diff}}=\varphi_{\text{def}}+\varphi_{\Delta h}+\varphi_{\Delta B}+\varphi_{\text{atm}}+\varphi_{\text{noise}} \tag{2.57}$$

基线误差引起的趋势性残余相位 $\varphi_{\Delta B}$ 是指基线参数误差导致的地形计算的理论干涉相位不准确，从实际干涉相位中减去这部分相位所残留的误差相位。基线误差主要对理论计算相位中的平地相位分量产生贡献，在差分干涉图上呈现趋势性变化的特征，其中由垂直基线的长度误差引起的残余差分干涉相位条纹沿距离向上平行分布，而由平行基线的变化率误差引起的残余差分干涉相位条纹则沿方位向上平行分布。另外基线参数误差也会引起地形相位分量计算的误差，但由于高程远远小于斜距，这部分误差相位较小。与不均匀的大气延迟有关的干涉相位 φ_{atm} 主要是指两次观测时的大气状态不一致所引起的相对延迟相位，在差分干涉图上体现为平缓变化的相位分量。相位噪声 φ_{noise} 则是雷达信号所含的随机噪声，在实际处理中，往往通过多时相 InSAR（multi-temporal InSAR，MTI）技术提取高精度的地表形变信息，即通过获取时间序列上多个干涉组合，进行时序分析，解算和消除各项相位误差，以实现形变场的精确反演，其中经典的方法有 PSI 方法（Ferretti et al.，2000）和小基线子集（small baseline subset，SBAS）方法等。

若想要准确求出形变相位，就需要把干涉相位中其余几个分量去除或控制在较小的程度。而且与地形测量不同，InSAR 地表形变监测往往基于多期数据的时序处理以实现长周期的地表形变监测，因此其误差影响因素还需要考虑时序因素。下面对各个误差来源进行具体分析。

1. 轨道误差

根据 InSAR 形变反演公式可知，雷达斜距 R 和空间基线 $B_{\perp}$ 都是形变反演的重要参数，这些参数的正确性决定了地表形变反演的准确性，而这两个参数都与轨道误差有直接关系。首先，卫星轨道误差会导致卫星空间位置解算错误，从而影响卫星与地物点之间距离（即雷达斜距 R）的准确求解；此外，SAR 传感器两次重访所处位置之间的距离（即空间基线 $B_{\perp}$）也因为轨道误差而无法正确求解。由于雷达斜距 R 量级巨大，往往为几百千米，轨道误差对其影响较小，但它对空间基线 $B_{\perp}$ 的影响比斜距则大得多，本小节重点针对轨道误差所导致的空间基线误差进行分析。

在 InSAR 的整个处理过程中，空间基线是贯穿其中的关键参数，它既是 SAR 干涉成像的基础，也是导致 InSAR 干涉相位几何失相干的因素之一（龚衍 等，2005；Hanssen，2001）。当存在轨道误差时，就会导致空间基线解算错误从而带来基线误差，体现在干涉图中是贯穿全图的趋势性条纹。因此，基线误差对形变结果的影响也被认为是系统性误差，这也给改正带来了困难，因为这种系统性误差往往混叠在形变相位、大气延迟分量及残差条纹中很难分离，从而影响最终形变解算的精度和可靠性。若要完全去除基线误差，则需要卫星轨道参数解算精度优于 1 mm，但早期 SAR 卫星的轨道参数解算往往达不到这一精度。例如，欧洲的 ERS 和 Envisat 卫星在沿轨、交轨和法向三个不同方向的轨道中误差分别为 24 cm、18 cm 和 7 cm（Scharroo et al.，1998），后续升空的 Radarsat

等卫星则未提供高精度的轨道信息，从而使干涉基线的估算精度较小，而 Sentinel-1 卫星则配备了高精度的卫星轨道矢量文件，可以辅助基线误差的去除。

另外，基线估计算法的精度还与 SAR 数据的应用相关（何秀凤 等，2011）。在地震、冰川等差分形变监测应用中，ERS 和 Envisat 精密轨道的精度已可满足要求；但是在地面沉降等高精度的地表形变监测应用中，轨道基线的精度要求达到亚厘米级，而现有的轨道数据是不满足的，因此必须提供精确客观的基线估计值。目前常用的基线估计和精化方法可分为基于卫星轨道状态矢量的估计方法、基于外部信息（如地面控制点）的估计方法和基于干涉图本身的估计方法。

2. 地形误差

不同于星载 InSAR 地形测量，在利用 InSAR 技术进行地表形变监测时，干涉相位中包含了地形相位成分，因此要想获取准确的地表形变，就需要将地形相位成分去除，有两种途径。一是基于 InSAR 像对构建 DEM 进行多通法处理。二是利用外部 DEM 辅助地形相位去除，是目前的主流方法。但在这一过程中，由于所使用的 DEM 高程值不准确或者平面定位精度不够，地形误差会传递到形变解算中，且具体会体现在两个方面：第一，在 SAR 影像配准过程中会参考外部 DEM 信息，此时地形误差会影响主辅影像配准精度，引入配准误差；第二，在形变解算过程中，地形误差会传递到形变信息中。此外，这些地形误差对形变结果影响的表现形式也具有一定的随机性，有时表现为偶然误差，会严重降低干涉图的相关系数；有时表现为系统误差，这类误差几乎不会影响干涉图的相干性，但它会使形变提取结果严重偏离真实值。

InSAR 数据处理中的 DEM 误差影响主要是由 DEM 精度所引起的，相对高程误差引起的残余地形相位为

$$\varphi_{\Delta h} = -\frac{4\pi B_{\perp}}{\lambda R \sin\theta} \cdot \Delta h \tag{2.58}$$

式中：Δh 为高程误差；$B_{\perp}$、R、θ 分别为当前点的垂直基线长度、斜距和视角。由此可知，当干涉对的垂直基线越短，则差分干涉相位对高程误差越不敏感，高程误差的影响就越小，当卫星两次观测同一目标时的位置完全重合时，此时基线参数 $\boldsymbol{B}=\boldsymbol{0}$，参考平面和地形起伏对干涉相位没有贡献，此时的干涉相位主要是由两次观测间目标的相对位移而引起的。除此之外，基线越短，则信号的几何相干性越高，因此对于地表形变探测的应用，干涉对的垂直基线越短则越有利。而缓解地形误差最直接的方法是选择高精度的外部 DEM，但这类 DEM 往往受到严格管控。此外，随着越来越多 SAR 卫星的在轨运行及 SAR 影像的累积，可以在足够多影像的支持下，利用冗余的干涉图将地形误差作为模型未知参数估计出来，这是大地测量中常用的一种含有系统误差的平差方法。

3. 大气误差

雷达波在大气层中传播时，大气影响会改变其传播路径和到达目标的时间，从而引起干涉相位的延迟，即所谓的大气误差（Zebker et al.，1997）。对星载被动地球遥感测量技术而言，这种由电磁波通过大气所造成的传播延迟是基本的限制因素（Blewitt，

2007）。大气延迟不仅对 InSAR 广域形变监测影响显著，对小范围（面积为 100 m^2 甚至更小）形变监测同样影响巨大（向荣，2007）。大气误差作为一种重要的误差来源，在进行 InSAR 高精度地表形变监测时需要格外重视。大气层在垂直方向上分层，水平方向上分布均匀，组成成分和结构复杂，但对 InSAR 测量而言，大气影响主要来自电离层和对流层。

电离层大气误差在空间上变化较小，对 SAR 影像的影响主要表现为相位群延迟、折射、法拉第旋转和相位偏移等（Hofmann-Wellenhof et al.，2007）。电离层延迟对 X、C 等短波段 SAR 系统影响较小，但对 L、P 等长波段 SAR 系统影响显著（Meyer et al.，2006），而且其影响在赤道和极地地区要明显高于中纬度地区。此外，某些大地震发生时也会造成电离层活动异常，从而引起电离层延迟。对流层的大气温度、湿度、气压等随高度改变，造成大气分层现象，不同层面的折射率也不同，从而造成雷达波在介质中传播时路径的弯曲。对流层大气误差在时间和空间上变化较大，无论范围大小，时间间隔长短都可能对形变结果产生较大影响。在空间上呈现低频特征，而在时间上则呈现高频特征，因此对流层大气误差既可能表现为系统性误差，也可能是偶然误差。其中系统性误差主要与地形相关，高程越大，雷达斜距越短，大气延迟影响越小，反之影响越大。

总体来说，大气误差是 InSAR 形变测量中一项重要的误差来源，在处理时需要格外关注并进行去除，否则会严重影响形变结果的解译（杨成生，2011）。对于电离层延迟误差的改正，可以考虑采用方位向和距离向偏移量方法，或者利用电离层模型进行估计和去除，其中低次多项式模型可以去除这个影响。对于对流层延迟误差，其改正方法主要分为两类（杨成生，2011；Li，2005）：一类是通过时序影像的累积构建大量干涉图，分析信号的统计特性改正大气延迟，如 Stacking 方法和 PS-InSAR 方法等；另一类是利用外部数据[如 GPS、中分辨率成像光谱仪（medium resolution imaging spectrometer，MERIS）、MODIS 数据等]估计出大气延迟量，再将其从干涉图中去除从而改善大气延迟的影响。

4. 失相干误差

InSAR 中的相干性被定义为在两个复数影像配准中互相关系数的大小（Touzi et al.，1999），是一个重要的 InSAR 数据产品，有多种用途（Wang et al.，2020；Chini et al.，2019；Chaabani et al.，2018）；同时也是一项重要指标，可以用来衡量差分干涉相位的质量，越高的相干性往往意味着更为可靠的相位信息，避免相位跳变的出现，进而可以避免在后续的滤波过程中引入误差，同时防止出现解缠错误，从而反演出更精确的形变结果。某像点(i,j)的相干性可以表示为

$$\gamma_{(i,j)}=\frac{\left|\sum_{i=1}^{m}\sum_{j=1}^{n}M(i,j)*S(i,j)\right|}{\sqrt{\sum_{i=1}^{m}\sum_{j=1}^{n}|M(i,j)|^2*\sum_{i=1}^{m}\sum_{j=1}^{n}|S(i,j)|^2}} \tag{2.59}$$

式中：M 和 S 分别为主、辅 SAR 影像；$*$表示共轭相乘；m 和 n 为相干性评价所使用的

局部窗口大小。

然而，在星载 InSAR 形变测量的实际应用中，尤其是重复轨道干涉测量，受雷达系统热噪声、两次成像期间雷达视角变化或地物后向散射系数改变、数据处理过程误差等因素的影响，像点相干性减弱，累积到一定程度，就会造成失相干。在同一幅差分干涉图中，失相干是数据处理过程、多普勒质心差、热噪声、体散射、地物变化、基线几何等因素的综合影响（Zebker et al.，1992）：

$$\gamma = \gamma_{\mathrm{proc}}\gamma_{\mathrm{Doppler}}\gamma_{\mathrm{therm}}\gamma_{\mathrm{vol}}\gamma_{\mathrm{temp}}\gamma_{\mathrm{geom}} \tag{2.60}$$

式中：γ_{proc} 为数据处理过程中引入的失相干误差，比如数据配准过程中的误差传递；$\gamma_{\mathrm{Doppler}}$ 为雷达两次成像的照射方向（即多普勒中心）不一致所引起的多普勒质心差而造成的失相干误差；γ_{therm} 为雷达系统热噪声所造成的失相干误差；γ_{vol} 为地物体散射失相干；γ_{temp} 为时间失相干误差，对重复轨道干涉测量来说，两幅影像获取期间随着地物、土壤湿度等因素的变化，会在地表分辨单元内产生随机性的附加相位延迟变化，即时间失相干（Ma et al.，2018；Ahmed et al.，2011）；γ_{geom} 为几何失相干，是由前后成像轨道偏移导致的雷达角度改变，影响空间基线，使同一分辨单元内产生了不同的附加相位分量，造成几何（基线）失相干。其中，数据处理失相干可以通过精化数据处理流程进行缓解，多普勒质心差、热噪声和体散射失相干无法在后端数据处理过程中进行消除，时间失相干和几何失相干可以通过约束 InSAR 干涉对的时空基线进行缓解，也即常规小基线集的方法（Malinverni et al.，2014；Gatelli et al.，1994）。

2.4.2 地表形变监测误差仿真试验

2.4.1 小节分析了星载 InSAR 地表形变监测过程中各种误差的来源及影响，在此基础上，为了进一步探讨星载 InSAR 地表形变测量精度，本小节利用仿真数据进行地表形变提取处理，并在过程中合理引入误差量，研究其对形变结果精度的影响。

1. 轨道误差与形变精度

轨道误差通过影响雷达斜距和空间基线的计算，从而对形变结果产生影响，又因雷达斜距量级巨大，轨道误差对其影响较小，因此主要考虑空间基线误差对形变结果的影响。

以 C 波段作为雷达工作波长，仿真 InSAR 数据，在数据处理中分配不同的垂直基线误差，将该误差保留至绝对相位计算和形变反演阶段，并分析相应的形变监测精度与误差关系。

仿真试验数据的地形包含了平地、丘陵、山地，对应的雷达强度影像如图 2.33（a）所示，具体参数如表 2.6 所示。仿真形变场与仿真雷达数据尺度相同，如图 2.33（b）所示，其中部存在 3 处明显形变漏斗。为了研究不同基线误差对形变监测结果的影响，分别分配 0.1 m、1 m、2 m、5 m 和 10 m 5 个不同的基线误差值，通过相同的数据处理手段获取相应基线下的形变结果，并评价对应的形变提取精度。

（a）仿真雷达强度影像

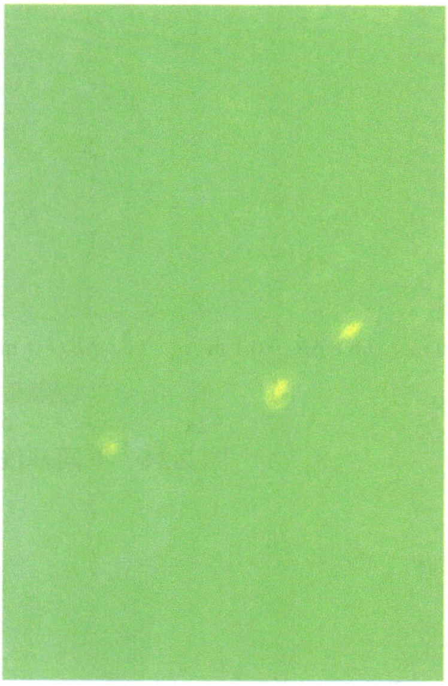

（b）仿真形变场

图 2.33　仿真雷达强度影像及仿真形变场

表 2.6　仿真数据参数

参数		值
采样间隔/m	距离向	2.3
	方位向	13.9
中心斜距/km		889.1
中心视角/（°）		40.41
像素数	距离向	4 400
	方位向	7 000
轨道模式		升轨
成像模式		推扫模式
中心垂直基线长度/m		288.0

图 2.34 为不同基线误差下的相位解缠图，可以看出除了三处明显形变漏斗所引起的相位变化，随着基线误差的增大，趋势性的相位残差随之增大，该成分直接反映了基线所带来的形变监测误差。

图 2.35 为不同基线误差下的形变反演结果，为便于对比，每个颜色周期代表 4 mm/a 的形变速率差异。在 0.1 m 基线误差下提取的形变速率与真实结果差异较小，但当基线误差上升到米级之后，误差影响明显提升，虽然形变场仍然可见，但基线误差带来的趋势性形变已经明显大过由真实地表形变所造成的形变场。图 2.36 为不同基线误差下的形变监测结果误差图，每幅子图是由相应基线误差下的形变结果与真实形变结果作差所得。可以看出，随着基线误差的增加，趋势性误差也明显增大。

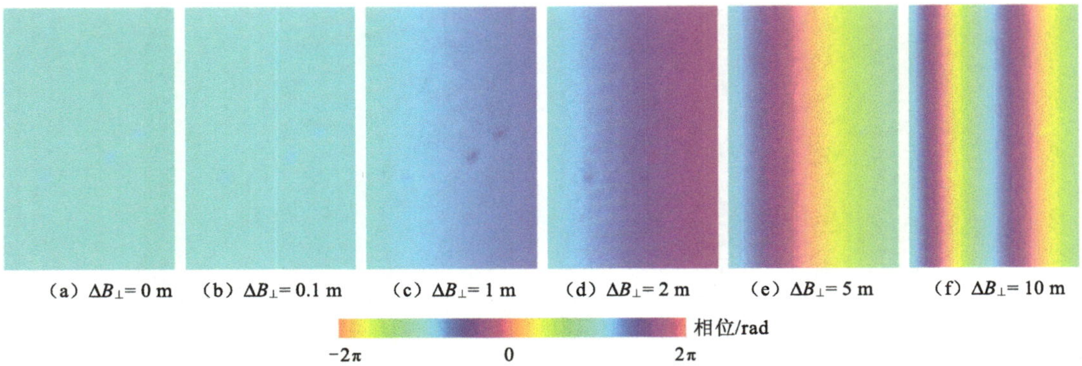

图 2.34　不同基线误差下的相位解缠结果

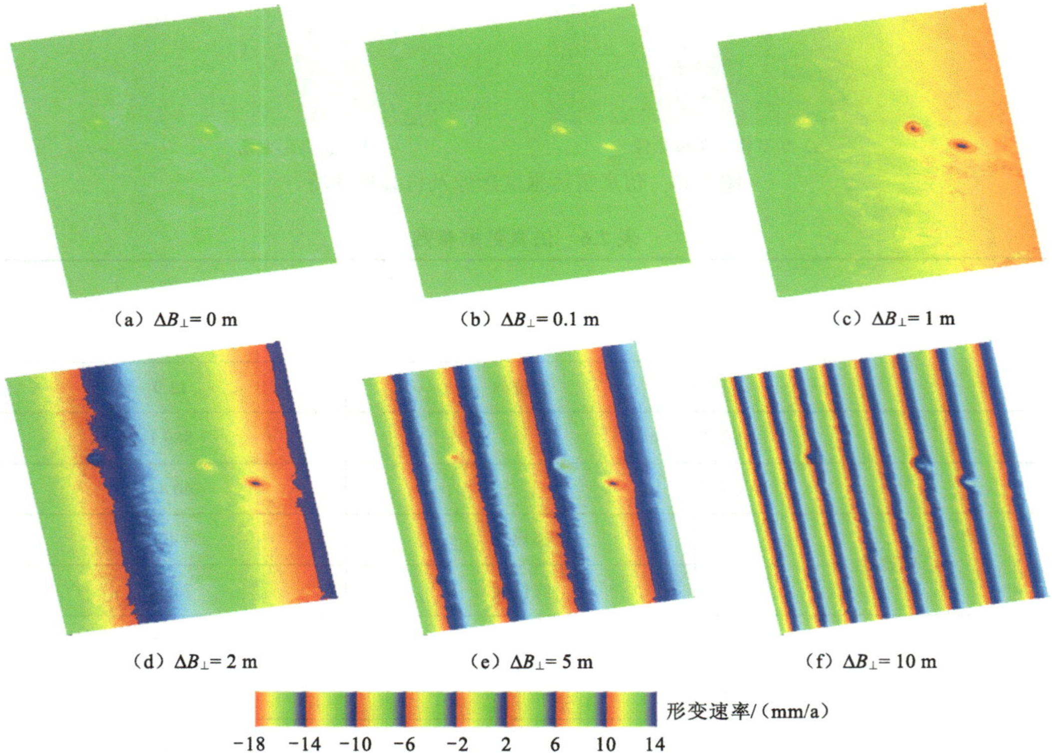

图 2.35　不同基线误差下的形变反演结果

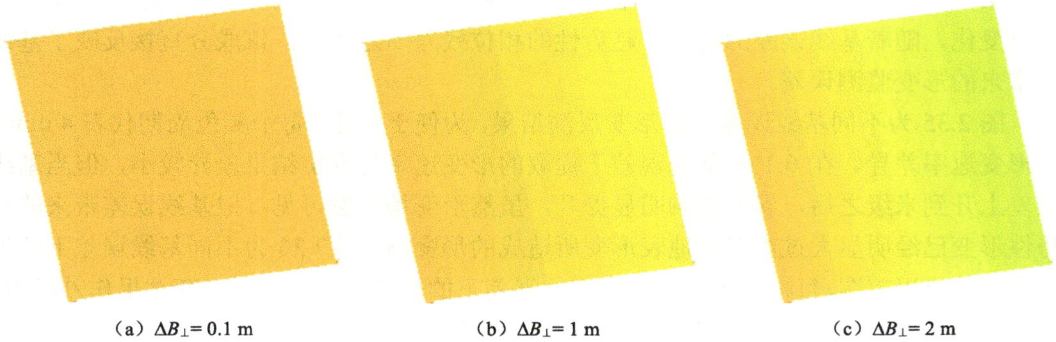

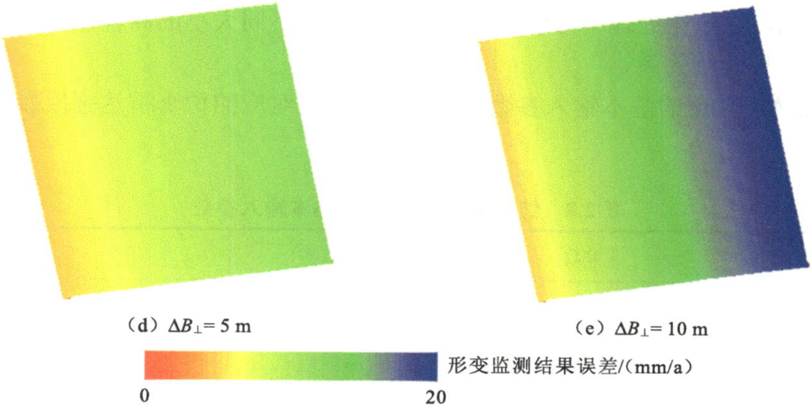

图 2.36　不同基线误差下的形变监测结果误差图

为了定量统计基线误差对形变监测结果的影响，以真实形变结果为真值，统计不同基线误差下形变结果的均方根误差，如表 2.7 所示。从表中可以看出，基线误差与形变速率 RMSE 具有线性关系，为更加直观地展示其关系，将表中数据制成折线图，如图 2.37 所示。本试验垂直基线长度为 288 m 的情况下，当基线误差为 0～10 m 时，形变速率的精度为 0～96.301 mm/a，且随着基线误差的增大呈线性增加趋势。对形变监测而言，基于本试验所模拟的 C 波段雷达数据，若要获得毫米级的形变监测精度，则要控制基线误差在 0.1 m 以内。

表 2.7　基线误差与形变速率 RMSE

项目	基线误差/m					
	0	0.1	1	2	5	10
形变速率 RMSE/(mm/a)	0	0.963	9.182	19.261	48.151	96.301

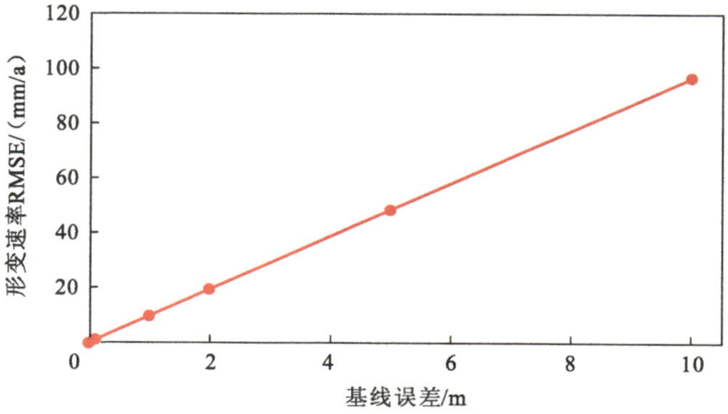

图 2.37　不同基线误差与形变速率 RMSE 的关系曲线

2. 地形误差与形变精度

由式（2.58）可知，残余高程相位与垂直基线长度、斜距、视角和高程误差有关。对一幅干涉图而言，其垂直基线长度、斜距和视角是确定值，在此情况下残余高程相位主要与高程误差有关。本小节将 C 波段作为工作波长，仿真 InSAR 数据，并输入形变信息和高程信息，在数据处理中为输入的高程信息分配不同大小的高程误差，分析相应的形变监测精度与误差关系。

仿真 InSAR 数据的基本输入参数如表 2.8 所示，对应的仿真雷达强度影像如图 2.38 所示。

表 2.8　仿真 InSAR 数据的基本输入参数

参数		值
采样间隔/m	距离向	23
	方位向	28
中心斜距/km		88
中心视角/(°)		39.3
像素数	距离向	5 200
	方位向	6 000
轨道模式		升轨
成像模式		渐进逐行扫描
中心垂直基线长度/m		50

图 2.38　仿真雷达强度影像

对应的输入形变信息和高程信息分别如图 2.39 和图 2.40 所示。

本次仿真试验中，垂直基线设置为 50 m，然后为输入的高程信息分别分配 3 m、5 m、10 m、20 m、30 m 和 50 m 的误差值，经过数据处理，评价对应的形变误差。

图 2.41 为不同高程误差下的形变图，图 2.42 为对应的形变残差图。在数据处理过程中，由于未引入相位噪声等其他误差，避免了相位滤波对相位精度的影响，同时未引入其他误差也有利于相位的正确展开，解缠无误时相位精度的损失可以忽略，最终的形变误差体现了高程误差对形变精度的影响。

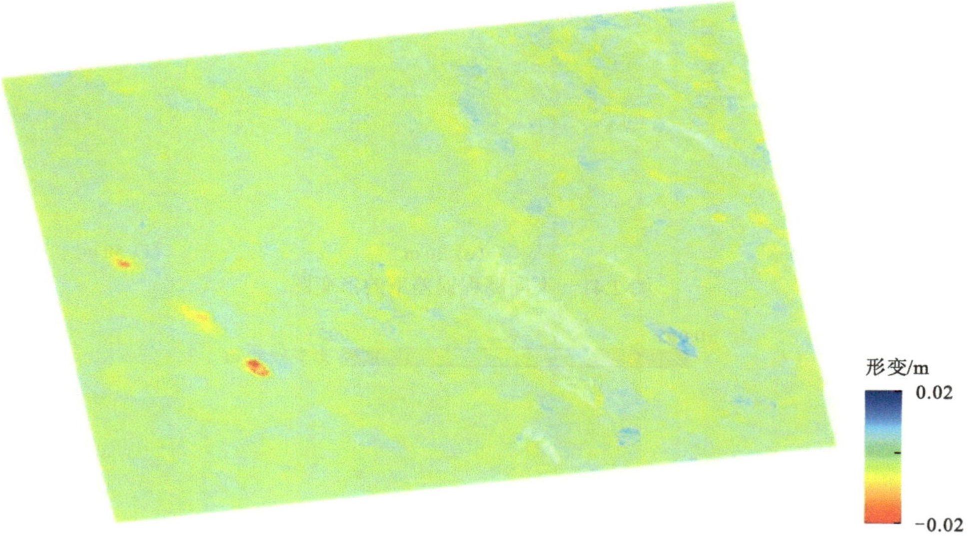

图 2.39　输入形变图

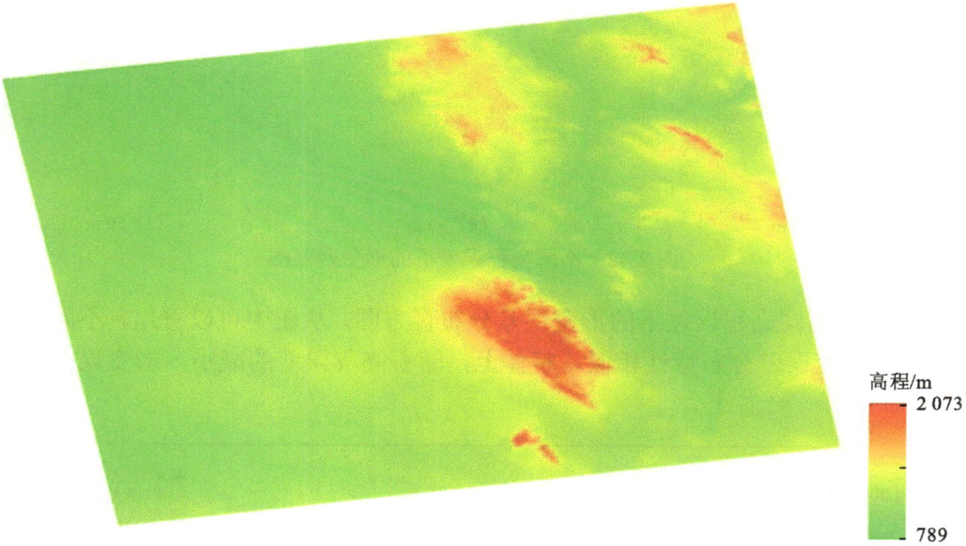

图 2.40　输入高程图

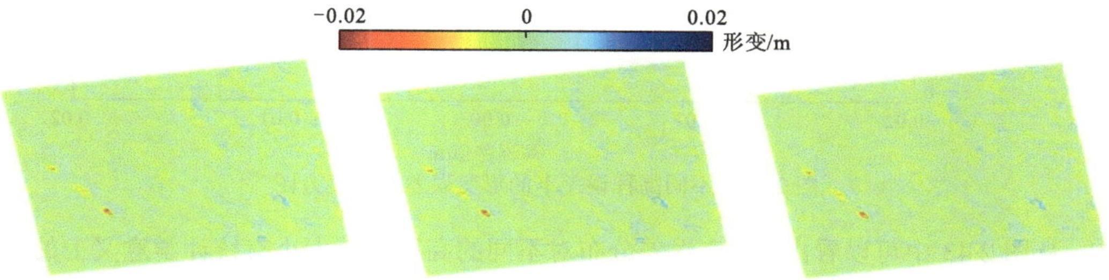

（a）3 m　　（b）5 m　　（c）10 m

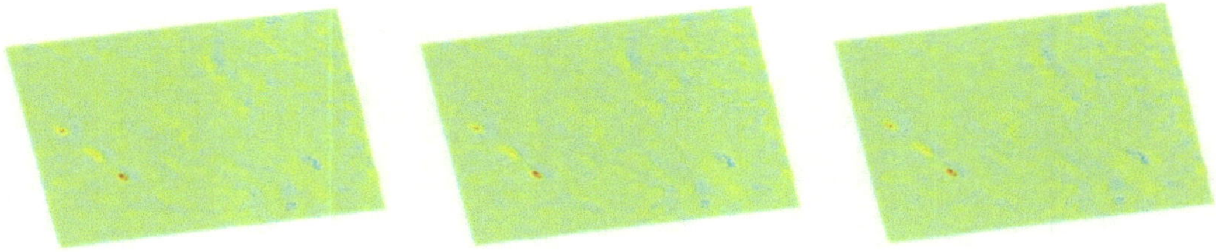

图 2.41　不同高程误差下的形变图

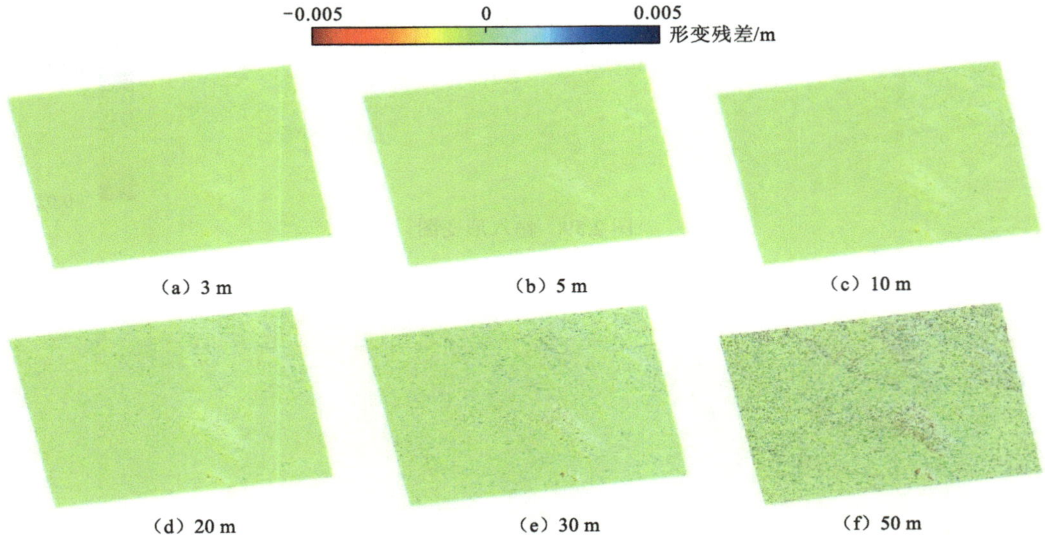

图 2.42　不同高程误差下的形变残差图

图 2.43 为不同高程误差下的形变误差分布直方图，从图中可以看出，不同的高程误差所带来的形变误差分布特性相似。整体上，随着高程误差的减小，形变误差的分布更集中。

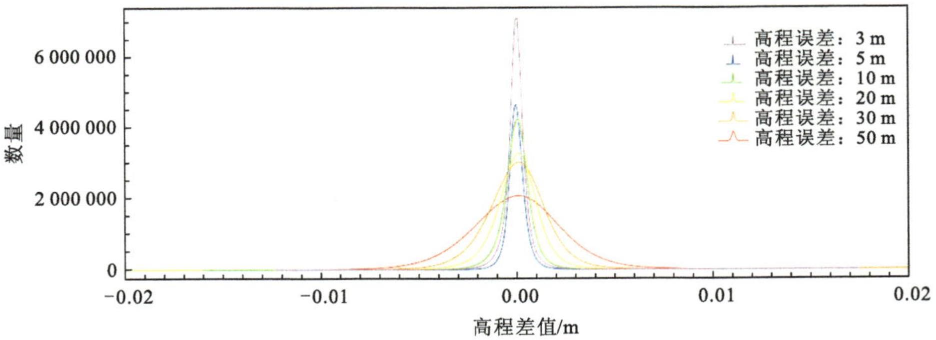

图 2.43　不同高程误差下的形变误差分布直方图

从图 2.43 中可以看出，形变误差分布对不同的高程误差大小有统计学意义上的规律性，因此进一步分析高程误差与形变误差的关系。表 2.9 统计了不同高程误差下的形变 RMSE，并形成相关曲线如图 2.44 所示。

表 2.9　高程误差与形变 RMSE

项目	高程误差/m					
	3	5	10	20	30	50
形变 RMSE/m	0.000 555	0.000 479	0.000 793	0.001 19	0.001 6	0.002 39

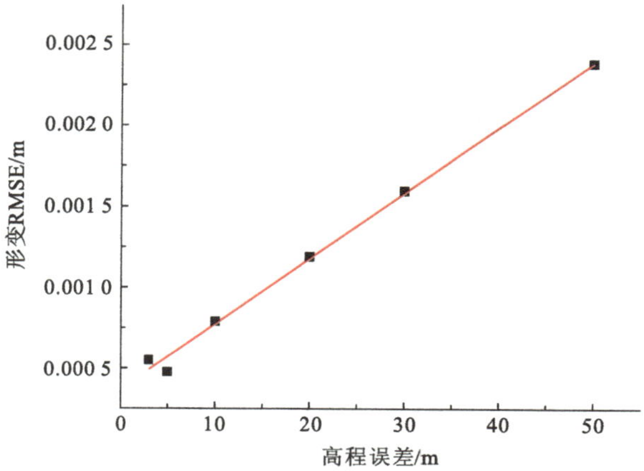

图 2.44　高程误差与形变 RMSE 的关系曲线

由图 2.44 可知，高程误差与形变 RMSE 呈现线性化关系，当高程误差变化时，形变 RMSE 也随之按比例变化。这与式（2.58）一致，即在垂直基线长度、斜距和视角为固定值时，残余高程相位与高程误差存在线性关系。

3. 大气误差与形变精度

大气误差是星载 InSAR 地表形变监测精度的重要限制因素，尤其是广域地表形变监测的大气误差分布具有很大的随机性，使之更加难以去除。本小节同样以 C 波段仿真 InSAR 数据进行大气误差的模拟试验。为了避免地形因素影响过大，试验数据同样采用 2.3.2 小节中轨道误差时使用的仿真数据，如图 2.33（a）所示，仿真数据参数如表 2.6 所示。同时利用快速空间滤波生成模拟大气误差相位（图 2.45），由于部分低相干区域无法有效地进行大气误差的模拟，被赋予无效值并显示为黑色区域，且在后续处理中不参与计算。为了展现不同大气误差水平对形变结果的影响，将该误差相位乘以不同的系数（0.1、1、5、10、20），以模拟不同程度的大气误差。

图 2.45　模拟大气误差相位

图 2.46 所示为引入不同误差系数后大气误差的差分干涉相位，误差系数低于 5 时，差分

干涉相位图中的形变漏斗较为明显，然而当误差系数升高到 10 甚至 20 后，形变漏斗则被大范围的大气误差所掩盖。

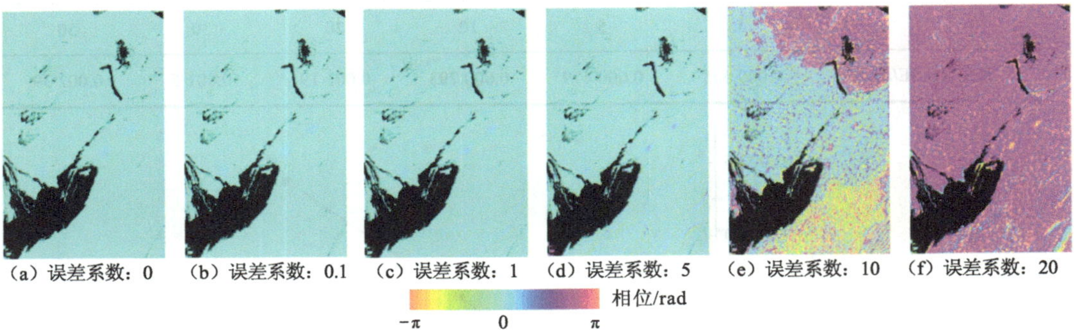

（a）误差系数：0　（b）误差系数：0.1　（c）误差系数：1　（d）误差系数：5　（e）误差系数：10　（f）误差系数：20

图 2.46　不同误差系数下的差分干涉相位图

图 2.47 所示为不同误差系数下的形变监测结果，图 2.48 为不同误差系数下的形变监测结果误差图。与差分干涉相位图中相似，在误差系数小于 5 时，图中部三处形变漏斗较为明显，当误差系数继续升高时，随机误差则将这三处形变漏斗掩盖，无法有效进行形变提取。

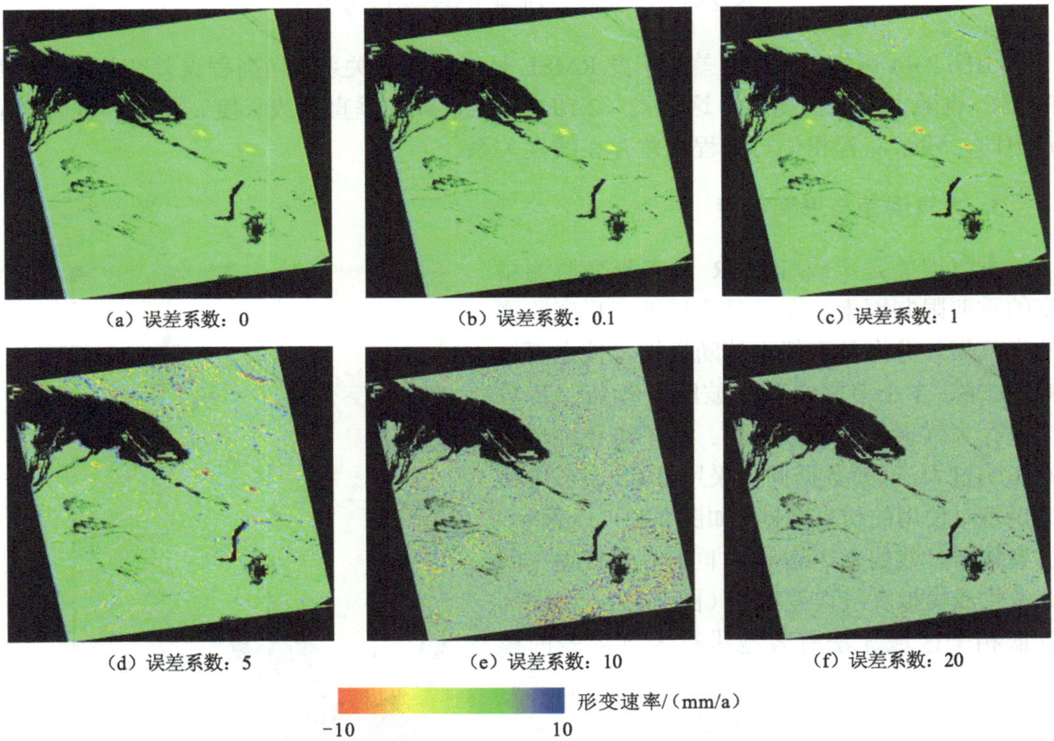

（a）误差系数：0　（b）误差系数：0.1　（c）误差系数：1

（d）误差系数：5　（e）误差系数：10　（f）误差系数：20

图 2.47　不同误差系数下的形变监测结果

图 2.49 为不同误差系数下 InSAR 形变监测误差分布统计曲线，从图中可以看出，虽然分配了不同的误差系数，但它们所造成的形变速率差值均服从正态分布。同时，形变误差分布对不同的大气误差系数具有统计学意义上的规律性，因此进一步定量分析误差系数水平与形变监测误差的关系，如表 2.10 所示，并绘成关系曲线如图 2.50 所示。

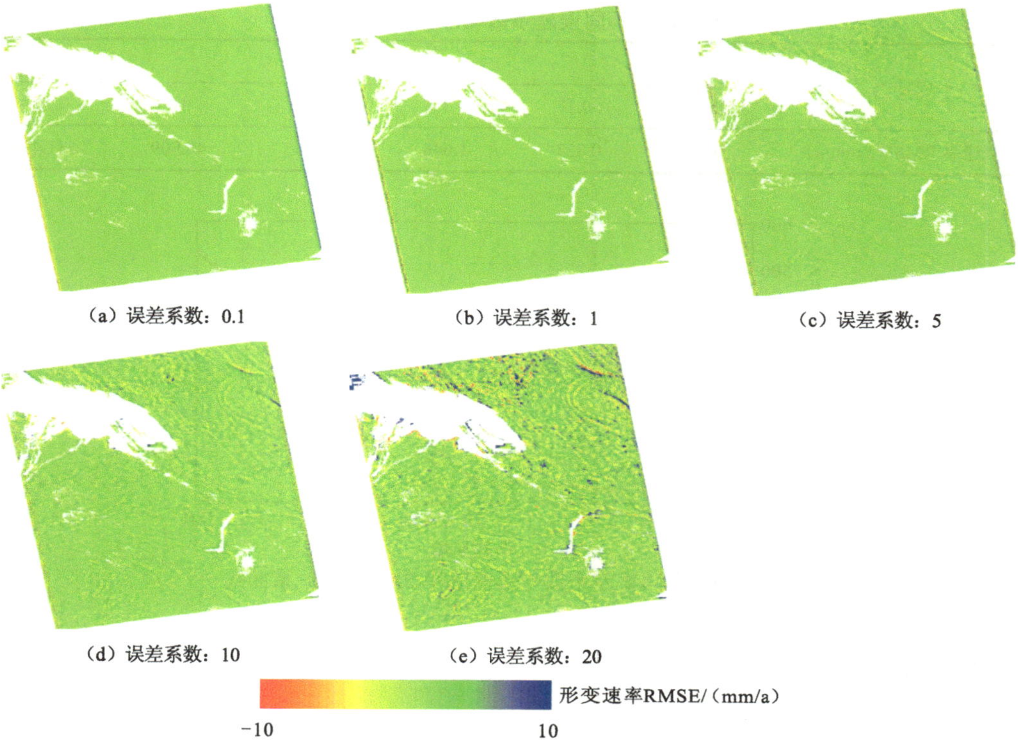

图 2.48　不同误差系数下的形变监测结果误差图

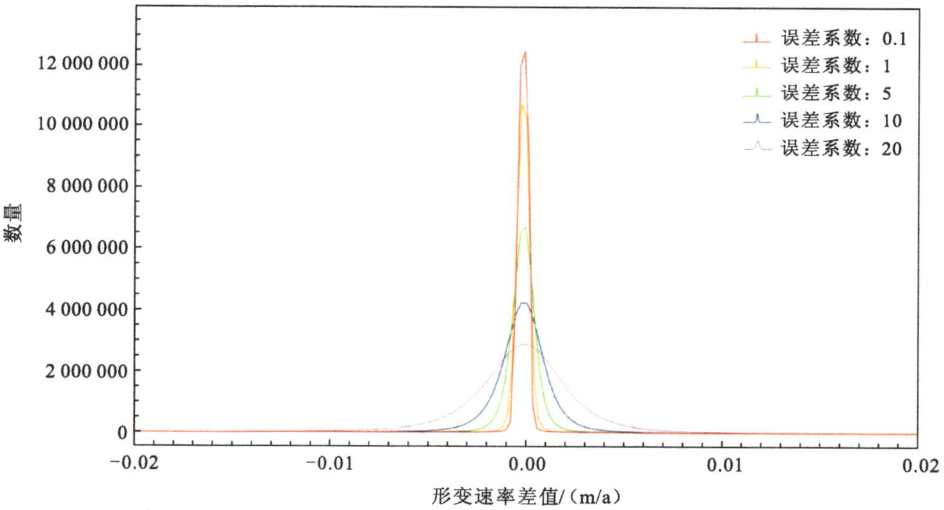

图 2.49　不同误差系数下的形变监测误差分布统计曲线

由图 2.50 可知，大气误差系数与形变中误差呈现正比例关系，随着误差系数的升高，形变速率均方根误差呈指数增加。需要注意的是，由于模拟的大气误差是对同一误差模板进行倍乘处理，但在实际处理中，大气误差往往具有很大的随机性，尤其是对于重复轨道星载 InSAR 测量，即使是同一研究区，不同航过下的大气误差分布也不可能完全相同，但是其对形变测量结果精度的影响却不容忽视。为了解决大气误差对星载 InSAR 形变监测结果精度影响的问题，学者仍然在不断地创新探索中。

表 2.10　不同误差系数与形变速率 RMSE

项目	误差系数					
	0	0.1	1	5	10	20
形变速率 RMSE/（mm/a）	0	0.823	1.646	29.063	48.909	531.496

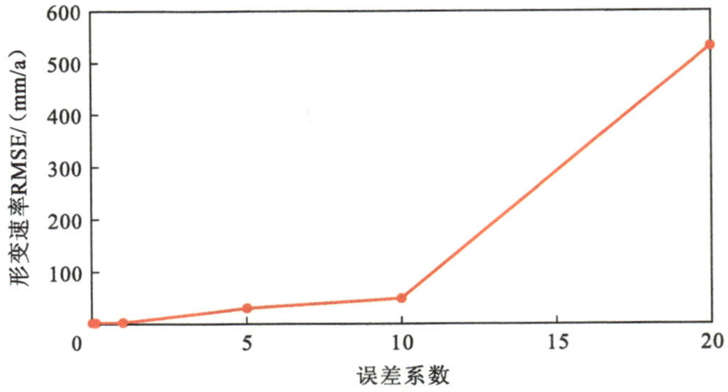

图 2.50　不同误差系数与形变速率 RMSE 的关系曲线

4. 失相干误差与形变精度

在星载 InSAR 地表形变测量中，失相干误差主要来源于数据处理过程、多普勒质心差、热噪声、体散射、地物变化、基线几何等因素的综合影响，众多不同的因素各自独立，也导致失相干误差往往表现为随机噪声。本小节用 C 波段仿真 InSAR 数据进行失相干误差的模拟试验。为了避免地形因素影响过大，试验数据同样采用 2.4.2 小节中轨道误差时使用的仿真数据，如图 2.33（a）所示，仿真数据参数如表 2.6 所示。同时引入椒盐噪声作为随机噪声误差，如图 2.51 所示，为了展现不同噪声水平对形变结果的影响，将随机噪声乘以不同的噪声系数（0.1、1、5、10、30），以模拟不同程度的噪声误差。

图 2.51　随机噪声误差

图 2.52 所示为不同噪声系数下的差分干涉相位，随着噪声系数的增加，差分干涉相位图中的随机相位成分明显增加，尤其是噪声系数达到 10 以上时，差分干涉相位图中出现了大面积明显噪声区域，这些区域在 InSAR 形变监测过程中往往无法提取有效的形变信息。

图 2.53 所示为不同噪声系数下的形变监测结果，图 2.54 为不同噪声系数下的形变监测结果误差图。从形变监测结果可以看出，当噪声系数较小时，模拟的形变漏斗仍然清晰可见，但当噪声系数达到 5 甚至以上时，噪声相位则掩盖了形变相位，导致形变漏斗无法被有效提取出来。从图 2.54 中也可以看出，随着噪声系数的提高，形变监测误差也明显增大。

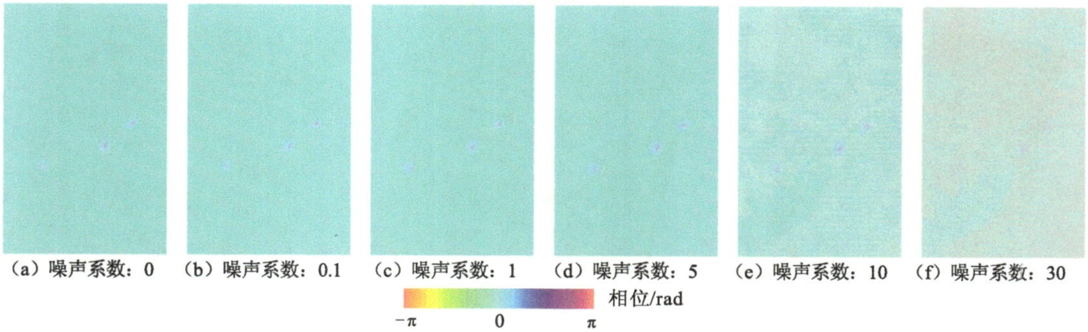

图 2.52　不同噪声系数下的差分干涉相位图

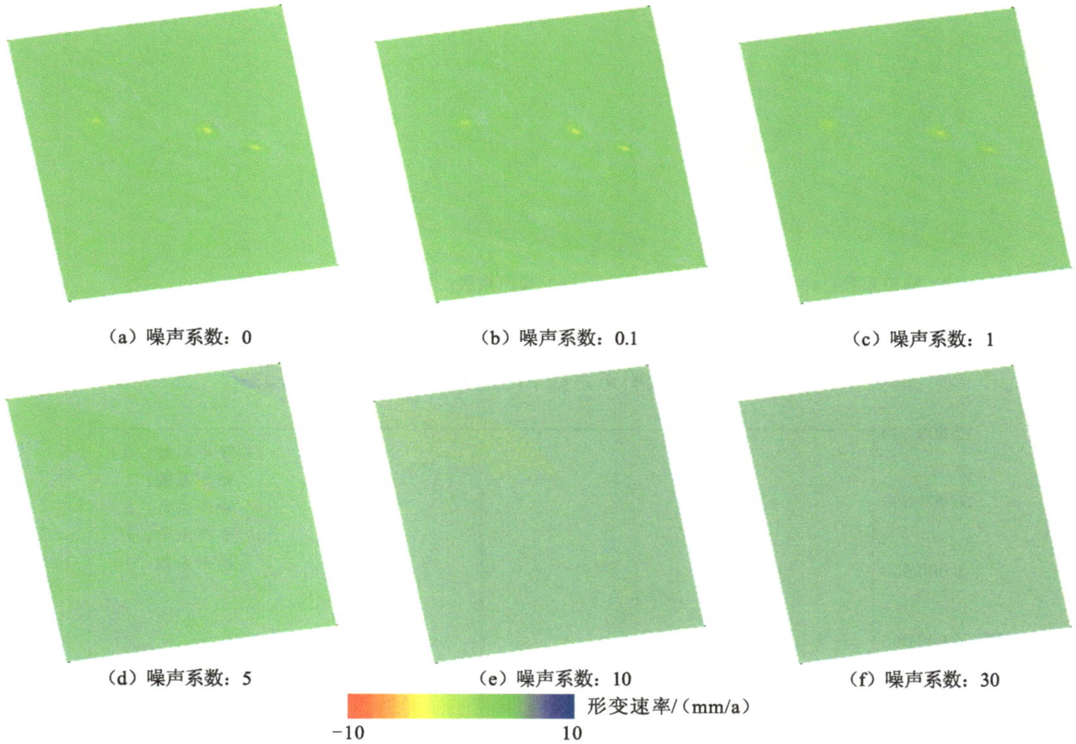

图 2.53　不同噪声系数下的形变监测结果

图 2.55 为不同噪声系数下的形变监测误差分布统计曲线，从图中可以看出，不同的噪声系数下的形变监测误差均服从正态分布，这也符合噪声的随机性分布。同时可以看出形变误差分布对不同的噪声系数具有统计学意义上的规律性，因此进一步定量分析噪声系数与形变监测误差的关系，如表 2.11 所示，并绘成关系曲线如图 2.56 所示。由图可知，噪声误差与形变中误差呈现高度线性化关系，随着噪声系数的增加，形变结果的中误差也呈线性增加。由于模拟的噪声是针对同一椒盐噪声进行倍乘处理，且噪声本身具有极强随机性，试验结果具有一定代表性。在实际 InSAR 形变监测中，失相干误差所造成的随机噪声误差往往无法避免，但为了避免过大的噪声水平对形变结果的影响，在处理时往往通过滤波手段对干涉相位图进行滤波，从而减小噪声误差的影响。

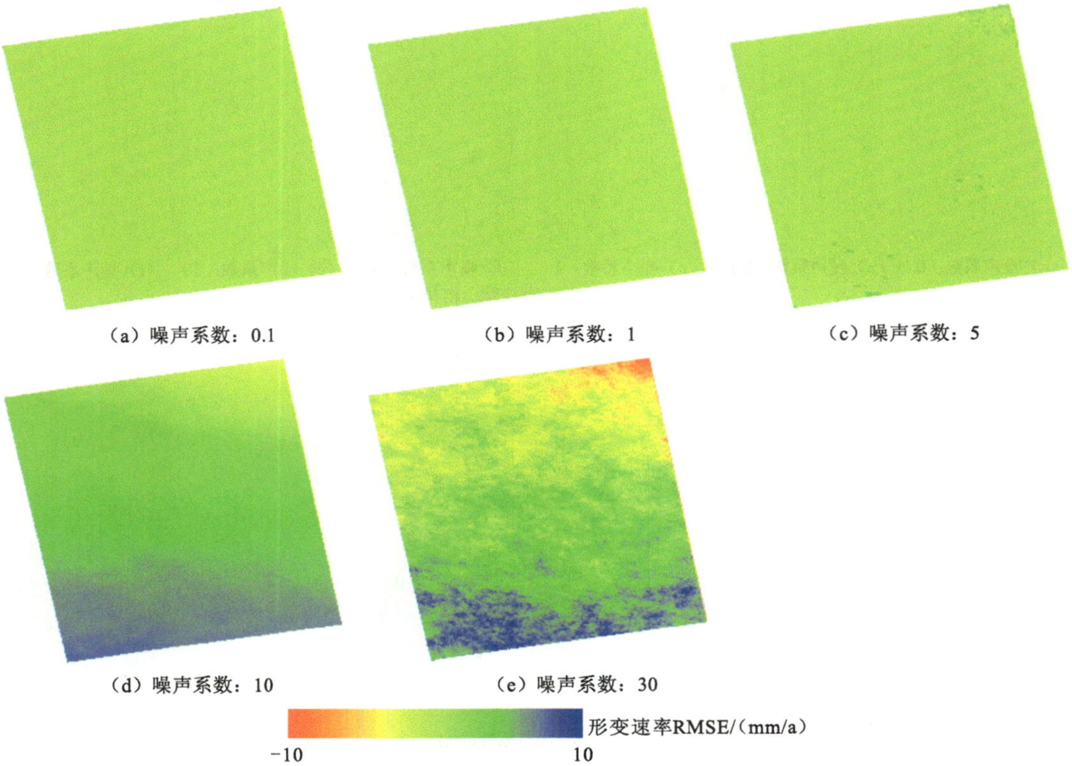

图 2.54　不同噪声系数下的形变监测结果误差图

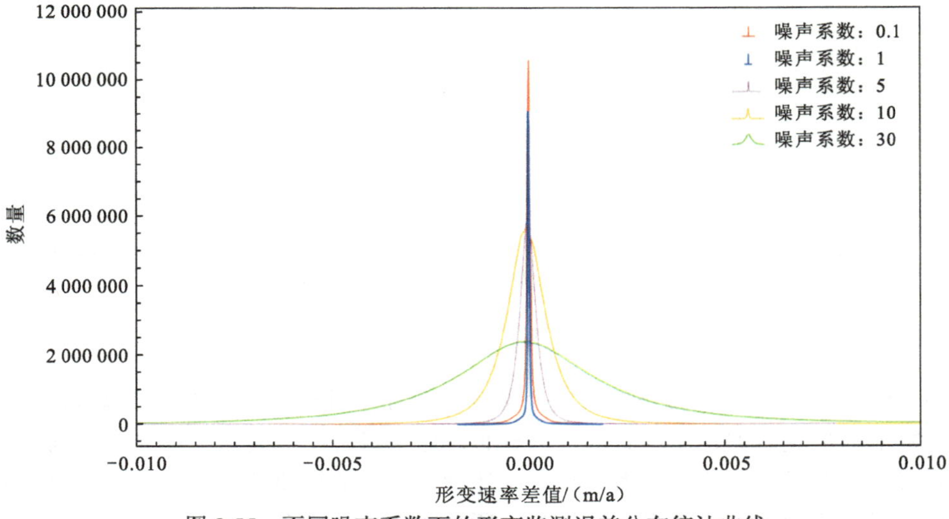

图 2.55　不同噪声系数下的形变监测误差分布统计曲线

表 2.11　不同噪声系数与形变速率 RMSE

项目	噪声系数					
	0	0.1	1	5	10	30
形变速率 RMSE/(mm/a)	0	0.173	0.369	3.352	20.070	56.352

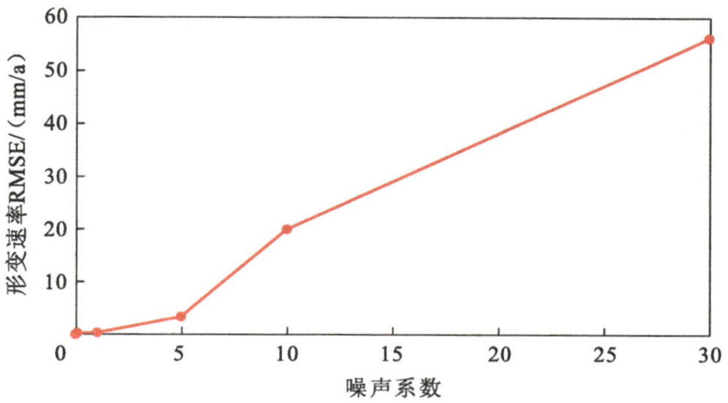

图 2.56　不同噪声系数与形变速率 RMSE 的关系曲线

参 考 文 献

陈谷仓, 王元钦, 王天祥, 等, 2005. 编队小卫星相对位置和相对姿态解算模型与精度分析. 系统仿真学报(11): 2600-2603.

高小明, 2017. 国产分布式 InSAR 卫星高程测量误差分析及实验验证. 武汉: 武汉大学.

龚衍, 舒宁, 刘利力, 2005. 雷达卫星精密轨道参数确定的研究. 武汉大学学报(信息科学版) (11): 42-44, 53.

何秀凤, 何敏, 2011. InSAR 对地观测数据处理方法与综合测量. 北京: 测绘出版社.

向荣, 2007. CRInSAR 大气校正及监测地表变形的研究. 长沙: 中南大学.

徐华平, 朱玲凤, 刘向华, 等, 2011. 一种基于干涉条纹频率的星载 InSAR 基线估计新方法. 电子学报, 39(9): 2212-2216.

杨成生, 2011. 差分干涉雷达测量技术中水汽延迟改正方法研究. 西安: 长安大学.

张永俊, 黄海风, 张永胜, 等, 2011. InSAR 误差建模与误差估计方法. 电子学报, 39(6): 1225-1230.

AHMED R, SIQUEIRA P, HENSLEY S, et al., 2011. A survey of temporal decorrelation from spaceborne L-Band repeat-pass InSAR. Remote Sensing of Environment, 115(11): 2887-2896.

BAMLER R, HARTL P, 1998. Synthetic aperture radar interferometry. Inverse Problems: An International Journal of Inverse Problems, Inverse Methods and Computerised Inversion of Data, 1998(4): R1-R54.

BLEWITT G, 2007. GPS and space-based geodetic methods. Geodesy, 3: 351-390.

CHAABANI C, CHINI M, ABDELFATTAH R, et al., 2018. Flood mapping in a complex environment using bistatic TanDEM-X/TerraSAR-X InSAR coherence. Remote Sensing, 10(12): 1873.

CHINI M, PELICH R, PULVIRENTI L, et al., 2019. Sentinel-1 InSAR coherence to detect floodwater in urban areas: Houston and Hurricane Harvey as a test case. Remote Sensing, 11(2): 107.

CURLANDER J C, 1982. Location of spaceborne SAR imagery. IEEE Transactions on Geoscience & Remote Sensing, GE-20(3): 359-364.

GATELLI F, GUAMIERI A M, PARIZZI F, et al., 1994. The wavenumber shift in SAR interferometry. IEEE Transactions on Geoscience and Remote Sensing, 32(4): 855-865.

GHOSH S, CARRANZA E J M, VAN WESTEN C J, et al., 2011. Selecting and weighting spatial predictors for empirical modeling of landslide susceptibility in the Darjeeling Himalayas (India). Geomorphology, 131(1-2): 35-56.

GOLDSTEIN R M, WERNER C L, 1998. Radar interferogram filtering for geophysical applications. Geophysical Research Letters, 25(21): 4035-4038.

HANSSEN R F, 2001. Radar interferometry: Data interpretation and error analysis. Dorderch: Kluwer Academic Publishers.

HOEN E W, ZEBKER H A, 2000. Penetration depths inferred from interferometric volume decorrelation observed over the Greenland ice sheet. IEEE Transactions on Geoscience and Remote Sensing, 38(6): 2571-2583.

HOFMANN-WELLENHOF B, LICHTENEGGER H, WASLE E, 2007. GNSS global navigation satellite systems: GPS, GLONASS, Galileo, and More. New York: Springer.

KRIEGER G, MOREIRA A, FIEDLER H, et al., 2007. TanDEM-X: A satellite formation for high-resolution SAR interferometry. IEEE Transactions on Geoscience and Remote Sensing, 45(11): 3317-3341.

LI Z H, 2005. Correction of atmospheric water vapour effects on repeat-pass SAR interferometry using GPS, MODIS and MERIS data. London: University College London.

MA G, ZHAO Q, WANG Q, et al., 2018. On the effects of InSAR temporal decorrelation and its implications for land cover classification: The case of the ocean-reclaimed lands of the Shanghai megacity. Sensors, 18(9): 2939.

MALINVERNI E S, SANDWELL D T, TASSETTI A N, et al., 2014. InSAR decorrelation to assess and prevent volcanic risk. European Journal of Remote Sensing, 47(1): 537-556.

MEYER F, BAMLER R, JAKOWSKI N, et al., 2006. The potential of low-frequency SAR systems for mapping ionospheric TEC distributions. IEEE Geoscience & Remote Sensing Letters, 3(4): 560-564.

MONTENBRUCK O, GILL E, LUTZE F, 2002. Satellite orbits: Models, methods, and applications. Applied Mechanics Reviews, 55(2): B27-B28.

PRATI C, ROCCA F, 1992. Focusing SAR data with time-varying Doppler centroid. IEEE Transactions on Geoscience and Remote Sensing, 30(3): 550-559.

RANEY R K, 1986. Doppler properties of radars in circular orbits. International Journal of Remote Sensing, 7(9): 1153-1162.

SCHARROO R, VISSER P, 1998. Precise orbit determination and gravity field improvement for ERS satellites. Journal of Geophysical Research, 103(C4): 8113-8127.

SCHUBER T G, 2015. Treatise on geophysics. 2nd. Amsterdam: Elsevier.

SPAGNOLINI U, 1995. 2-D phase unwrapping and instantaneous frequency estimation. IEEE Transactions on Geoscience and Remote Sensing, 33(3): 579-589.

TOUZI R, LOPES A, BRUNIQUEL J, et al., 1999. Coherence estimation for SAR imagery. IEEE Transactions on Geoscience and Remote Sensing, 37(1): 135-149.

WANG S, LU X, CHEN Z, et al., 2020. Evaluating the Feasibility of illegal open-pit mining identification using InSAR coherence. Remote Sensing, 12(3): 367.

ZEBKER H A, ROSEN P A, HENSLEY S, 1997. Atmospheric effects in interferometric synthetic aperture radar surface deformation and topographic maps. Journal of Geophysical Research, 102(B4): 7547-7563.

ZEBKER H A, VILLASENOR J, 1992. Decorrelation in interferometric radar echoes. IEEE Transactions on Geoscience and Remote Sensing, 30(5): 950-959.

第 3 章　复杂地形星载 InSAR 高程测量

本章首先论述影响复杂地形条件下 InSAR 高程测量的几个主要难题，包括 InSAR 影像配准、相位滤波、相位解缠与阴影叠掩等问题，然后分别提出相应的改进方法，并通过试验验证方法的有效性。

3.1　复杂地形 InSAR 高程测量面临的问题

3.1.1　影像配准

配准是解决影像内容不一致的问题，而之所以相同的影像坐标对应不同的地物目标点，其本质原因在于获取两幅影像时的卫星观测状态不一致，包括卫星的位置、视角、飞行方向等差异。因此，分析 InSAR 影像对之间配准关系的关键，就是分析针对干涉成像的观测几何特征，推算斜距投影坐标下影像对的几何变换特性。因此，解决 InSAR 影像配准问题需要从几何特性入手，研究针对 InSAR 影像对的高精度配准方法。

待配准的影像之间的变换关系不只是平移关系，InSAR 由于平行观测所产生的影像间变换关系较为简单一致，允许使用一个简易数学模型来代表两幅影像之间的全局几何变换，如采用二次多项式：

$$\begin{bmatrix} x_s \\ y_s \end{bmatrix} = f(x_m, y_m) = \begin{bmatrix} a_0 & a_1 & a_2 & a_3 & a_4 & a_5 \\ b_0 & b_1 & b_2 & b_3 & b_4 & b_5 \end{bmatrix} \begin{bmatrix} 1 \\ x_m \\ y_m \\ x_m^2 \\ y_m^2 \\ x_m y_m \end{bmatrix} \tag{3.1}$$

为了得到配准关系式的各项系数，对经典的 InSAR 影像配准方法而言，往往首先在影像之间分布一系列窗口，然后为主辅影像上每个相对应的窗口估计一个平移量，最后对这一系列的平移量进行最小二乘平差处理以确定这些系数。这就意味着，在配准时，假设每对窗口之间仅存在一个平移量，这主要是因为配准窗口的尺寸一般不大（如 64×64、128×128），非平移的变换成分影响很小。然而在一些情况下这个假设并不合理，此时配准窗口内的非平移成分非常明显，无法忽略。图 3.1 是影像块之间存在明显的非平移关系的示意图，由于窗口间不只有平移关系，无论怎么移动窗口都无法使两个窗口重叠，难以精确地估计出一个偏移量。并且，这种情况下得到的信噪比（signal-to-noise ratio，SNR）也会明显变小。

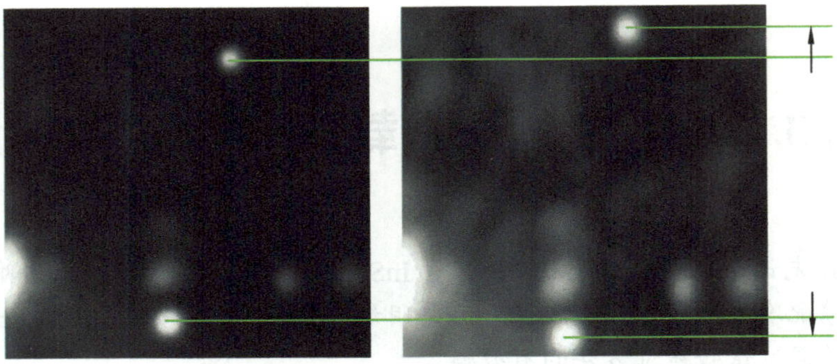

图 3.1　影像块之间存在明显的非平移关系的示意图

1. 距离向偏移分析

SAR 影像通常为侧视成像的斜距投影影像，影像上行向像素以等斜距间隔分布，在进行干涉之前，影像对一般处理为斜距分辨率一致的 SLC 数据，并且同一列的像点对应同一个斜距值。

设主影像上坐标为 (x_1, y_1) 的像点与辅影像上坐标为 (x_2, y_2) 的像点对应同一个地物点，同时设主影像的近距端，即首列的斜距值为 R_0^{m}，而辅影像首列的斜距值为 R_0^{s}，像点 (x_1, y_1) 对应斜距 R_1，像点 (x_2, y_2) 对应斜距 R_2，影像的斜距分辨率为 d_R，则该同名点对的斜距差为

$$\Delta R = R_1 - R_2 = (R_0^{\mathrm{m}} + x_1 \cdot d_R) - (R_0^{\mathrm{s}} + x_2 \cdot d_R) = (x_1 - x_2) \cdot d_R + (R_0^{\mathrm{m}} - R_0^{\mathrm{s}}) \tag{3.2}$$

对于整个影像对，$R_0^{\mathrm{m}} - R_0^{\mathrm{s}}$ 为固定值，简记为 c，而 $x_1 - x_2$ 即为主影像与辅影像在距离向上的偏移量 off_r，因此有

$$\Delta R = \mathrm{off}_r \cdot d_R + c \tag{3.3}$$

式（3.3）表示了影像间距离向配准偏移量与斜距差之间的关系。

距离向偏移量在距离向上通常不是一个常数，甚至不是随着距离向坐标线性变化的，距离向偏移量随距离向坐标变化的几何关系如图 3.2 所示，主影像上像面距离相等的一系列点，分别通过斜距投影的成像几何关系对应辅影像上的另一系列点，则主辅影像上各点对（对应同一地物点 P_i）的偏移量 off_i 均不相同。这主要是由于卫星两次观测目标时的位置不同，即基线 B 的存在使距离向偏移量不断变化，且为非线性变化。

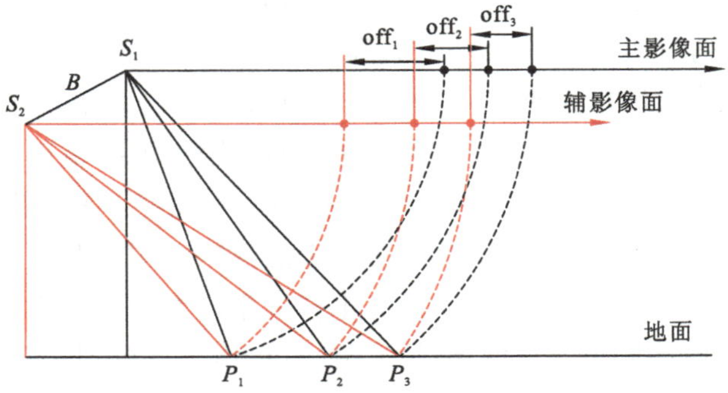

图 3.2　距离向偏移量随距离向坐标变化的几何关系

实际上图 3.2 表示的情况还未考虑地形起伏的影响，只是对地面平坦的假设做定性分析，如果将地形因素考虑在内，则主辅影像间的配准关系会变得更加复杂，此时需要定量分析各项因素的影响，包括偏移量沿距离向的变化率数学模型、基线对偏移量变化率的影响、地形对偏移量的影响等。

距离向偏移量也能分解为由参考面位置引起的偏移分量和由相对高程引起的偏移分量，为简化分析，取辅影像上斜距值与主影像近距端斜距值一致的列为第 0 列，即式（3.3）中 $c = R_0^{\mathrm{m}} - R_0^{\mathrm{s}} = 0$，此时有

$$\mathrm{off}_r = \frac{B\sin(\theta^0 - \alpha)}{d_R} + \frac{B\cos(\theta^0 - \alpha)}{d_R R_1 \sin\theta^0} \cdot h \tag{3.4}$$

式中：off_r 为主影像当前配准点的距离向偏移量；B 为基线长度；α 为基线与水平方向的夹角，即基线倾角；R_1 为当前主影像配准点对应的斜距；h 为观测目标点相对参考平面的高度；θ^0 相当于当前配准点在参考平面上时的卫星视角，即卫星相对参考平面的高度 H 与 R_1 的比值的反余弦值：

$$\cos\theta^0 = \frac{H}{R_1} \tag{3.5}$$

由式（3.4）可以看出，由于 $h \ll R_1$，距离向配准偏移量主要与目标点的平面位置有关，而高程的影响很小。

以上分析了对距离向偏移量大小产生影响的因素，然而在配准处理中，更重要的是分析配准关系的变化情况，这对了解影像间映射关系的复杂程度、选择合适的配准策略是有意义的。下面分别分析两个因素对距离向偏移量变化率的影响，即不考虑地形时距离向偏移量沿距离向和方位向坐标变化而变化的情况，以及距离向偏移量随地表高程变化而变化的情况。

假设地形起伏不明显，高程因素对偏移量的贡献可忽略不计，设距离向影像坐标为 r，r 的变化对应斜距 R_1 的变化，即引起视角 θ^0 的变化，结合式（3.3）和式（3.4），则距离向偏移量沿距离向坐标的变化率为

$$\frac{\partial \mathrm{off}_r}{\partial r} = \frac{\partial \mathrm{off}_r}{\partial \theta^0} \cdot \frac{\partial \theta^0}{\partial R_1} \cdot \frac{\partial R_1}{\partial r} = \frac{B\cos(\theta^0 - \alpha)}{R_1 \tan\theta^0} = \frac{B_\perp}{R_1 \tan\theta^0} \tag{3.6}$$

显然，垂直基线 $B_\perp$ 越长，则影像间的偏移关系沿距离向的非线性变化就越快。根据上述分析，对于空间基线较长的干涉对，假设基线长度 $B = 1\,000\ \mathrm{m}$、斜距 $R_1 = 750\,000\ \mathrm{m}$、视角 $\theta^0 = 23.5^\circ$、基线倾角 $\alpha = 45^\circ$，则对于配准点 p，设用于计算相关测度的配准单元距离向范围为 64 像素，根据式（3.6），则在一个配准单元内，由距离向坐标差异引起的偏移量不一致程度就达到了约 0.1 像素，若基线长度为 2 000 m，则这种距离向的偏移量模糊度就增加到 0.2 像素左右，对配准精度提出了挑战。

同样在地形因素忽略不计的情况下，设方位向影像坐标为 az，az 的变化主要对应了干涉对基线的变化，同时设影像的行时采样间隔，即行时分辨率为 d_τ，结合式（3.4），则距离向偏移量 off_r 沿方位向坐标的变化率为

$$\frac{\partial \mathrm{off}_r}{\partial az} = \frac{\partial \mathrm{off}_r}{\partial B} \cdot \frac{\partial B}{\partial t} \cdot \frac{\partial t}{\partial az} = \frac{\sin(\theta^0 - \alpha) \cdot d_\tau}{d_R} \cdot \frac{\partial B}{\partial t} = \frac{d_\tau}{d_R} \cdot \frac{\partial B_{\mathrm{P}}}{\partial t} \tag{3.7}$$

即距离向偏移量沿方位向的变化情况与斜距分辨率 d_R、行时分辨率 d_τ 和平行基线 B_{P} 的

时间变化率有关。如图 3.3 所示，在主影像上沿方位向分布的两个点，距离向坐标一致，但获取期间卫星的相对位置发生了变化，即基线随时间有了改变，此时在辅影像上对应的两个点，距离向坐标不一致，即距离向偏移量随基线的变化而变化。假设影像斜距分辨率 $d_R = 2\,\text{m}$，行时分辨率 $d_\tau = 3\times10^{-4}\,\text{s}$，平行基线的时间变化率 $\partial B_{\parallel} / \partial t = 10\,\text{m/s}$，用于计算相关测度的配准单元方位向范围为 64 像素，则距离向偏移量的变化约为 0.1 像素。

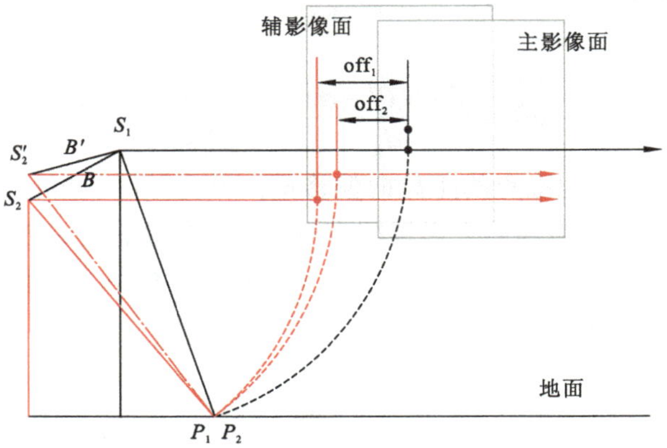

图 3.3　距离向偏移量随方位向坐标变化的几何关系

当考虑地形起伏的时候，则根据式（3.4），不同像元之间对应的高程差引起距离向偏移量产生变化的程度为

$$\frac{\partial \text{off}_r}{\partial h} = \frac{B_{\perp}}{d_R R_1 \sin\theta^0} \tag{3.8}$$

显然，垂直基线 $B_{\perp}$ 越长，则距离向偏移量对像素间的高程差越敏感。另外，高程差越大、斜距分辨率越小，由像素间高程差引起的距离向偏移量差异越大。

分析像元间高程差对距离向偏移量变化的影响，可分为距离向偏移量沿距离向变化和沿方位向变化两个方向。

图 3.4 为考虑地形起伏的情况下，目标点距离向位置差异和高程差异对偏移量产生的综合影响。对比图 3.4 和图 3.5 可知，主影像面上的坐标固定的两个点，当考虑地形因素（图 3.4）时，投影到地面的位置 P_1、P_2 与未考虑地形因素（图 3.5）时是不同的，对应辅影像面上的像点坐标也是不同的，因此两种情况下对应的偏移量 off_1、off_2 也发生了改变，图 3.4 中距离向偏移量的差异比图 3.5 的情况增加了地形起伏贡献的成分。

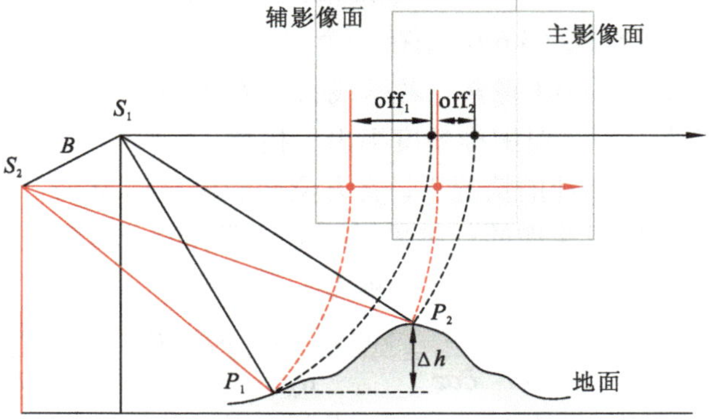

图 3.4　考虑地形因素下的距离向偏移量随距离向变化的几何关系

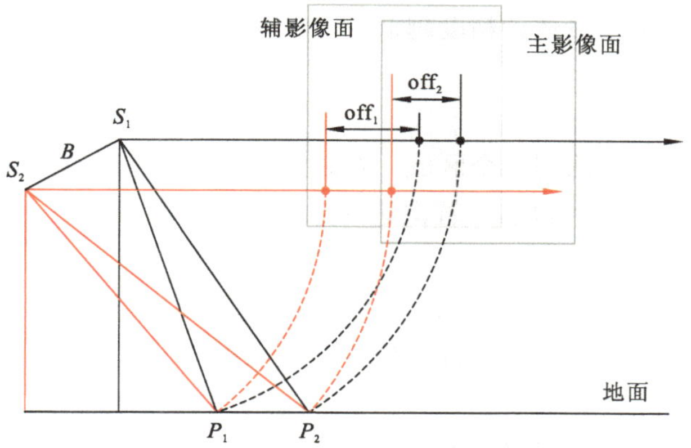

图 3.5　未考虑地形因素下的距离向偏移量随距离向变化的几何关系

图 3.6 为假设轨道平行的情况下，方位向上的高程差对距离向偏移量的影响，P_1、P_2 分别为主影像上距离向坐标相同、方位向坐标不同的两个像元所分别对应的地面点（即 P_1、P_2 在主影像上斜距相同），高程相差 Δh，此时 P_1、P_2 在辅影像上对应像元距离向坐标不一样，因此产生的距离向偏移量 off_1、off_2 不相同，即距离向偏移量随着方位向高程变化而变化。

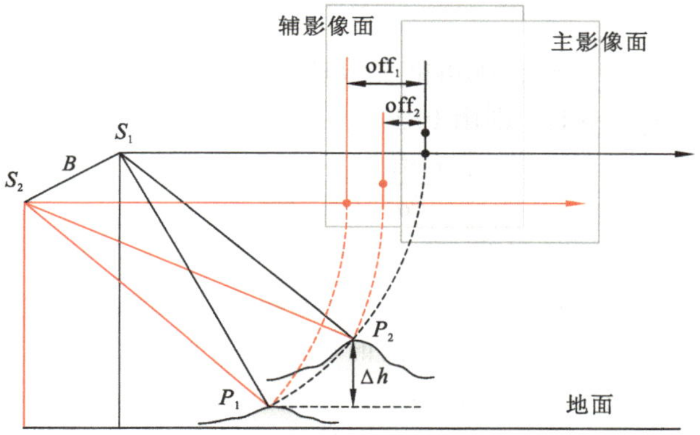

图 3.6　考虑地形因素下的距离向偏移量随方位向变化的几何关系

根据式（3.8），假设基线长度 $B = 1000\ \mathrm{m}$、斜距 $R_1 = 750\,000\ \mathrm{m}$、视角 $\theta^0 = 23.5°$、基线倾角 $\alpha = 45°$、影像斜距分辨率 $d_R = 2\ \mathrm{m}$，此时配准单元中存在 100 m 的高程差，则对应的距离向偏移量差异约为 0.08 像素，当基线长度达到 2000 m，则由 100 m 高程差引起的偏移量差异就达到 0.16 像素，此外还要加上距离向坐标和方位向坐标不同引起的偏移量差异值，并且地面高程往往不符合简单规律，因此对偏移量的变化有较为复杂的影响，此时会对配准精度产生明显的影响。

因此，当采用影像窗口通过一定的相关性测度计算偏移量时，这种由雷达成像方式和地形起伏所带来的影像间非线性几何变换关系，会使窗口偏移量存在一定程度的不确定性，在频域进行窗口相关性分析时，这种非零频的映射关系会使影像间存在一定程度的频率缩放关系，影响偏移量的确定。在距离向上，垂直基线越长，则由于距离向坐标差异形成的偏移量不一致程度越高，且高程差引起的偏移量差异也越大，综合地导致窗口距离向偏移模糊度越大。在方位向上，平行基线的变化率越大，即轨道平行程度越低，则配准窗口的距离向偏移量估计精度越低。

2. 方位向偏移分析

卫星以正侧视两次观测同一个区域，在轨道完全平行且飞行速度一致的情况下，卫星对该区域的成像时间是一致的，若雷达的脉冲重复频率（PRF）也一致，则所形成的主辅影像的行时一致，此时在方位向上同一地区对应的影像方位向坐标跨度也是相同的，即主辅影像的方位向偏移量不变。因此导致影像对之间方位向偏移量变化的原因有两个方面：一是卫星两次观测同一个目标区域时的轨道不平行或速度有差异；二是两次观测时的 PRF 不同。

实际上，第一个因素对方位向偏移量的变化几乎没有影响，可忽略不计。在这种情况下，设卫星两次观测目标区域时的 PRF 一致，则方位向像素偏移量的变化率估计值为

$$\frac{\partial \mathrm{off}_{az}}{\partial az}=1-\cos\left(\arctan\frac{d_\tau}{d_{az}}\cdot\frac{\partial B_{\parallel}}{\partial t}\right) \tag{3.9}$$

式中：off_{az} 为方位向像素偏移量；az 为方位向像素坐标；d_τ 为行时；d_{az} 为方位向像素间隔；$B_{\parallel}$ 为水平基线；t 为时间。假设 $d_\tau=3\times10^{-4}\ \mathrm{s}$、方位向像素间隔 $d_{az}=5\ \mathrm{m}$，则即使水平基线的时变率 $\partial B_{\parallel}/\partial t$ 达到 100 m/s，方位向像素偏移量的变化率 $\partial \mathrm{off}_{az}/\partial az$ 也只有 1.8×10^{-5}。

而两次观测时的 PRF 不一致则可能导致较大的方位向像素偏移量变化，假设两次观测时的 PRF 分别为 prf_1 和 prf_2，则由 PRF 差异引起的方位向像素偏移量变化率估计值为

$$\frac{\partial \mathrm{off}_{az}}{\partial az}=1-\frac{\mathrm{prf}_2}{\mathrm{prf}_1} \tag{3.10}$$

假设 prf_1 和 prf_2 分别为 2365 Hz 和 2360 Hz，若配准单元大小为 64 像素，则方位向偏移量模糊度将达到 0.135 像素。大多数情况下两次观测的 PRF 值非常接近，但有时为了观测需求，会一定程度地调整 PRF，此时可能造成方位向配准精度低的问题。

卫星观测几何和系统参数的差异不仅会在成像几何上影响 InSAR 影像的配准关系，还会引起目标后向散射信号的差异，甚至导致信号失相干，从而对影像对上相同目标点的配准产生影响。

此外，由于 SAR 影像上固有的斑点噪声，会干扰影像配准关系的高精度确定，而为了满足干涉相干性条件，InSAR 影像对的配准精度一般要求在 0.1 像素之内，往往需要选用高信噪比的配准单元进行偏移关系的确定。

3. 配准面临的问题

综上所述，InSAR 影像对的配准具有独特性。首先，在近乎平行观测的前提下，基高比极小，影像间的几何变换关系简单，以平移关系为主，可用简单的数学函数表示配准关系式；其次，SAR 影像低信噪比的特征对精确配准产生了一定的影响。此外，InSAR 影像配准对精度具有较高的要求。因此，针对上述特点，InSAR 影像配准的关键在于选取一定数量的高质量配准点，采用合适的相关性测度算子进行高精度配准关系计算，这一系列配准点可以达到很高的配准精度，然后用这些高精度偏移关系代表整个影像对的配准关系，即拟合计算配准关系式系数。

为了获取高精度配准结果，只对信噪比高的配准单元进行了配准，并代替整个影像对的配准关系，前提是影像对全局的配准关系能够被若干偏移值拟合成数学表达式，这是建立在形成干涉条件的卫星之间几乎平行观测的条件下，在这种情况下影像之间的配准关系可由简单的二次多项式代替，甚至对于一些基线较小、观测状态高度一致的影像对，一次仿射变换就可以满足影像全局配准关系的拟合精度。此外，配准单元偏移关系的计算精度直接影响影像对的配准精度，使用互相关系数等测度进行高精度的配准单元重叠位置的高精度确定，需要配准单元尽可能不包含比例尺变换关系或其他高阶的几何映射关系，否则配准单元无法精确确定重叠位置，具有较大的偏移模糊度。虽然影像间不可避免地存在一定的非平移关系，但反映到各个配准单元则相对较小，由此引起的偏移量模糊度一般在 0.1 像素之内。然而对于地形起伏较大、空间基线较大等情况，偏移量的变化率较高，在配准单元内部会有明显的体现，此时会增加偏移量的计算模糊度，影响配准精度。

而根据前文的分析，引起影像对配准偏移量变化率较大的因素主要有垂直基线较长、平行基线变化较快、地形起伏较大、斜距分辨率较小、脉冲重复频率差异较大等。在这些情况下，配准单元会存在较大的偏移量模糊度，影响偏移量的计算精度。为了减小偏移量模糊度，可以缩小互相关测度计算窗口，然而这个操作同样会降低偏移量估计的精度。根据 Bamler（2000）的研究，窗口的配准精度可由式（3.11）决定：

$$\sigma=\sqrt{\frac{3}{2N}}\frac{\sqrt{1-\gamma^2}}{\pi\gamma}\text{ovs}^{\frac{3}{2}} \tag{3.11}$$

式中：N 为配准单元中相关点的数量；γ 为相干性；ovs 为过采样率。由此可知，当配准窗口较小时，依然会影响偏移量的高精度确定，并且会得到一个较低的信噪比（SNR）。因此，为了保证配准单元的配准精度，需要事先计算并消除配准单元内部的非平移分量，使配准单元在只存在偏移关系的情况下准确计算偏移量。

为了保证干涉相位精度，满足相干性的需求，SAR 影像干涉对的配准需要达到较高的精度，一般要求在 0.1 像素以内（Bamler et al.，1993），但雷达影像受到斑点噪声的影响，实现高精度的像点配准相对于光学影像更为困难和复杂。而由于 InSAR 像对具有平行观测特殊性，角度差异极小，影像间的相对几何变换关系较为简单，以常量为主要成分，比例尺变形和长基线变形的成分较小，对高精度配准是有利的。总之，InSAR 像对配准具有精度要求高、信噪比低、几何变换关系简单的特征。

为了克服斑点噪声的影响，实现配准点的精确配准，以达到保证干涉质量的目的，国内外学者对 InSAR 影像配准开展了广泛的研究。大多数关于 InSAR 影像精配准的研究可总结为三大方面：基于相干性测度、基于最大干涉频谱、基于相位差平均波动函数。国内外学者对 InSAR 影像配准的研究已经有部分取得较好的成果。汪鲁才等（2003）利用相关匹配对影像进行粗配准，并对控制点的值进行内插，然后采用最大谱图像配准方法以亚像素单元进行精配准，其配准精确度达到亚像素级；唐智（2004）基于方向加权的相关系数进行配准，在干涉条纹密集、相关窗口较小时，可以抑制干涉条纹边缘的噪声，得到更好的配准效果；Nicolas（2005）针对 InSAR 观测时轨道不平行的问题，结合 Fourier-Mellin 变换和相干系数法对存在夹角的 InSAR 影像进行配准；刘宝泉等（2007）通过边缘检测和模板相关提取特征点，建立点的对应关系，然后利用两步法完成复影像的亚像元级配准，具有较高的配准精度；王孝青等（2008）从矩阵相似度的角度分析 InSAR 影像对之间的相关性，给出了一种加权相似度度量，并提出了探测和剔除噪声污染的原理和方法，提高了配准精度和可靠性；而 Wang（2014，2012）的配准思路也主要是建立在影像中的高质量配准点的提取和配准之上。

在关于 InSAR 影像配准的诸多研究中，有一类较具特色的方法，面对 InSAR 影像精配准存在斑点噪声干扰、同名点精确定位的难度要远远大于光学影像的问题时，国内不少学者将思路转向数字摄影测量中处理光学影像较为成熟的理论和方法，借鉴并引入 InSAR 影像的配准方法中，典型的有：彭曙蓉（2007）采用整体松弛法粗配准和最小二乘法精配准相结合的配准策略，减少了误配率，提高了配准精度；张登荣等（2007）提出了基于相干系数、Harris 特征点、小波金字塔及不规则三角网（triangulated irregular network，TIN）三角微分纠正技术的 SLC 影像配准方案；喻小东等（2013）使用尺度不变特征变换（scale-invariant feature transform，SIFT）算法进行了 InSAR 影像配准，在影像发生平移、旋转、缩放等变换下，依然能够取得良好的配准效果。

根据 InSAR 像对关系的独特性，实现 InSAR 影像高精度配准的精髓在于，通过影像上一定数量的高质量配准点的高精度配准结果，来反映并拟合影像对全局的配准关系。其中关键在于高质量配准点的确定，以及如何对配准点进行高精度的配准。但目前许多关于 SAR 干涉像对的配准研究，并没有紧扣 InSAR 影像对的特性来进行，因此有些问题还未能得到根本的解决。由于干涉 SAR 平行观测的特性，InSAR 影像对的配准关系可以用简单的数学表达式来表示，在这一前提下，通过特定的相关测度可以实现配准单元的完整套合，得到高精度的配准结果。而影像对间存在的线性或长基线的变换关系都会影响配准单元完整套合的解算精度。

为了充分考虑 SAR 干涉像对的特性，借鉴数字摄影测量学的 InSAR 影像配准思路是一类值得肯定的方法，普遍能够较好地解算影像对之间的整体配准几何关系，但依然存在一些缺陷，对于十分之一甚至百分之一精度内的亚像素级精配准，这类方法并不能得到稳定可靠的结果。由于作为干涉应用的 SAR 影像对角度差异极小，像对之间的几何关系简单，而数字摄影测量领域的配准方法往往不针对这类特性的影像进行，一定程度上会复杂化计算方法，并且对带有斑点噪声干扰的配准点高精度配准，摄影测量领域的配准方法尚缺乏足够的适用性，这类方法往往适用于比例尺变形明显或空间旋转量大的干涉对，具有一定的局限性，并且可能引入特有的缺陷。例如，张登荣等（2007）的方案最大的缺陷就是需要人工选取控制点，而喻小东等（2013）的 SIFT 算法核心是基于特征点的匹配，但特征向量的提取和匹配都严重依赖主方向，微小的偏差也可能造成较大的特征匹配误差，从而导致匹配失败。当影像上的特征点周围没有足够的纹理时，特征向量则无法充分地描述特征点信息，此时 SIFT 算法也就不适用了。

InSAR 影像配准是一个复杂的问题，配准精度、算法效率、自动化程度等都是评价配准方法的重要指标，国内外学者对 InSAR 影像配准的研究，无一例外地采用了从粗到细的配准策略，这也是 InSAR 影像配准的有效途径，但是在具体实施方案中，依然存在不少局限性，例如算法复杂化、效率低，或者没有解决本质问题，配准精度难以提升，或者智能程度不高，同样影响了效率。虽然目前关于 InSAR 影像配准的研究均从粗到细进行，但是粗配准基本都是解算影像的大致相对几何关系，或者定位同名点的粗略位置，并没有消除影像间由地形起伏带来的复杂变换关系，依然会影响精配准的效果。

3.1.2 相位滤波

干涉相位主要受三种原因的失相干影响：热失相干（$\hat{\rho}_{\text{therm}}$）、时间失相干（$\hat{\rho}_{\text{temp}}$）、几何失相干（$\hat{\rho}_{\text{geom}}$）（Hanssen，2001）。多普勒中心失相干和处理过程中引起的失相干可以避免或忽略（Franceschetti et al.，1999）。本书所考虑的失相干因素会加重干涉相位噪声水平，使相位解缠变得更加复杂。将这几种失相干因素综合考虑，它们是一种乘积的关系，因此总的失相干值（$\hat{\rho}_{\text{total}}$）可进行如下估计（Zebker et al.，1992）：

$$\hat{\rho}_{\text{total}} \simeq \hat{\rho}_{\text{therm}} \cdot \hat{\rho}_{\text{temp}} \cdot \hat{\rho}_{\text{geom}} \tag{3.12}$$

（1）$\hat{\rho}_{\text{therm}}$ 是在获取数据时由传感器的温度造成的（热噪声），可由信噪比（SNR）表示（Zebker et al.，1992）：

$$\hat{\rho}_{\text{therm}} = \frac{1}{1+\text{SNR}^{-1}} \tag{3.13}$$

SNR 可定义为

$$\text{SNR} = \frac{P_{\text{S}}}{P_{\text{N}}} \tag{3.14}$$

式中：P_{S} 和 P_{N} 分别为信号和噪声强度。

（2）$\hat{\rho}_{\text{temp}}$ 为时间失相干，它反映了数据获取时段内物体表面所发生的所有变化，尤其对重复轨道干涉时，它包括了土壤含水量、表面粗糙度及植被的变化。时间失相干的解析模型可表示为（Zebker et al.，1992）

$$\hat{\rho}_{\text{temp}} = \exp\left(-\frac{1}{2}\left(\frac{4\pi}{\lambda}\right)^2 (\sigma_x^2 \sin^2\theta + \sigma_z^2 \cos^2\theta)\right) \tag{3.15}$$

式中：σ_x 和 σ_z 分别为方位向和距离向上像素内部散射体的位移随机量的平均标准偏差；λ 为雷达波长；θ 为入射角均值。

（3）$\hat{\rho}_{\text{geom}}$ 反映了干涉对获取时的几何状态（基线、配准、目标与视线的夹角）对干涉相位造成的几何失相干。由于同一个地面分辨单元是由两个有微小角度差异的入射方向所成像的，这就意味着传感器不以相同的入射角照射一个目标。这个影响的量化值要基于基线长度、入射角大小和空间分辨率来估计。Zebker 等（1992）提出了几何基线失相干模型来表示由两幅干涉 SAR 影像的入射角差异所引起的相位偏移结果：

$$\hat{\rho}_{\text{geom}} = 1 - \frac{2B_{\perp} l_g \cos\theta}{\lambda R_0} \tag{3.16}$$

式中：$B_{\perp}$ 为与雷达视线垂直方向上的基线分量；l_g 为地距分辨率；R_0 为斜距。如果考虑地形的坡度 α，则式（3.16）可以变换为（Lee et al.，1999）

$$\hat{\rho}_{\text{geom}} = 1 - \frac{cB_{\perp} |\cos(\theta_0 - \alpha)|}{\lambda R_0 B_{\omega}} \tag{3.17}$$

式中：c 为光速；θ_0 为照射在地球椭球上的理论入射角；B_{ω} 为发射信号的频带宽度。

InSAR 影像中存在的噪声干扰会严重影响相位解缠的顺利实施，因此为了提高信噪比、保证相位解缠的精度，需要对干涉图进行相位滤波操作。InSAR 相位滤波的关键在于滤除噪声的同时尽可能地保留相位中有效的信息，避免地形相关相位或形变相关相位等有用信号的损失或改变。

在空间域滤波方法中，由于干涉相位缠绕的特性，在干涉条纹中会呈现阶跃变化的现象，并且条纹的疏密程度与基线参数和地形起伏的程度等因素有很大关系，传统的均值滤波（唐智 等，2004）或中值滤波（Lanari et al.，1996）等不考虑干涉条纹特性的滤波方法并不适用，这类方法会导致相位损失，滤波精度较差，不利于后续的处理。目前用于去除条纹密度相对较小的干涉影像相位噪声的空间域滤波方法中，效果较好的有多视滤波和矢量滤波，但是对于条纹密度较大的区域，滤波效果依然不够理想。空间域滤波有代表性的是 Lee 滤波。Lee 滤波（Lee et al.，1998）通过局部解缠，估计中心像素邻域内的坡度并改善中心像素，但局部解缠计算复杂、费时且目视效果差。此外，空间域滤波还发展了复数空间自适应滤波（廖明生 等，2003）、最优方向融合滤波（尹宏杰 等，2009）、数学形态法滤波（Mashaly et al.，2010）、经验模态分解（empirical mode decomposition，EMD）自适应滤波（黄长军 等，2013）等方法。廖明生等（2003）在梯度计算时只考虑了水平和垂直方向，易辉伟等（2013）进行了改进，有更强的自适应性，其采用了最优方向融合滤波结合相干性选择线性方向窗口滤波，增强了 Lee 滤波算法的稳健性。数学形态法（Mashaly et al.，2010）在 Lee 滤波中进行膨胀腐蚀得到边缘，增强了边缘信息，但强噪区滤波效果有待提高。EMD 自适应滤波（黄长军 等，2013）根据信号和噪声经验模态分解后表现的不同特征再进行自适应滤波，但尺度函数和本征模函数（intrinsic mode function，IMF）分量滤波个数的确定计算复杂。另一种较好的滤波方法是基于局部统计信息的自适应滤波方法（Bo et al.，1999），该方法使用了相干图来评价噪声标准差，并采用自适应的滤波窗口，沿着干涉条纹的方向进行窗口分布，避免条纹密度大的区域受滤波的影响而导致相位信息损失，该方法在滤除相位噪声的同时能较好地保留相位梯度。

频率域滤波的思路为在频率域下分离有效相位频段和噪声频段，传统固定通频的低通滤波器、高通滤波器和带通滤波器均没有考虑条纹频率在影像上的变化，因此并不适用，而α滤波（Goldstein et al.，1998）、频谱加权滤波和主频率成分提取滤波（靳国旺 等，2006）等方法则效果相对较好，但会受条纹类型等因素的限制。经典频率域滤波为 Goldstein 滤波（Goldstein et al.，1998），算法简单，得到了广泛应用。Goldstein 滤波算法能滤除大部分噪声，对不同频率的干涉条纹可以进行不同程度的自适应滤波，也正是因为这个特点，Goldstein 滤波算法对低相干区域的滤波效果较差，也会丢失大量边缘信息，给数字高程模型（DEM）和测量形变带来误差。

干涉图空间域和频率域滤波是以干涉相位的频率特性时不变或同级特性平稳为前提的，但实际干涉信号经常出现非平稳性（尹宏杰 等，2009），因此对其进行空间域或频率域滤波时得不到理想的滤波结果，可以把空间域或频率域分析结合起来，采用时（空）频分析方法对干涉图进行滤波处理，以便于提高精度，增强滤波效果。目前时频分析滤波方法主要是小波滤波方法等。由于小波分析方法是一种频率窗和时间窗均可改变的时频局部化分析方法（巩萍 等，2005），小波分析方法能够有效地区分信号中的噪声和突变部分，基于小波分析的相位滤波方法既能去除噪声，又能保持相位突变时的相位值，是一类较好的相位噪声滤波方法（潘泉 等，2007；石为人 等，2002）。汪鲁才等（2005）提出了一种基于小波分析和中值滤波相结合的 InSAR 干涉相位图滤波算法以改善滤波效果。何儒云等（2006）提出一种基于小波变换的 InSAR 干涉图滤波算法，该算法先用小波变换对干涉图数据做多级分解，得到图像的多级近似部分系数和 3 个方向的细节部分系数，然后分别对每一级各个方向的细节部分系数检测其是否为对应方向的边缘，根据边缘的方向不同，对边缘处的系数用不同的方向模板平滑后，再进行中值滤波，对非边缘处的系数直接进行中值滤波。蔡国林等（2009）采用了小波维纳滤波对相位进行滤波，能更有效地滤除噪声，然而多次进行的小波维纳滤波，使滤波后的干涉图产生了块状效应。范洪冬等（2012）将双数复小波用于干涉图去噪，去除了噪声还保持了干涉图的细节纹理信息，但在滤波函数模型中没有考虑复小波系数为复数的情况，丢失了虚部信息，导致信号相位噪声的增加，从而影响滤波效果。

3.1.3 相位解缠

在一些地势起伏较大、地形复杂的区域，高程残差引起的相位跳变，使相位解缠面临着风险。图 3.7 显示了一处山地区域的 X 波段 InSAR 相位在垂直基线为 400 m 左右时，与 30 m 格网航天飞机雷达地形测绘任务（shuttle radar topography mission，SRTM）的高程信息进行差分干涉的结果，从图中可以看出，密集的地形残差相位条纹在短距离内具有较大的相位梯度，密集缠绕，对解缠产生不利影响，而这种现象在山地及高山地尤为常见。如何保证干涉相位的正确解缠，是一个需要深入研究的问题。

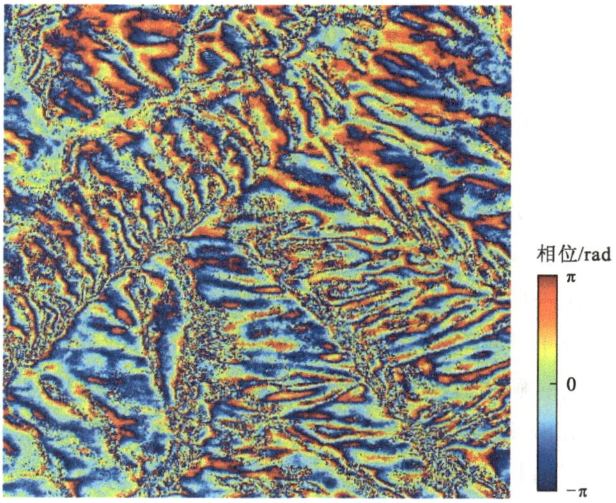

图 3.7　差分干涉相位图

目前 InSAR 干涉相位解缠的方法主要分为三大类（李陶 等，2007）。第一类方法为局部法，这类方法往往通过干涉相位图上的路径积分来实施相位展开，最为经典的有 Goldstein 等（1988）提出的枝切法，该方法通过枝切线连接确定残差点序列，并在路径积分时，在不穿过枝切线的限制下进行相位解缠。该方法的优势在于避免了不同积分路径所导致的不同相位解缠结果，并且消除了传播误差，但是当残差点较为密集时，枝切线容易形成环路，导致局部解缠失败。刘国林等（2011）提出了一种顾及地形因素的卡尔曼滤波相位解缠算法，该算法通过在卡尔曼滤波的状态空间模型中引入与地形因素相关的输入控制变量来实现。另外，区域生长法（Xu et al.，1996）、掩膜分割法（Prati et al.，1990）、最小不连续法（Flynn，1997）等均为该类解缠方法。

第二类方法为全局法，该类方法往往使用解缠前后相位均方差的最小二乘法来进行解缠相位的最优寻解，以逼近真实相位值，如穆冬等（2001）用一种依据二阶差分的加权对最小二乘法进行改进，更好地实现了相位展开。陈家凤等（2007）提出了一种基于多分辨率表示的离散小波变换相位解缠算法，利用小波变换将原线性系统转换成具有较好收敛条件的等价新系统。陈强等（2012）提出了基于解缠边界探测并搜索整周相位值的解缠方法，采用最小二乘次优解与最优解的阈值判别准则，预测解缠趋势并逐步推进相位解缠边界，并在解缠迭代计算中附加相位搜索增量以提取相位整周值。此外，还有无加权的最小二乘相位解缠算法、利用多重网络迭代求解加权最小二乘的相位解缠算法（Pritt，1996）、最小范数法（张永志 等，2005；Ghiglia et al.，1996）等。该类方法的解缠结果是真实相位的近似值，由于不对残差点进行处理，解缠过程中会存在由残差点引起的传播误差。

第三类方法为最小费用流方法，最经典的有基于网络规划的解缠方法（Costantini，1998），该方法使用网络模型，通过最小费用流的思路进行相位解缠，是一类较为高效的解缠方法。例如于勇等（2003）根据网络优化原理，提出了一种基于不规则网络下网络流算法的解缠方法，以干涉相干作为评价相位质量的标准，从含有大量噪声的干涉图中剔除低质量的相位，只对高质量相位进行处理，最终获取有用信息。

另外，还有结合了局部法和全局法的合成相位解缠法，以及利用多基线进行的相位解缠的方法也有着广泛的应用。王紫燕等（2008）在枝切法和加权最小不连续法这两种解缠方法的基础上，提出了一种组合算法，该算法首先采用枝切法处理质量好的区域，再利用加权最小不连续法处理未解缠区域，并对解缠结果进行融合。

相位解缠是干涉雷达影像数据处理的一个关键环节，虽然现有的相位解缠方法众多，但是实际应用仍然存在一些问题。图 3.8 所示为采用了自适应滤波并通过常规最小费用流方法对图 3.7 中差分干涉相位进行解缠的结果，从图中可以看出，多处由解缠错误引起的相位异常截断，同时解缠误差被扩散，可见常规解缠方法仍存在一些问题。而且不正确的相位解缠会在 InSAR 提取高程的过程中引入误差。例如，根据 2×2 窗口进行的相位梯度估计算法得到的相位梯度容易受到噪声和地形起伏的影响，并且严重偏离了其实际值，那些依赖相位梯度的解缠方法会在解缠结果或生成的 DEM 中引入全局的畸变。因此，需要找出一种高精度的解缠方法。

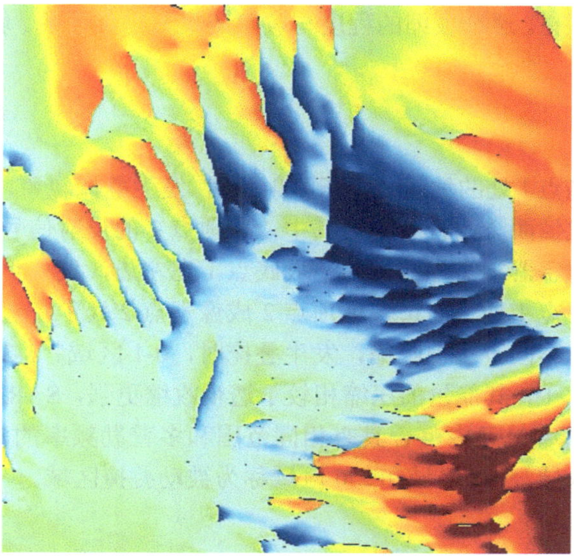

图 3.8　最小费用流方法对图 3.7 中差分干涉相位的解缠结果

3.1.4　阴影叠掩

SAR 的斜距成像特点会导致 SAR 影像上出现显著不同的形变特征，可分为透视收缩、叠掩和阴影三种。图 3.9 为由地形起伏引起的 SAR 影像几何畸变示意图。其中，点 0、1、2、3、4、5、6 分别表示地球表面点，点 1′、2′、3′、4′、5′分别表示成像面上的点。

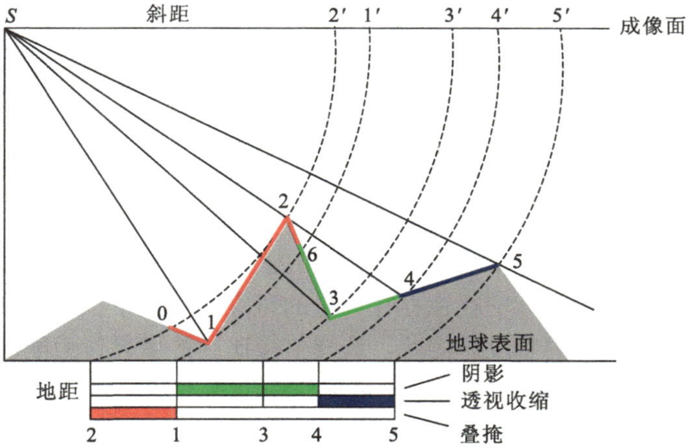

图 3.9　由地形起伏引起的 SAR 影像几何畸变示意图

1. 透视收缩

由图 3.9 可知，由于斜距成像的特点，在迎坡面上，地球表面 4-5 间的距离最终成像于成像面上 4′-5′位置处，且 4′-5′的长度要小于 4-5 的长度。在相对较长的坡面上的能量，经过成像后，压缩到相对较小的范围之中。结果导致在迎坡面上，图像上显示的结果比其他区域更为高亮。透视收缩的程度与坡度角及入射角有关。坡度角大于入射角时，会发生叠掩现象。

2. 叠掩

由图 3.9 可知，当点 1 处的坡度角大于入射角时，发生叠掩现象，此时地球表面 0-1-2-6 的范围最终成像于成像面 2′-1′位置处。其中，坡顶点 2 的反射信号相较于坡底点 1 的反射信号将优先到达传感器。实际情况中，坡底点 1 在左边，坡顶点 2 在右边，在成像面中，坡底点 1 成像于点 1′处于右边，坡顶点 2 成像于点 2′处于左边，导致坡顶坡底出现颠倒的现象。此外，不同于透视收缩，发生叠掩时，0-1 区域、1-2 区域和 2-6 区域的能量都集中到成像面 2′-1′，其能量的压缩相较于透视收缩更强，SAR 影像的侧视观察特性最终导致在单个分辨率单元内整合具有相同范围和多普勒频率的多个信号。其中，1-2 区域称为主动叠掩区域，0-1 区域和 2-6 区域称为被动叠掩区域。

3. 阴影

由图 3.9 可知，地球表面 6-3-4 区域受坡面影响导致雷达信号无法到达该区域，造成成像面上 1′-4′位置信号为零，在影像上的结果是该区域比其他区域更暗，一般呈现黑色。其中，6-3 区域称为主动阴影区，3-4 区域称为被动阴影区。

受阴影、叠掩等影响，星载 InSAR 地形测量时，在复杂地形区域往往出现相位不连续的现象，对于长基线干涉对，地形起伏带来的相邻相位变化往往超过一个相位周期，使相位的正确展开存在不确定性，容易造成解缠错误。此外，阴影叠掩会使地形测量结果存在空洞区，影响高程图有效信息的显示。

3.2 复杂地形星载 InSAR 影像配准

3.2.1 InSAR 影像配准特征

为了满足干涉条件，InSAR 影像的配准精度一般要求达到 0.1 像素以内（Bamler et al.，1993），然而 SAR 影像中往往存在大量的斑点噪声，干扰各配准单元间相关测度的计算，影响偏移量的计算精度。因此，选择信噪比高的像元作为配准点是提高 InSAR 影像配准精度的有效途径之一。另外，干涉成像中近乎平行观测的特性使 InSAR 影像之间几何变换关系往往较为简单和一致，因此基于 InSAR 影像配准的三个特征，即精度要求高、信噪比低、几何变换关系的前提，通常实现 InSAR 影像高精度配准的理想方法是通过影像中一系列高质量的配准单元，经由合适的相关测度实现高精度的配准偏移关系计算，然后利用这一系列偏移量构建代表影像对全局变换关系的数学模型。

然而 InSAR 影像间较为一致且简单的变换关系在某些情况下却不能成立，尤其是对于空间垂直基线大、空间平行基线时变快、观测区域的高程起伏大、两次观测时的脉冲重复频率差异较大、信噪比低或失相干等情况，则需要有更优化和高效的配准处理，以达到所需的精度要求。

3.2.2 InSAR 影像配准经典方法

虽然目前已有较多关于 InSAR 影像配准的方法，但许多方法并没有顾及 InSAR 像对的特性，更不考虑具体每一个像对特有的几何与辐射特征，比如有些方法侧重于高级影像处理的思路，有些方法侧重于借鉴光学影像配准的算法等，虽然在一些特定条件下取得较好的配准效果，但往往不具有普适性，难以作为稳定而高效的 InSAR 配准方法以满足业务化的需求。能够满足 InSAR 像对 0.1 像素以内配准精度的切实有效的配准方法是基于互相关函数的经典 InSAR 影像配准方法（刘国祥 等，2001）。

互相关描述了影像能量的相关性。首先在主影像空间的主辅影像重叠范围内分布一个 $M \times N$ 的格网，各格网点的影像坐标为 (x_1, y_1)，辅影像与之对应的初始联系点坐标为 (x_2, y_2)，该坐标可通过几何粗配准、影像粗配准或目视估计等方式大致确定。分别以联系点 (x_1, y_1)、(x_2, y_2) 为中心在主辅影像上提取一定大小的影像窗口，作为联系点偏移量的估计单元，主辅影像上窗口单元的能量函数分别为 $f_{\mathrm{m}}(x, y)$、$f_{\mathrm{s}}(x, y)$，对应的频谱函数分别为 $F_{\mathrm{m}}(U, V)$、$F_{\mathrm{s}}(U, V)$，根据信号相关定理（张祖勋 等，2002），影像窗口间的互相关函数和互能谱为一个傅里叶变换对，即

$$\xi[R_{f_{\mathrm{m}}f_{\mathrm{s}}}(x_{\mathrm{s}}, y_{\mathrm{s}})] = F_{\mathrm{m}}F_{\mathrm{s}}^{*} \tag{3.18}$$

其中

$$R_{f_{\mathrm{m}}f_{\mathrm{s}}}(x_{\mathrm{s}}, y_{\mathrm{s}}) = \sum_{-M}^{+M}\sum_{-N}^{+N} f_{\mathrm{m}}(x, y) f_{\mathrm{s}}(x - x_{\mathrm{s}}, y - y_{\mathrm{s}}) \tag{3.19}$$

式中：ξ 为傅里叶变换；$*$ 为共轭复数；$(x_{\mathrm{s}}, y_{\mathrm{s}})$ 为信号的空间位移。根据式（3.18）分别计算主辅影像配准窗口的能量矩阵，对这组矩阵分别做二维快速傅里叶变换，然后进行共轭相乘，再进行快速傅里叶逆变换，则计算得到窗口的相关函数。采用双二次多项式内插求取该相关函数的峰值点，该点位置则代表了影像窗口的最大相关时的位置，即获取了配准单元的偏移关系。最后计算所有格网点的偏移量，并通过函数拟合得到整幅影像的全局配准关系。

经典方法有两个特点：①格网点分布均匀，并不针对影像上具体的内容有目的性地分布；②每个互相关窗口估计一个偏移量，这是建立在 InSAR 影像几何关系相对简单、窗口内部可近似看作只存在偏移关系的基础上。

3.2.3 复杂地形 InSAR 影像配准方法

本小节提出一种适用于由复杂地形、空间基线大等因素引起相对几何畸变复杂或相干性差的干涉像对配准。对于只包含粗轨道数据的影像对，首先在主影像上均匀分布若干个点，如 8×8 个，然后通过轨道参数分别计算这一系列点在辅影像上所对应的位置，通过最小二乘平差得到主辅影像间大致的转换关系，如式（3.1）所示。通常利用轨道参数和平均高程，如果有 DEM 则可利用具体的高程值，采用 RD 模型计算主影像上每个点的空间坐标，然后反算到辅影像上得到对应的影像坐标，从而得到每个点在主辅影像上的偏移量，通过这一系列偏移量来确定式（3.1）中的各项系数。这个多项式在后续步

骤中可以用来消除大部分影像间由轨道夹角引起的非平移关系，即使轨道参数不够精确或者缺乏 DEM 数据，也已经足够抑制具体每个配准单元内包含的非平移成分所带来的不利影响。由于相对定位精度有限，这个步骤只能实现像素级配准，它的意义主要在于为后续亚像素级配准时更精确地估计偏移量提供有利的条件，同时便于配准点的自动选取。

对于提供了精密轨道数据的影像对，需要根据这些轨道信息和 DEM 计算每个点在主辅影像上的偏移量，获得主辅影像间的转换关系，如式（3.1）所示。此时的配准误差主要是由时间误差引起的，是个低频的系统性误差（Wang et al.，2014；Massonnet et al.，1995）。在接下来的处理中，将会根据点目标消除这个系统性误差（Nitti et al.，2011；Sansosti et al.，2006）。

在进行了上述几何配准后，需要根据得到的多项式对辅影像进行重采样。这个过程是不可缺少的，因为重采样后的辅影像具有两个方面的优势：一是消除影像对之间大部分的非平移关系，有利于得到更高的 SNR 值并更精确地估计偏移量；二是为后续的快速选取配准区域提供条件。通常采用 2D sinc 函数进行重采样。为了提高计算效率，如果硬件条件允许，可以将这个重采样的辅影像存储于内存中。

上述处理中得到的多项式，还未能精确地反映主辅影像之间的转换关系，实际上只是描述辅影像重采样前后的关系，简记为

$$(x_s, y_s) = f_1(x_{s'}, y_{s'}) \tag{3.20}$$

式中：$(x_{s'}, y_{s'})$ 为重采样后辅影像的像点坐标；(x_s, y_s) 为原始辅影像的像点坐标，函数 f_1 的具体形式即为式（3.1）所表示的。

之后进行配准点自动选取，选点的方法有很多：Serafino（2006）将 2D sinc 模板与 SAR 影像进行互相关计算从而选点，从互相关矩阵中寻找极值点作为理想的配准点，这个方法只对单幅影像进行，不考虑影像之间的相干性，并且效率较低，选出来的点可能过于密集；Wang 等（2014，2010）使用分离几何相干图和时域相干图的方法进行选点，该方法适用于干涉对的时空基线均较小的情况，且前提是两幅影像已经进行了较为精确的配准，才能进行准确的相干性估计；Hu 等（2014）采用了简单的强度阈值选取点目标，这是个简单但效果较好的方法。本书采用计算主影像与重采样后辅影像间信号杂波比（signal-to-clutter ratio，SCR）结合强度阈值的方法进行选点。为了减少计算量，并抑制几何配准时配准精度较低对 SCR 计算产生的影响，首先对两幅影像进行向下采样，再计算下采样影像对的 SCR 值，通过设定阈值排除 SCR 值过低的点，然后从 SCR 图中选取高值点，确保后续配准时能够得到更为可靠的偏移量，使配准工作更有意义，并不同程度地节省配准时间，可以避免大多数没有必要的计算，极大地提高配准效率。

为了避免局部区域内配准点过于密集而导致计算量增大，尤其是城市地区，事先对配准点进行抽稀，即在一定范围内只保留 SCR 值最大的配准点。然后在剩下的各配准点周围设置一定大小的窗口进行偏移量估计，通过计算以高质量配准点为中心的互相关窗口，获取距离向和方位向的高精度偏移量。由于在前面的步骤中已经消除了窗口内部非平移量的影响，在计算互相关时可以得到一个更高的 SNR 值和更准确的峰值位置。并且，在影像相干性较低的情况下，可以设置更大的配准窗口，而无须担心它所带来的非平移量对偏移量估计的影响。一般而言，这也使程序自动分配的窗口大小能够满足配准要求，

而无须根据人工经验设定或反复尝试。

对于粗轨道参数的影像，上面得到的一系列偏移量用来拟合多项式的各个系数，从而得到精确的主辅影像变换关系。而对于精密轨道的影像，一般利用这些偏移量来获取多项式的零次项 a_0 和 b_0。这是因为对这些数据而言，几何配准的过程中，距离向和方位向的时间存在误差，而这个误差主要体现为一个常量（Wang et al., 2014; Massonnet et al., 1995），因此利用上述的一系列偏移量来重新计算 a_0 和 b_0。之所以不重新计算整个多项式的所有系数，是因为精密轨道可以得到足够高的配准精度，10 cm 的轨道误差引起 1/200 像素的配准误差（Adam et al.，2003），只需修正时间误差引起的常量误差，另外，精密轨道数据在进行几何配准时，包含了影像所有点的信息，比利用零散的配准点所得到的多项式非零次项系数要更为可靠。但这并不是绝对的，可以通过观察拟合 a_0 和 b_0 时的均方差来进行抉择，这个均方差必须足够小，比如小于 0.08 像素，否则应该考虑用偏移量拟合一个线性的变换方程来校正之前的多项式，甚至采用与粗轨道数据一样的方法来执行配准。

经过基于探测点目标的精配准之后，得到主影像与第一次重采样后辅影像之间的转换关系，仿照式（3.20），将该关系简记为

$$(x_{s'}, y_{s'}) = f_2(x_m, y_m) \tag{3.21}$$

式中：(x_m, y_m) 为主影像的像点坐标；$(x_{s'}, y_{s'})$ 为经过第一次重采样后辅影像的像点坐标；函数 f_2 的具体形式即为式（3.1）所表示的。结合式（3.20）和式（3.21），可以得到主辅影像的配准多项式，即

$$(x_s, y_s) = f_1(f_2(x_m, y_m)) \tag{3.22}$$

此时根据式（3.22），可将辅影像重采样至主影像的结构下。

经典的 InSAR 影像配准方法通过多个配准点的平移量来拟合两幅 SAR 影像间非线性的几何变换关系，但在许多情况下这种思路都存在不合理性。如影像对自身的垂直基线较大、平行基线变化率较高、PRF 差异较大，或观测区域的地形起伏较大时，配准窗口中平移量的估计会存在较大的模糊度。此外，影像内部存在的大量失相干区域同样会导致许多偏移量错估，这些因素共同导致了影像配准不精确。正是由于经典的 InSAR 影像配准方法不考虑影像的几何特征和辐射特征，影响了其可靠性和普适性。而为了使传统方法尽可能获取理想的结果，往往需要不断地更改配准窗口大小等参数，进行多次配准尝试和精度评价，这同样使得传统方法的自动化程度不高，影响了计算效率，并且可能始终无法获取令人满意的配准结果。

本书对 InSAR 影像配准的改进主要体现在同时顾及了 SAR 影像对的几何特征和内容特征。具体可分为两个方面。①非平移量的消除。虽然现在许多配准方法均通过轨道进行配准，但其主要目的在于进行粗配准，大致定位影像间的整体平移关系，缩小精配准时的搜索范围，但并不能消除影像间的非平移关系，因此精配准时仍然会受到非平移量的影响。而本书则通过轨道参数一定程度地消除影像间非平移关系，降低配准点偏移量估计的模糊度。②有效配准区域的自动定位。综合主辅影像信息进行配准点自动选取，相比均匀分布窗口的方法，本书方法可以有效避开失相干区域，而相比之前的选点方法，本书方法能更快更有效地定位配准点。在配准精度、效率、稳健性、普适性、自动化程度几个方面都有所提升。

该方法实施了两个阶段的配准：在第一阶段，使用观测成像参数估计影像间的几何变换关系，这是一个快速估计的过程，基本不会增加整体的配准耗时；而第二阶段通过窗口互相关来计算偏移量，由于改进算法不同程度地屏蔽了一些没有必要配准的区域，配准耗时要比传统方法少，尤其对包含大量水域等严重失相干的影像，该方法可以极大地节省配准时间。然而在第一阶段之后，需要对辅影像进行第一次重采样。重采样算法通常使用 2D sinc 算子，其计算效率要远高于配准时计算偏移量的效率，因为后者涉及傅里叶正反两次变换和共轭相乘，还需要进行内插以获取峰值位置。但是如果重采样结果需要输出结果文件到硬盘，然后第二个配准阶段再从硬盘读取数据，那么这个时间将不可忽略。因此，往往将第一次重采样的结果保存在内存中，对于内存条件不足的情况，除了不得不把中间结果保存为文件，也可以实施分块配准。总体来说，本书所提方法的效率不会低于经典的配准方法。

本书所采用的配准方法流程如图 3.10 所示。

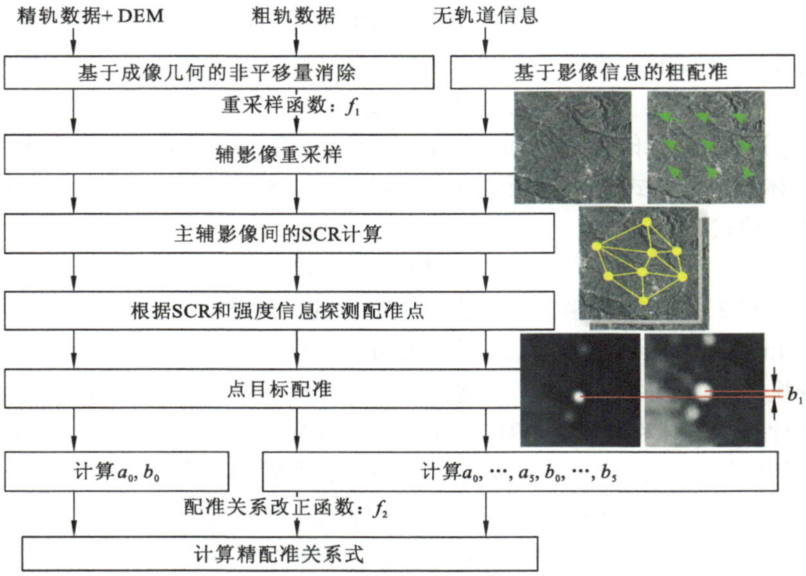

图 3.10　改进的 InSAR 影像对配准流程

3.2.4　试验与分析

进行两组试验，分别采用 2 景香港机场地区的遥感 29 号数据和 21 幅东海大桥的 PALSAR 影像数据，通过多项式对比试验分析，以验证本书所提出的配准方法在影像间相互变形大或失相干严重的情况下的表现。

1. 遥感 29 号数据

香港机场地区的遥感 29 号影像信息如表 3.1 所示，地理位置如图 3.11 所示。分别采用经典配准方法和本书提出的方法对影像进行配准，并比较分析配准结果。

表 3.1 香港机场地区 SAR 数据的基本情况

项目	主影像	辅影像
获取时间	2015/12/20	2016/01/18
波长（X 波段）/cm	3.1	
入射角/（°）	38.7	
轨道模式	降轨	
成像模式	条带	
距离向分辨率/m	1	
方位向分辨率/m	1	
影像宽度	8 016	8 016
影像高度	6 167	6 159

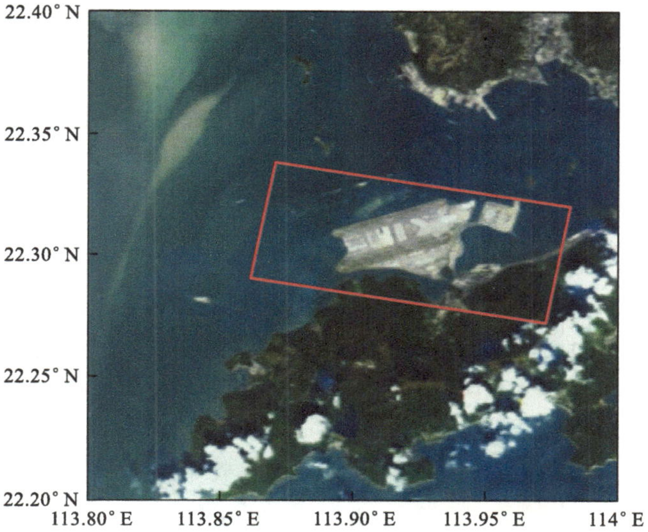

图 3.11 香港机场地区的地理位置（红框内）

为了与经典方法进行对比，分别采用本书提出的方法和经典方法对数据组进行配准试验。对于经典方法，采用大小为 128×128 的配准窗口，为了使配准窗口不重叠地覆盖整幅影像，距离向和方位向上的窗口数目设置为 64×48，一共需要计算 3072 个偏移量。

而对于本书提出的方法，首先利用轨道数据对影像进行配准，然后通过初步配准后的主辅影像间的 SCR 阈值，结合选取一系列配准点。在点密度与经典方法相当的条件控制下，得到 1326 个配准点，如图 3.12 中红点所示，即偏移量的计算量大约仅为经典方法的 43%。这主要是因为影像上的水域面积比例超过了一半，而本书的选点策略成功地避开了这些区域。

经典方法的二项式拟合均方根误差（RMSE）在距离向上为 0.064，方位向上高达 0.269，而本书所提方法在两个方向上的二项式拟合均方根误差则分别为 0.029 和 0.051，明显优于经典方法。图 3.13 和图 3.14 为两种方法得到的偏移量差异，从图中可以看出，方位向上的最大偏移量差异超过了 0.35 像素。

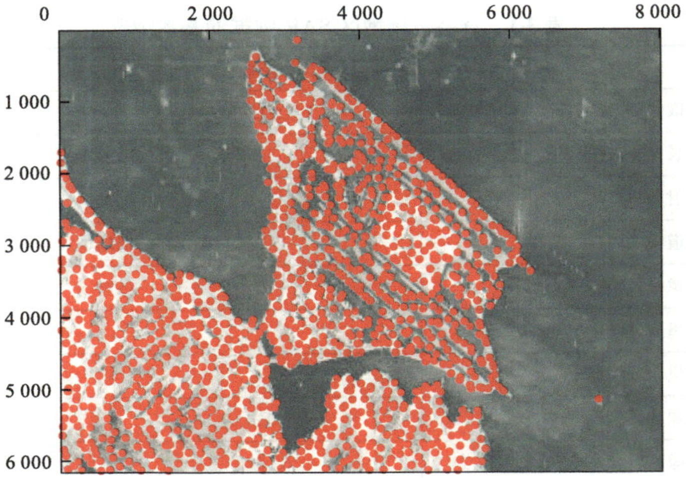

图 3.12　本书方法自动提取的高质量配准点分布图

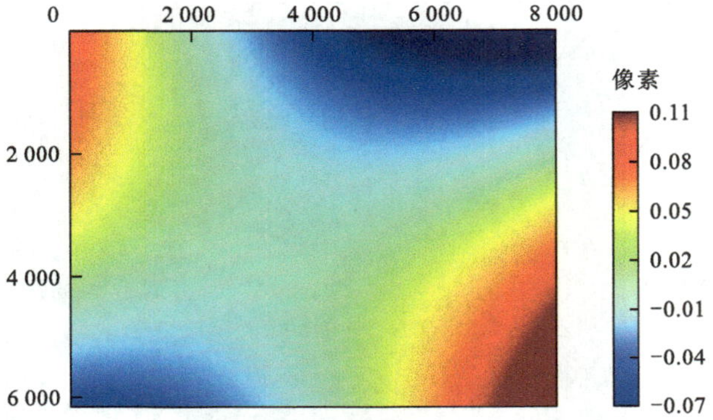

图 3.13　本书方法与经典方法得到的距离向偏移量差异

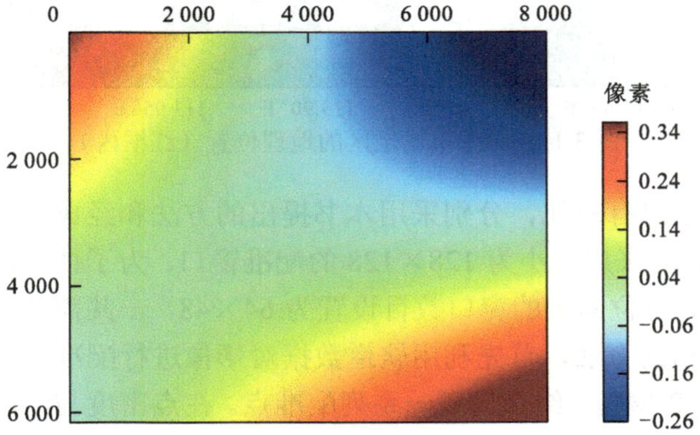

图 3.14　本书方法与经典方法得到的方位向偏移量差异

导致经典方法配准精度低的原因除了水域中个别偏移量影响了多项式系数的确定，主要还在于影像之间的脉冲重复频率存在差异。两幅影像的 PRF 分别为 8 100 Hz 和 8 200 Hz，使方位向的偏移量以 0.0123 的速率沿着方位向变化，如图 3.15 所示。这就意味着当配准窗口大小为 64×64 时，窗口内部方位向上的平移量估计模糊度高达 0.8 像素左右，不精确的偏移量估计影响了最终的配准精度。

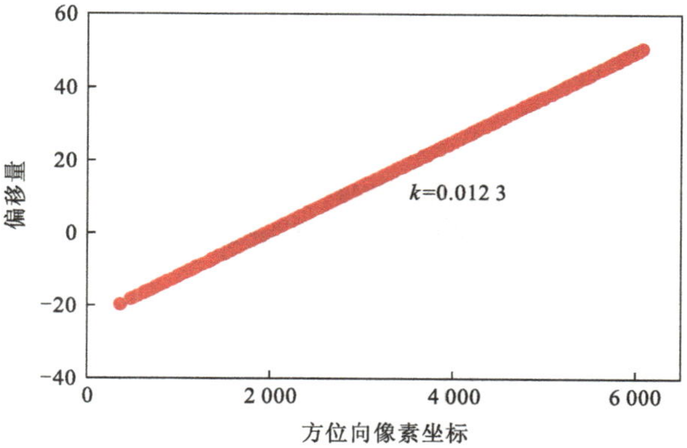

图 3.15　方位向偏移量随方位向变化的情况

为了进一步验证非平移量的消除在配准中的作用，将本书方法与 Serafino（2006）的方法进行对比。Serafino（2006）采用了孤立点散射体（isolated point scatterers，IPS），类似于本书方法中基于配准点进行配准的策略，但未涉及之前的非平移量消除过程。由于 Serafino（2006）使用 sinc 模版进行选点，得到的配准点过于密集，且有部分落于水中，为了便于对比分析，对 Serafino（2006）的方法进行改进，采用本书方法提取的配准点来实施基于 IPS 配准方法。

图 3.16 显示的是两种方法得到的 SNR 直方图及其累积分布函数，可以看到在消除了非平移量之后，估计互相关时得到的 SNR 值普遍比未消除非平移量时高。经过粗差剔除迭代估计之后，分别得到距离向和方位向的偏移量残差随着影像方位向变化的情况，如图 3.17 和图 3.18 所示，图中蓝色×标记和红色 • 标记分别代表消除非平移量影响前后所得到的偏移量估计残差，同时得到距离向和方位向偏移量残差的概率统计，如图 3.19 和图 3.20 所示。对于距离向的偏移量残差，两种方法得到了相似的结果，其中本书提出的方法得到的 RMSE（0.0294）小于直接利用点系列估计得到的 RMSE（0.0430）。然而对于方位向的偏移量，未消除非平移量影响的方法计算得到偏移量很不稳定，其 RMSE（0.2019）要远大于本书提出的方法所得到的 RMSE（0.0512）。这表明非平移量对偏移量的估计有较大影响。

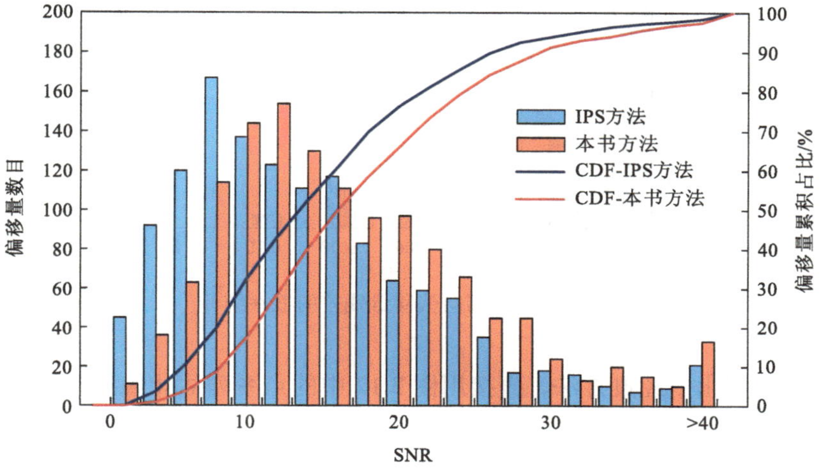

图 3.16　SNR 直方图与累积分布函数

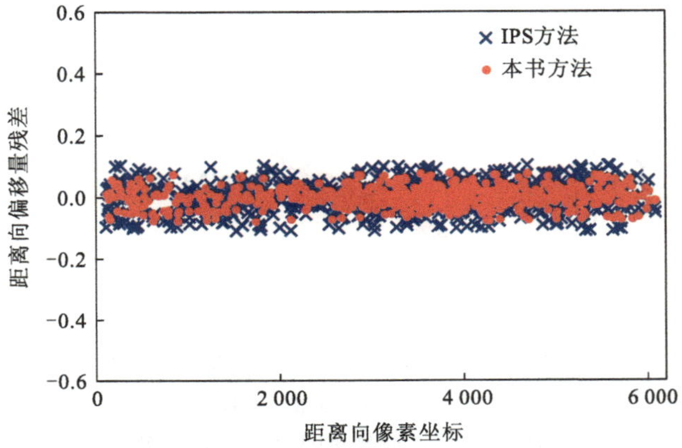

图 3.17　距离向偏移量残差

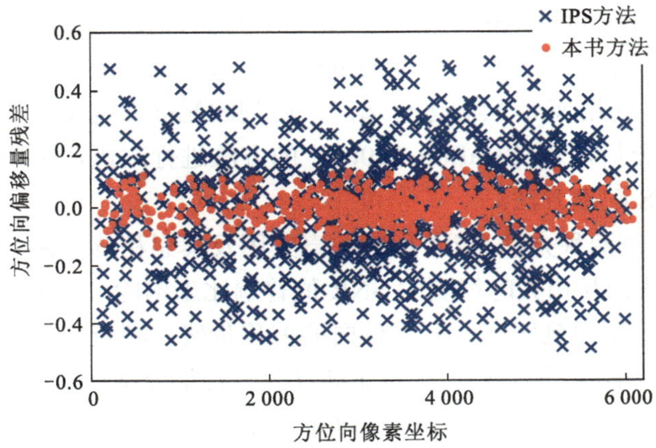

图 3.18　方位向偏移量残差

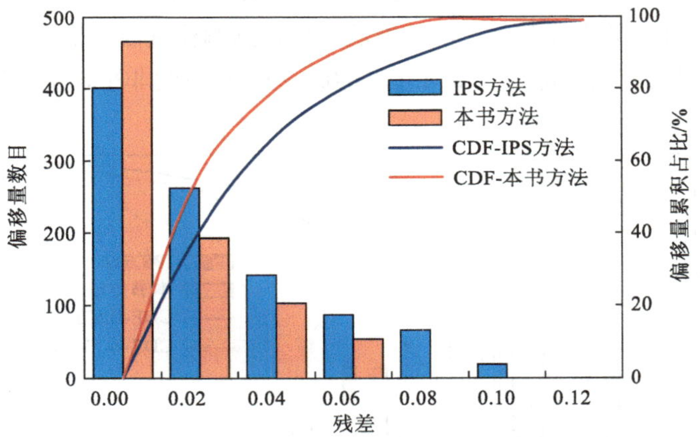

图 3.19　距离向偏移量残差的概率统计

表 3.2 分别列出了经典方法、直接用图 3.12 中的点系列估计偏移量的 IPS 方法及本书方法的对比信息。

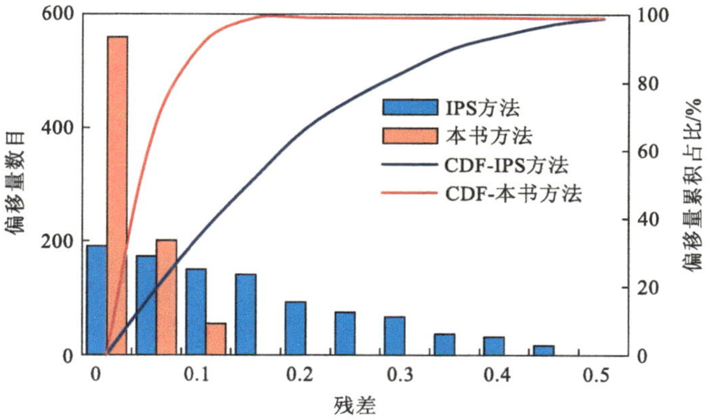

图 3.20　方位向偏移量残差的概率统计

表 3.2　RMSE 和计算量对比

项目	距离向 RMSE	方位向 RMSE	偏移量计算数量
经典方法	0.064	0.269	3 072
IPS 方法	0.043	0.202	1 326
本书方法	0.029	0.051	1 326

评价配准效果的重要因素之一就是干涉图的相干性。分别采用上述三种方法所得到的多项式对辅影像进行重采样并得到三张干涉图。由于影像上包含了大量的水域面积，为了减少统计时的不确定性，截取了影像中某 1000×1000 的陆地区域进行相干性对比分析。这个区域主要包含机场内部的建筑群、跑道和沙地，如图 3.21（a）中红框处所示。三种方法所得到的相干图如图 3.22 所示。图 3.23 为三种方法得到的相干性变化曲线。不经过几何配准，直接用点系列估计偏移量的方法所得到的相干性要略高于经典方法，而本书方法得到的相干性最高。三种方法在所截取的区域内得到的相干性平均值分别为 0.5089、0.5267、0.5762。

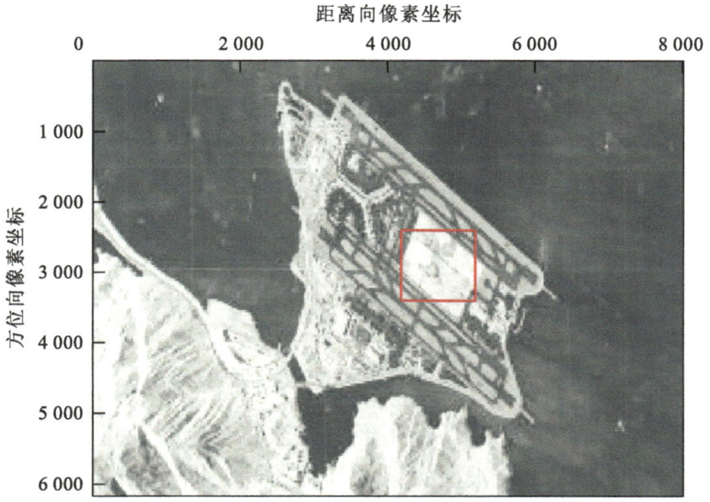

图 3.21　相干性估计区域（红框处）

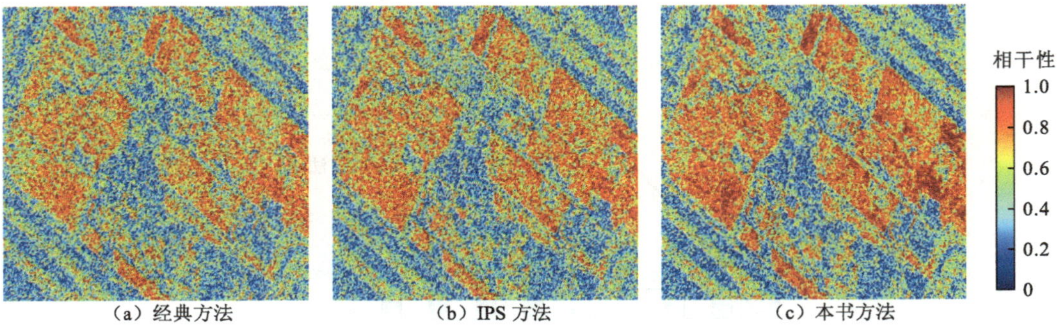

（a）经典方法　（b）IPS 方法　（c）本书方法

图 3.22　三种方法得到的相干图

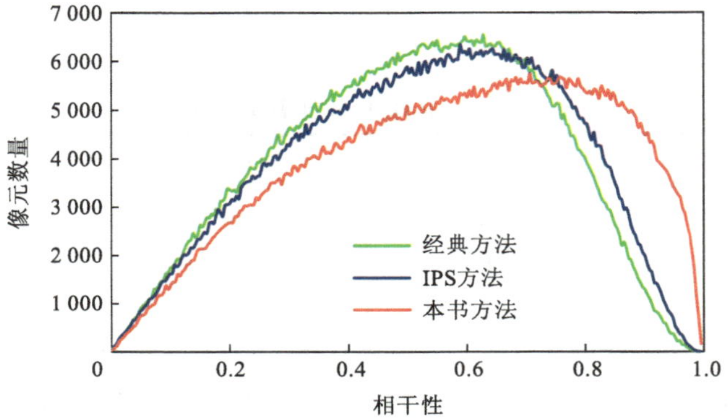

图 3.23　三种方法得到的相干性变化曲线

2. PALSAR 影像数据

东海大桥起始于上海浦东，直达杭州湾，全长 32.5 km。收集 21 幅覆盖这座大桥的 PALSAR 影像。时间跨度从 2007 年 1 月到 2011 年 1 月。为了使整体基线较小，选取了时间为 2010/01/15 的影像作为主影像，将其他影像配准到主影像下，干涉对序列的时空基线分布情况如图 3.24 所示。

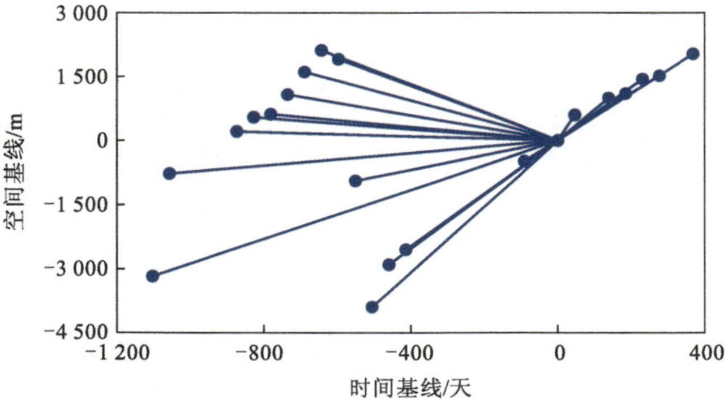

图 3.24　干涉对序列的时空基线分布图

由于影像上水域占了绝大部分，使用经典方法将会出现大量错误的偏移量估计，并影响最后的多项式拟合，而且会浪费大量的计算时间。而使用本书提出的方法将会很好地避开这些水域。采用本书方法得到 276 个配准点，点位的分布如图 3.25 所示。图 3.26

和图 3.27 为经典方法与本书方法的 RMSE 对比。

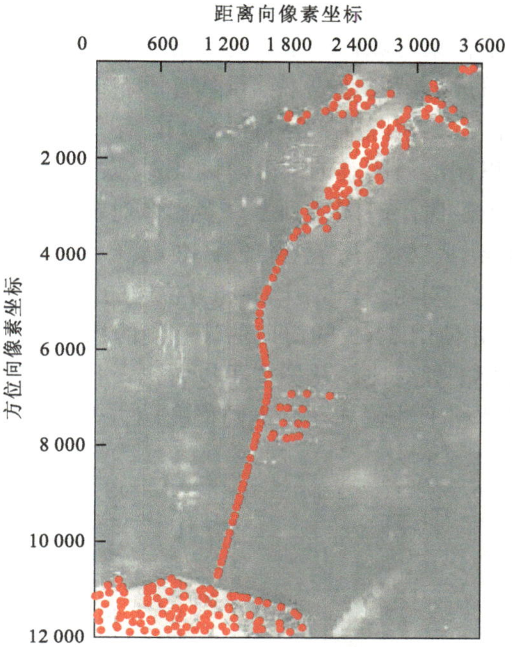

图 3.25　本书方法自动提取的高质量配准点分布

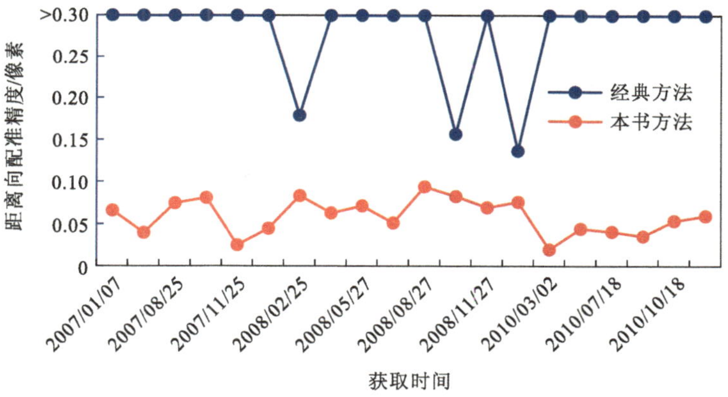

图 3.26　距离向配准精度对比

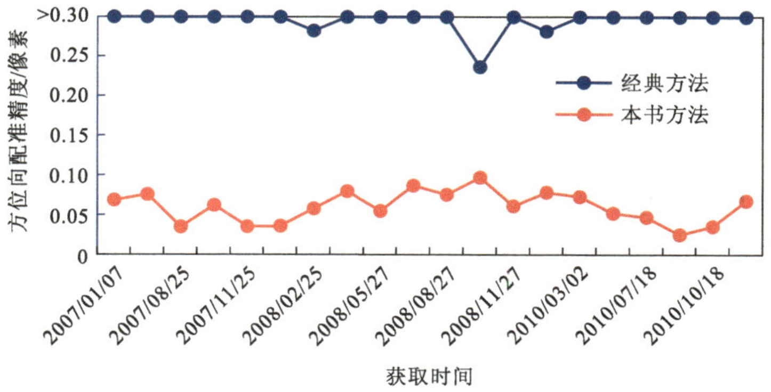

图 3.27　方位向配准精度对比

由图 3.26 和图 3.27 可见，在本例中使用经典方法基本无法满足配准要求，而本书方法在方位向和距离向的 RMSE 均在 0.1 像素以内。值得一提的是，这些影像对之间的夹角虽然都不大，但是对于桥梁区域，由于雷达反射强度分布单调，加大了其偏移量估计的难度，微小的非平移量成分就会造成偏移量估计不精确。因此为了尽量保证桥梁区域的配准精度，进行轨道配准，消除非平移量的影响，还是很有必要的。

本例中桥梁为影像里配准最困难的部分，因此对配准之后的桥梁段的相干性进行对比分析。由于使用传统方法时，时间序列上许多影像对的配准结果都会严重出错，完全无法形成干涉，选取经典方法所得到的配准结果中较有意义的一组影像，即“2010/01/15-2009/10/15”这一对组合，其距离向和方位向的 RMSE 分别为 0.1365 和 0.2818。沿着桥梁分布 55 个点，并使用 3×3 的窗口估计它们的相干性，图 3.28 是经典方法和本书方法得到的干涉图的相干性对比。从图中可以看出，相对于本书方法，经典方法所得到的干涉图中桥梁上整体相干性较低，会不同程度地丢失干涉信息。

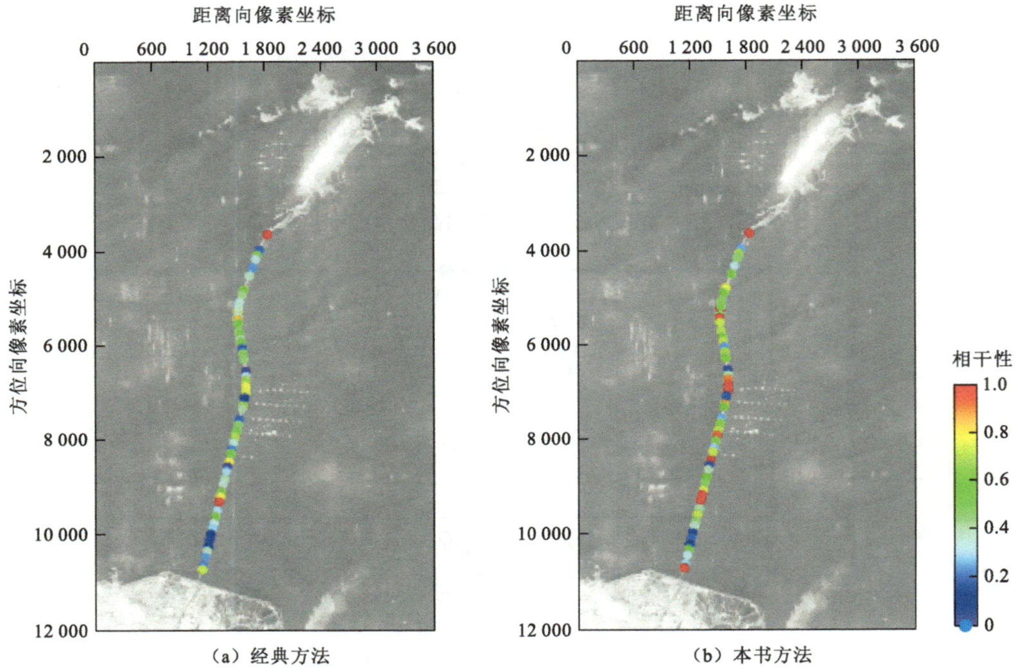

图 3.28 经典方法与本书方法所获取的桥梁目标点相干性对比

3.3 复杂地形星载 InSAR 相位滤波

3.3.1 InSAR 相位特征

InSAR 相位受到多种失相干因素的综合影响，总体上形成了干涉图的相位噪声。在传统的全斑点噪声的假设前提下，单视复数 SAR 影像服从圆高斯模型规律，比如相位满足在 0 到 2π 之间均匀分布的规律，实部和虚部均符合具有相同方差的 Γ 分布法则。一个干涉对由两幅单视复数 SAR 影像组成，即每个像素均可表示为一个二维向量 $\boldsymbol{Z}$，由主辅

影像的各像素值 z_1 和 z_2 组成，这两个值也均符合圆高斯模型规律。因此，二维的圆高斯模型适合描述该向量 $\boldsymbol{Z}$，并且它的概率密度函数（probability density function，PDF）可定义为（Sun et al.，2001）：

$$p_{\boldsymbol{Z}}(\boldsymbol{Z})=\frac{1}{\pi^2\det(\boldsymbol{C}_{\boldsymbol{Z}})}\exp(-\boldsymbol{Z}^{*\mathrm{T}}\boldsymbol{C}_{\boldsymbol{Z}}^{-1}\boldsymbol{Z}) \tag{3.23}$$

式中：$\boldsymbol{C}_{\boldsymbol{Z}}$ 为 $\boldsymbol{Z}$ 的协方差矩阵；$*$ 为复数卷积操作符号；T 表示共轭转置。假设对于每个相干信号，它们的正交分量 z_1 和 z_2 均为零均值的高斯处理过程，并且都是独立分布的，则可以估计出这个协方差矩阵的 Wishart 分布，即

$$\boldsymbol{C}_{\boldsymbol{Z}}=\begin{pmatrix}\sigma_1^2 & \sigma_1\sigma_2 D\mathrm{e}^{\mathrm{j}\phi}\\ \sigma_1\sigma_2 D\mathrm{e}^{-\mathrm{j}\phi} & \sigma_2^2\end{pmatrix} \tag{3.24}$$

式中：D 和 ϕ 分别为相干性大小和干涉相位；σ_1^2 和 σ_2^2 分别为各信号的方差。$\boldsymbol{C}_{\boldsymbol{Z}}$ 可由 N 视的像元协方差矩阵计算得到，即若干个像元的均值，可表示为

$$\hat{\boldsymbol{C}}_{\boldsymbol{Z}}=\frac{1}{N}\sum_{k=1}^{N}\boldsymbol{Z}_k^{\mathrm{T}}\boldsymbol{Z}_k^{*}=\frac{1}{N}\sum_{k=1}^{N}\begin{bmatrix}z_1^2(k) & z_1(k)z_2^{*}(k)\\ z_1^{*}(k)z_2(k) & z_2^2(k)\end{bmatrix} \tag{3.25}$$

式中：N 为视数。

那么，矩阵中非对角线上的元素表示多视的复数干涉图，其中平均的过程已降低了噪声水平。综合 Wishart 分布和矩阵元素会得到振幅和相位的联合密度函数。综合该联合 PDF 和振幅会得到临界的相位密度函数：

$$p'(\varphi)=\frac{\Gamma\left(N+\dfrac{1}{2}\right)(1-d^2)^N d\cos(\varphi-\beta)}{2\sqrt{\pi}\Gamma(N)(1-d^2\cos^2(\varphi-\beta))^{N+\frac{1}{2}}}+\frac{(1-d^2)^N}{2\pi}\cdot F_1\left(N,1;\frac{1}{2};d^2\cos^2(\varphi-\beta)\right) \tag{3.26}$$

式（3.26）中 PDF 的个例可见图 3.29，其中视数 $N=5$，相干性从 0.3 变化为 0.9。分布函数的顶峰位于 ϕ 处，此时一般认为是在 0 值处。从图中可以看出，当相干性 $D=0$ 时相位是平均分布的，而当 $D=1$ 时，分布函数变成一个狄拉克 δ 函数。同时可以看出，多视处理过程可以提升相位精度，对视数较大的情况而言，相位方差将会变小。

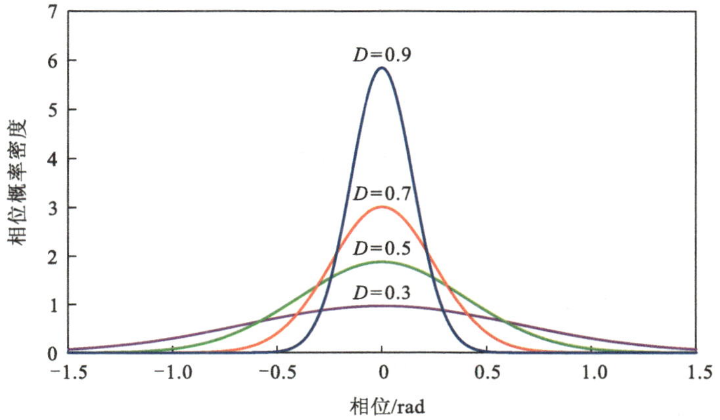

图 3.29　视数 $N=5$ 且理论相位 $\beta=0$ 时实际干涉相位的理论概率密度函数

3.3.2 InSAR 相位滤波经典方法

Goldstein 方法是最被认可的干涉图相位滤波方法之一，属于频率域滤波方法。该方法采用快速傅里叶变换（fast Fourier transform，FFT）方法将干涉相位从空间域转换到频率域，然后对变换后的功率谱进行平滑处理。在频率域中宽带信号可以被认为是噪声信号，而窄带信号被认为是有用信号，根据此特点，可以通过对转换后的信号进行平滑处理，从而达到对干涉相位图滤波的目的（高延东，2019）。

Goldstein 滤波方法首先根据窗口大小将相位条纹图 $I(x, y)$ 划分成相互重叠的相位块，其块与块的重叠面积一般不小于 70%，然后对其进行快速傅里叶变换将其转换到频率域：

$$S(u,v) = |\mathrm{FFT}\{I(x,y)\}| \tag{3.27}$$

将求得的各个相位块的功率谱 $S(u, v)$ 与矩形平滑窗口 $W(u, v)$（通常为 3×3）进行卷积运算可得

$$\hat{S}(u,v) = S(u,v) \otimes W(u,v) \tag{3.28}$$

通过非线性运算由功率谱导出滤波结果 $Z(u, v)$，计算公式为

$$Z(u,v) = [\hat{S}(u,v)]^{\alpha} \tag{3.29}$$

式中：α 为滤波参数，通常位于[0, 1]内。将上述导出的自适应滤波 $Z(u, v)$ 乘以傅里叶变换后的干涉图相位块 $S(u, v)$，从而计算出滤波后的频率域干涉图相位块。最后使用快速傅里叶逆变换把获得滤波后的频率域相位块恢复至空间域的 $\hat{I}(x,y)$。逐一相位块进行以上步骤操作，直至划分的所有相位块都经过该滤波处理，计算公式为

$$\hat{I}(x,y) = \mathrm{FFT}^{-1}\{S(u,v)Z(u,v)\} \tag{3.30}$$

当 $\alpha=0$ 时，即 $Z(u, v)$ 为 1，无滤波效果；而当 $\alpha=1$ 时，即 $Z(u, v)$ 为由矩形平滑窗口构成的低通滤波，滤波效果非常强。提高滤波参数 α 值，有利于增强相位图的相干性。但当使用较大 α 值时，在从含有噪声的相位图中减去滤波后的相位图后，会出现残留的系统相位趋势，表明滤波过程中分辨率受到损失。此外，由于干涉图中相位噪声水平分布的不均匀性，如果对整幅干涉图采用固定的 α 值进行相关滤波操作，则会导致滤波的自适应性降低，可能会在高相干地区存在过滤波、而在低相干地区存在欠滤波的现象，难以选择合理的全局滤波参数 α 值。

3.3.3 复杂地形 InSAR 相位噪声消除

小波分析方法是一种频率窗和时间窗均可改变的时频局部化分析方法（巩萍 等，2005）。基于小波分析的相位滤波方法既能去除噪声，又能保持相位突变时的相位值（潘泉 等，2007；石为人 等，2002）。

1. InSAR 相位噪声模型

InSAR 相位质量可通过相干性来评估（Abdelfattah et al.，2006）。信号受噪声的影响与信号干涉的形式类似，即振幅的损失是乘积性的，而相位的损失是累加性的。根据式（3.26），Lee 等（1998）证实了：由于干涉相位 φ 的分布是关于 ϕ 点对称的，所以 ϕ 为相

位的均值，相位标准差是与ϕ无关的。因此，φ可由一个实数域中的噪声加法模型来表述：

$$\varphi_z=\varphi_x+\nu \tag{3.31}$$

式中：φ_z为观测相位值；φ_x为要计算的原始相位值；ν为零均值的噪声，且标准差为σ_ν。在实域中，该相位噪声模型存在相位跳变的问题。这是由于干涉相位在$(-\pi,+\pi]$的取值范围内缠绕。实际值为$-\pi$的相位和复数形式下的$+\pi$是等同的。因此，相位由$-\pi$跳变到$+\pi$。在解缠之前，为了避免对实际上连续而形式上跳变的相位边缘处进行滤波，在复数域下进行干涉相位滤波会更有利一些，因为复数域下不存在相位数值跳变的现象。此外，干涉相位可以看作单位圆上的某个点，即

$$e^{j\varphi_z}=\cos\varphi_z+j\sin\varphi_z \tag{3.32}$$

因此相位噪声模型[式（3.31）]就可以按照式（3.32）的形式对实部和虚部分别进行转换，得到复数形式的干涉相位噪声模型：

$$\begin{cases}\cos\varphi_z=\cos\varphi_x\underbrace{\cos\nu}_{\nu_1}-\sin\varphi_x\underbrace{\sin\nu}_{\nu_2}\\ \sin\varphi_z=\nu_1\sin\varphi_x+\nu_2\cos\varphi_x\end{cases} \tag{3.33}$$

式中：原始相位φ_x和噪声量ν就被分开了。Lopez-Martinez 等（2002）已经使用模拟数据和真实数据验证了该模型，并给出了一个更为实用的复数模型：

$$\begin{cases}\cos\varphi_z=N_c\cos\varphi_x+\nu_c\\ \sin\varphi_z=N_c\sin\varphi_x+\nu_s\end{cases} \tag{3.34}$$

式中：N_c为噪声ν_1的均值，即ν_1可以表示为N_c加上一个零均值的随机数ν_1'：

$$\nu_1=\cos\nu=N_c+\nu_1' \tag{3.35}$$

同样，对于ν_2有

$$\nu_2=\sin\nu=N_s+\nu_2' \tag{3.36}$$

即

$$\begin{cases}\cos\varphi_z=N_c\cos\varphi_x+\nu_1'\cos\varphi_x-N_s\sin\varphi_x-\nu_2'\sin\varphi_x\\ \sin\varphi_z=N_c\sin\varphi_x+\nu_1'\sin\varphi_x+N_s\cos\varphi_x+\nu_2'\cos\varphi_x\end{cases} \tag{3.37}$$

式中：$N_s=0$为噪声ν_2的均值；ν_2'为零均值的随机量。因此，ν_c和ν_s表示为

$$\begin{cases}\nu_c=\nu_1'\cos\varphi_x-\nu_2'\sin\varphi_x\\ \nu_s=\nu_1'\sin\varphi_x+\nu_2'\cos\varphi_x\end{cases} \tag{3.38}$$

2. 小波域多尺度滤波基础

小波变换可将信号分解为低频（近似值或残差）和高频（细节）的各个频率成分（Mallat，1998）。它的系数合集是原始信号的金字塔多尺度形式。多尺度的最低等级代表了原始信号的整体成分，而其他等级则代表了不同程度的细节信息。原始信号可通过合成这些整体的和细节的成分来进行恢复。对于离散小波变换（discrete wavelet transform，DWT），分解和重建均通过滤波过程来进行，称为小波滤波器库。为了保证小波变换的线性特征，需要使用理想的 DWT 滤波器（Vidakovic，1999）。

小波域下的滤波支持空间域和频率域的信号处理（Hess-Nielsen et al.，1996），在面对许多不确定的问题时是有优势的，比如对于雷达影像（Odegard et al.，1995）和特殊的 SAR 干涉处理（Zhou et al.，1999）。并且从经验上看，小波基要比像素形式或频率域

更能有效反映现实世界，这是因为小波能够更加明了地表示复杂的信号结构，基于小波分解的滤波技术比基于像素或频域的传统方法能更好地分离信号和噪声。从理论上来说，小波基对各种类型的信号是无条件限制的，因此小波变换对噪声消除是非常理想的（Donoho et al.，1995）。

因此，本书基于小波分析的 InSAR 相位滤波顾及了以下几个关键点。

（1）滤除 InSAR 相位噪声对某些特定测量应用（如从 InSAR 相位中提取地形）是必需的。因此，在 InSAR 的实际应用中，滤波后干涉图条纹边缘的位置不得改变。

（2）干涉图中的条纹在滤波后必须被保留，小波函数的特点就在于能够很好地保留条纹特征，比如边缘。

（3）小波域的滤波不需要类似传统方法的窗口操作，而传统方法对原始信号的处理是基于窗口操作的。

综上所述，小波理论为非稳定信号的时频分析提供了一个新的强有力工具。小波变换的优越性主要在于它可以对信号的不同频率成分进行局部描述，与短时谱分析不同的是，小波变换可以同时提供信号在频率和时间（空间）上的局部信息。小波变换已被广泛地应用到信号和影像的处理中。Braunisch 等（2000）曾提出了一种基于 Mallat 小波分解的软阈值 SAR 干涉图滤波算法，但在基于 Mallat 小波分解与重建的软阈值算法中，很难选择合适的阈值使滤波后的干涉图达到令人满意的效果。岳焕印等（2002）提出了一种干涉图的小波域多尺度滤波算法，对干涉图的实部和虚部分别进行处理，用 Pearson 分布系确定了信号和噪声项小波系数的概率密度函数，然后用最大后验概率准则估计无噪数据的小波系数。

本书在 InSAR 相位统计特征和失相干的基础上，对 InSAR 相位噪声进行建模，研究并提出一种改进的小波域多尺度 InSAR 相位噪声滤波方法。

3. 复数小波 InSAR 相位滤波

Lopez-Martinez 等（2002）提出了复数干涉相位噪声模型在小波域中的形式。假设二维离散小波变换的滤波器是理想的，则小波域下的复数干涉相位噪声模型可表示为

$$\begin{cases}\mathrm{DWT}_{2\mathrm{D}}(\cos\varphi_z)=2^i N_\mathrm{c}\cos\varphi_x^\omega+\nu_\mathrm{c}^\omega\\ \mathrm{DWT}_{2\mathrm{D}}(\sin\varphi_z)=2^i N_\mathrm{c}\sin\varphi_x^\omega+\nu_\mathrm{s}^\omega\end{cases}\tag{3.39}$$

式中：ν_c^ω 和 ν_s^ω 分别为噪声项 ν_c 和 ν_s 在第 2^i 阶的 DWT 形式；φ_x^ω 为复数小波域下的相位信息。该模型的主要特征可以总结为以下几点。

（1）每当计算各小波尺度时，离散小波变换使原始信号成分以 2 的指数增加，而保持各级的噪声不变，因为噪声成分的方差在小波域和空间域中是一样的（$\sigma_{\nu_\mathrm{c}^\omega}^2=\sigma_{\nu_\mathrm{c}}^2$ 且 $\sigma_{\nu_\mathrm{s}^\omega}^2=\sigma_{\nu_\mathrm{s}}^2$）。这使每个小波分解级的信号成分都有所提升。

（2）由实部和虚部平方和所计算得到的小波系数的强度与噪声成分 ν_1 的均值 N_c 是直接相关的。小波系数的强度均值可表示为

$$E\{|\mathrm{DWT}_{2\mathrm{D}}(\mathrm{e}^{\mathrm{j}\varphi_z})|^2\}=2^{2i}N_\mathrm{c}^2+\sigma_{\nu_\mathrm{c}^\omega}^2+\sigma_{\nu_\mathrm{s}^\omega}^2\tag{3.40}$$

当小波系数只包含噪声的时候（比如 $N_\mathrm{c}=0$，即 N_c 随着相干性单调递增），它的值则简化为 $\sigma_{\nu_\mathrm{c}^\omega}^2+\sigma_{\nu_\mathrm{s}^\omega}^2$。然而，当 $N_\mathrm{c}\neq 0$，并考虑 3 个小波分解级的时候，$\sigma_{\nu_\mathrm{c}^\omega}^2+\sigma_{\nu_\mathrm{s}^\omega}^2$ 相比 $2^6N_\mathrm{c}^2$

是可以忽略不计的（Lopez-Martinez et al.，2002），此时有

$$E\{|\mathrm{DWT}_{2\mathrm{D}}(\mathrm{e}^{\mathrm{j}\varphi_z})|^2\} \simeq 2^{2i} N_\mathrm{c}^2 \tag{3.41}$$

（3）小波系数 φ_z^ω 的相位可表示为

$$\arg[\mathrm{DWT}_{2\mathrm{D}}(\mathrm{e}^{\mathrm{j}\varphi_z})] = \arctan\left(\frac{2^i N_\mathrm{c} \sin\varphi_x^\omega + \nu_\mathrm{s}^\omega}{2^i N_\mathrm{c} \cos\varphi_x^\omega + \nu_\mathrm{s}^\omega}\right) \tag{3.42}$$

式中：arg[ ]表示复数的幅角。当小波系数只包含噪声时，它的相位为

$$\arg[\mathrm{DWT}_{2\mathrm{D}}(\mathrm{e}^{\mathrm{j}\varphi_z})] = \arctan\left(\frac{\nu_\mathrm{s}^\omega}{\nu_\mathrm{s}^\omega}\right) \tag{3.43}$$

而且，当分解级数较多（≥3）且 $N_\mathrm{c} \neq 0$ 时，则干涉小波相位为

$$\arg[\mathrm{DWT}_{2\mathrm{D}}(\mathrm{e}^{\mathrm{j}\varphi_z})] = \arctan\left(\frac{2^i N_\mathrm{c} \sin\varphi_x^\omega}{2^i N_\mathrm{c} \cos\varphi_x^\omega}\right) \simeq \varphi_x^\omega \tag{3.44}$$

由此，可以推导出不带噪声的原始信号的缠绕相位。

同时，为了克服滤波后干涉图中由掩膜生长过程中外推所得到的不一致性，本书提出的方法做了两点自适应处理：①在小波逆变换过程中顾及了由相干性提取的自适应掩模图，降采样到相应小波分解尺度的分辨率；②阈值自适应，阈值是由 4 个等价的信号波段计算的，而不是所有的信号波段。

根据小波域中干涉相位噪声模型的上述特性，本书提出的相位滤波方法流程如图 3.30 所示，其中 i 表示分解级数。所采用的滤波方法则是基于使用离散数字变换的小波残余波段的分析，由 6 个步骤组成。

（1）对复数干涉相位进行三级小波变换。在第三个分解级别中，对所有波段（信号 a_2 + 各第二分解级 d_2）采用小波滤波器，进行离散小波包变换（discrete wavelet package transform，DWPT）。这是为了获取第一分解级别中，信号的小波系数强度以 2^3 为基的固定增长率。图 3.31 表示复数干涉相位图的离散小波包分解过程。

（2）生成掩膜。通过信号质量 Γ_sig 和阈值 Th_ω 来确定掩膜的像素。信号质量通过下式计算：

$$\Gamma_\mathrm{sig} = \frac{I_\omega - 2^{2i}\sigma_\omega^2}{I_\omega} \tag{3.45}$$

式中：I_ω 为低频子带（a_2 和所有 d_2）中小波系数的强度；σ_ω^2 为噪声带 d_1 中的 I_ω 所对应的空间域噪声方差。

为了得到小波信号系数，对 Γ_sig 采用阈值 Th_ω 来区分信号和噪声，Γ_sig 大于阈值 Th_ω 则为信号系数，反之为噪声系数。因为 a_2 和 d_2 不是同一个处理过程的结果系数，所以不拥有相同的信号动态。在 Buccigrossi 等（2001）的研究中，d_2 的子带符合广义高斯分布（generalized Gaussian distribution，GGD），而 a_2 却不是。因此本小节为每种子带定义了两个阈值，记为 $\mathrm{Th}_{\omega a}$ 和 $\mathrm{Th}_{\omega d}$。这两个阈值是根据子带动态的均值计算得到的，反映了在哪个相干性水平上进行信号处理。在所得到的掩膜上，被检测为信号的系数将被排除，以减少噪声效应。

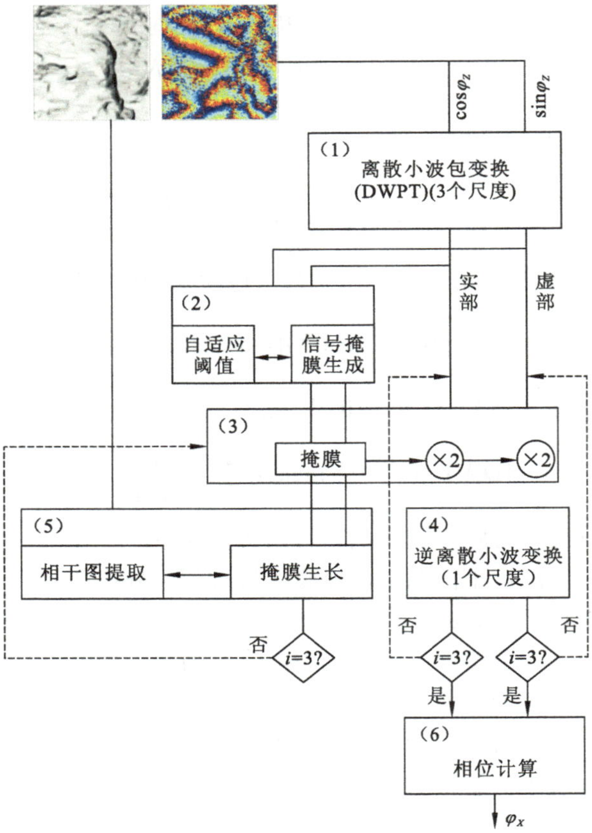

图 3.30　小波域下的多尺度相位滤波处理流程

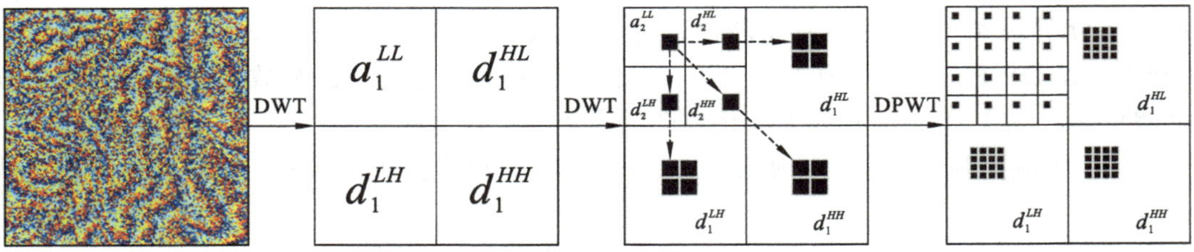

图 3.31　对复数干涉相位图进行小波变换的过程

（3）将检测为信号的系数的实部和虚部分别乘以 2，而噪声系数则保持不变。

（4）进行逆小波变换，但只降低一个小波级数。

（5）为了获取上述长基线级中的信号系数的掩膜，可由步骤（2）中得到的掩膜获取新的掩膜。2^{i-1} 级上的 4 个子带，每一个都分别再分解成 2^i 级上的 4 个子带，2^{i-1} 级上 1～4 个空间之间的关系已由小波系数构建。首先，通过一个逻辑或操作将 2^i 级上的 4 个掩膜进行合并。然后，将这个合并后的掩膜的尺度翻倍，以适应 2^{i-1} 级上的子带尺度。此时并非将 2^{i-1} 级子带上的 4 个像素系统地归到同一类。本小节从原始的 InSAR 相干图中得到一个降采样的相干图，这个相干图和 2^{i-1} 级子带具有相同的尺寸。然后，掩膜的生长是根据 2^{i-1} 级子带上 4 个像素的相干性来进行的。图 3.32 表示的是 2^i 级上的某个点 (m,n) 及它在 2^{i-1} 级上对应的 4 个点 $\{(k,l);(k,l+1);(k+1,l);(k+1,l+1)\}$ 的掩膜生长例子，服从下列规则。

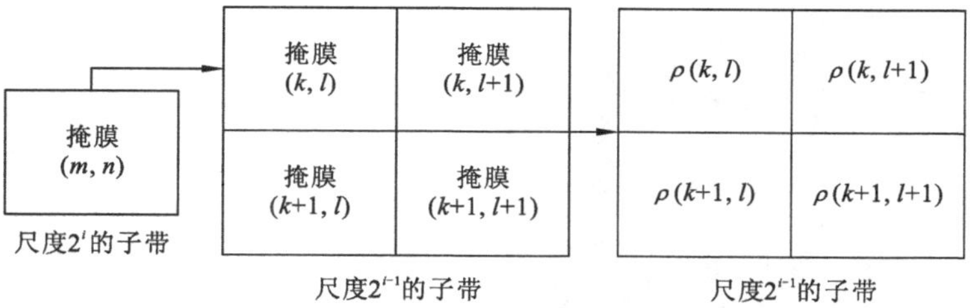

图 3.32 顾及 InSAR 相干图的掩膜生长过程

规则一：如果掩膜上的点(m,n)为一个信号像素，则当$|\rho(k,l)-\rho_p|\leqslant\varepsilon_c$（其中$p\in\{(k,l);(k,l+1);(k+1,l);(k+1,l+1)\}$）时，$p$为信号系数，反之$p$为噪声系数。

规则二：如果掩膜上的点(m,n)为一个噪声像素，则当$|\rho(k,l)-\rho_p|\leqslant\varepsilon_c$（其中$p\in\{(k,l);(k,l+1);(k+1,l);(k+1,l+1)\}$）时，$p$为噪声系数，反之$p$为信号系数。

也就是说，如果合并后掩膜上的某个像素是信号，那么它所对应的 4 个像素，在2^{i-1}级上依然是信号像素，否则就分类为噪声。这一系列生成下来的掩膜可以有效地获取原始数据中的信号。

接着，重复进行步骤（3）～（5）（即图 3.30 中虚线所表示的），一共重复 3 次，以获取原始数据中的复数信号。

（6）用上述算法得到的复数数据计算相位值，可得原始干涉相位的估值φ_X。

3.3.4 试验与分析

评价 InSAR 相位噪声滤波的效果主要有三个方面，即目视效果、去除斑点噪声的能力和保持相位图边缘细节的能力。除了目视效果的定性分析，还可通过两种方法来评估噪声滤波的精度。

（1）通过干涉相位在滤波前后间的峰值信噪比[式（3.46）]来评估噪声滤波的精度。

$$\mathrm{PSNR}=10\lg\left(\frac{(2\pi)^2}{\mathrm{MSE}}\right) \tag{3.46}$$

式中：MSE 为干涉相位图在滤波前后的均方差。

（2）通过真实干涉图在滤波前后的分布差异来评估噪声滤波的精度。

为了验证方法的可靠性和有效性，分别采用模拟干涉图和真实干涉图，将本书提出的相位滤波方法与 Lee 方法滤波、改进的 Goldstein 方法滤波进行比较与分析。

1. 模拟干涉图滤波

采用模拟干涉图比较，相当于知道干涉图的真值，可以更有效地判断滤波方法的性能。利用现有的地形数据和卫星观测几何参数模拟地形相位干涉图，附加噪声污染并采用各种方法进行相位滤波。图 3.33 为模拟干涉图各种方法滤波结果，其大小为 200×200 像素。从目视效果看，Lee 方法滤波消除了大部分噪声，但对相位细节信息的保持能力较差；改进的 Goldstein 方法滤波去噪不均匀，部分区域存在大量噪声，局部地区的细节信息淹没在噪声中；本书方法整体去噪平滑，且细节信息保持良好，与未含噪声相位图（即真实值）相近。

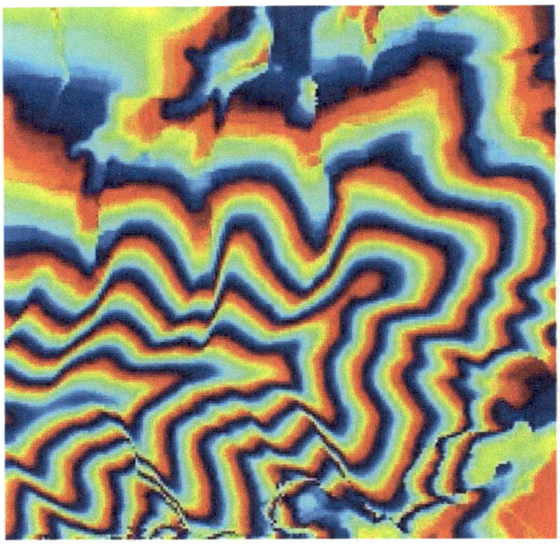

（a）模拟干涉相位图

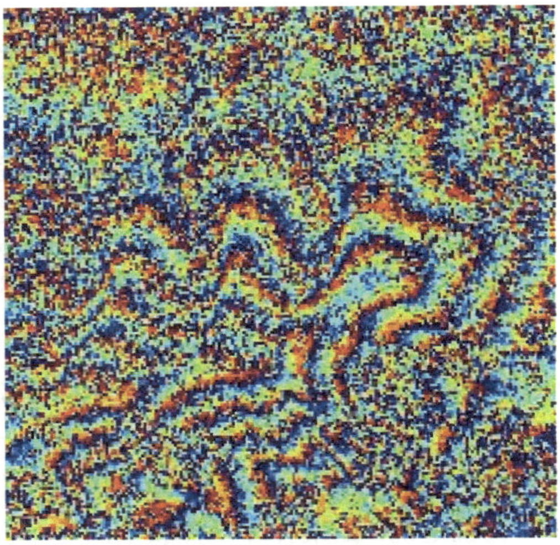

（b）加噪声干涉相位图

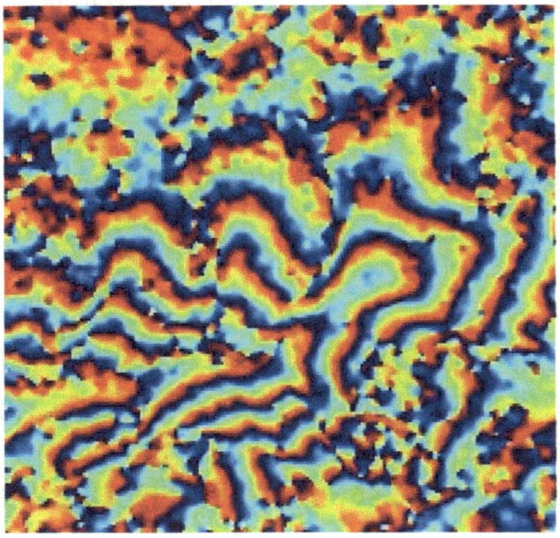

（c）Lee 方法滤波

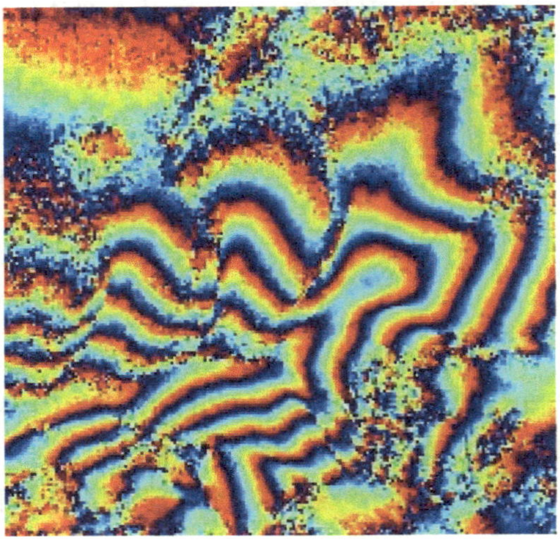

（d）改进的 Goldstein 方法滤波

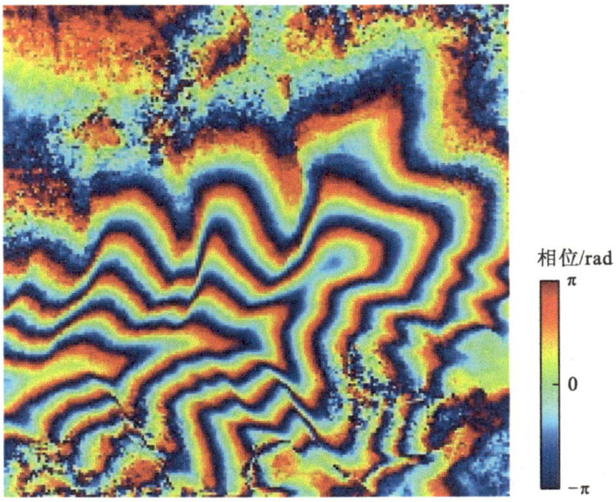

（e）本书方法滤波

图 3.33　模拟干涉相位图滤波结果

在模拟的干涉相位图滤波结果中，选择具有代表性的第 115 行的相位值进行比较。从图 3.34 中可以看出，Lee 方法滤波一定程度上改变了相位梯度，不能很好地保持相位边缘和细节信息；改进的 Goldstein 方法滤波剖面图含有很多毛刺，噪声未滤除干净；而本书方法既保留了细节信息又明显地抑制了噪声，与未含噪声的相位剖面图最接近。

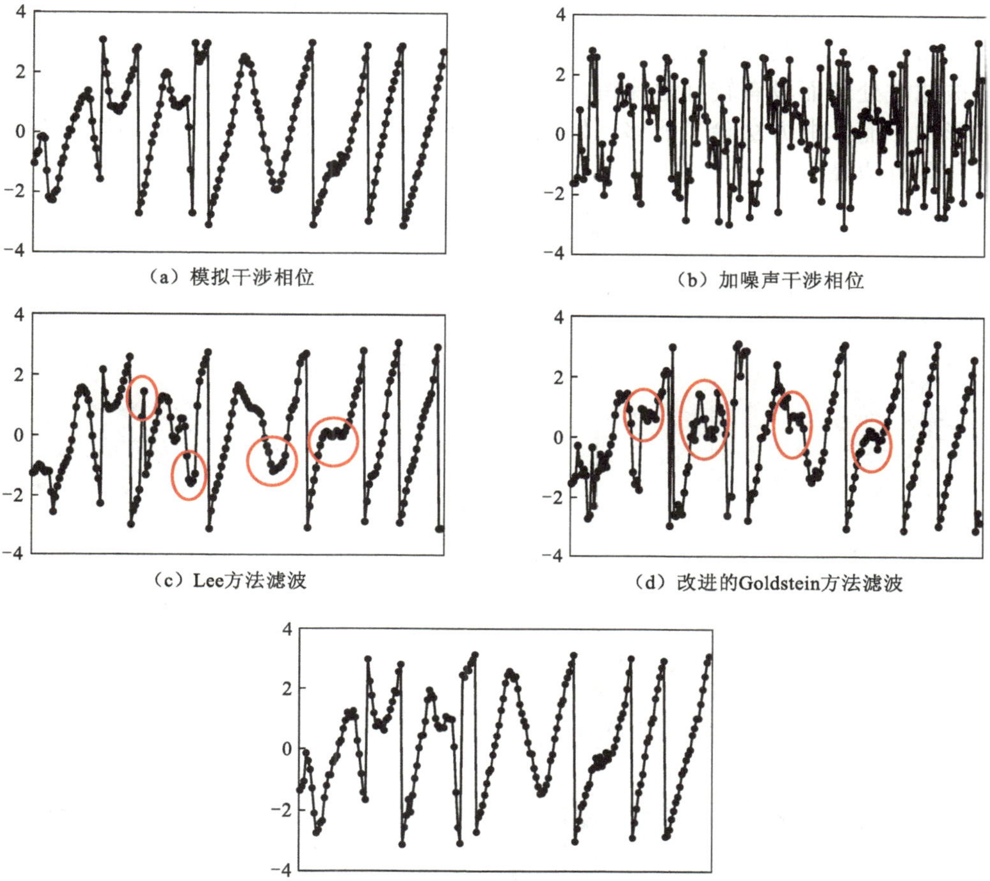

（a）模拟干涉相位　（b）加噪声干涉相位

（c）Lee方法滤波　（d）改进的Goldstein方法滤波

（e）本书方法滤波

图 3.34　干涉图第 115 行剖面相位

2. 真实干涉图滤波

分别采用本书提出的滤波方法及两种经典的 InSAR 相位自适应滤波方法（Lee 方法和改进的 Goldstein 方法），对高分三号嵩山地区的去平干涉图进行相位噪声滤波对比试验。根据 Abdelfattah 等（2008）的研究，采用 Daubechies-20 小波变换，以获得 InSAR 相位噪声滤波最佳的峰值信噪比。

图 3.35 是相位图的部分区域，原始干涉相位图几乎被斑点噪声所淹没，而经过三种滤波方法分别处理后，相位图的信噪比有了不同程度的提升，由目视效果可以看出，Lee 方法的滤波结果还保留了一定比例的相位噪声，而改进的 Goldstein 方法和本书方法对噪声的去除效果相当，从视觉上可以判断改进的 Goldstein 方法和本书方法的相位去噪能力要明显高于 Lee 方法，因此本小节主要对改进的 Goldstein 方法与本书方法进行对照分析。

可以看出，改进的 Goldstein 方法的结果还保留了少量噪声信号，但有效信号成分却在一定程度上受到损失。而经过本书方法滤波处理后的相位图上，不仅噪声水平要略低于改进的 Goldstein 方法，并且对相位细节和边缘的保留程度要高一些。图 3.36 为图 3.35 中的局部细节展示，可以观察到，Lee 方法对相位细节和条纹边缘有一定的保留能力，但较高的噪声水平依然干扰了真实相位的提取，而改进的 Goldstein 方法虽然整体上取得了较好的效果，但是对于部分区域，受滤波的影响模糊了细节成分，甚至相位跳变的边缘被滤波处理而没有较好地保留，这对后续的解缠乃至地形或形变的反演会产生不利的影响，而本书方法除了能够较好地滤除相位噪声，还能较完整地保留原有的相位细节和条纹边缘。

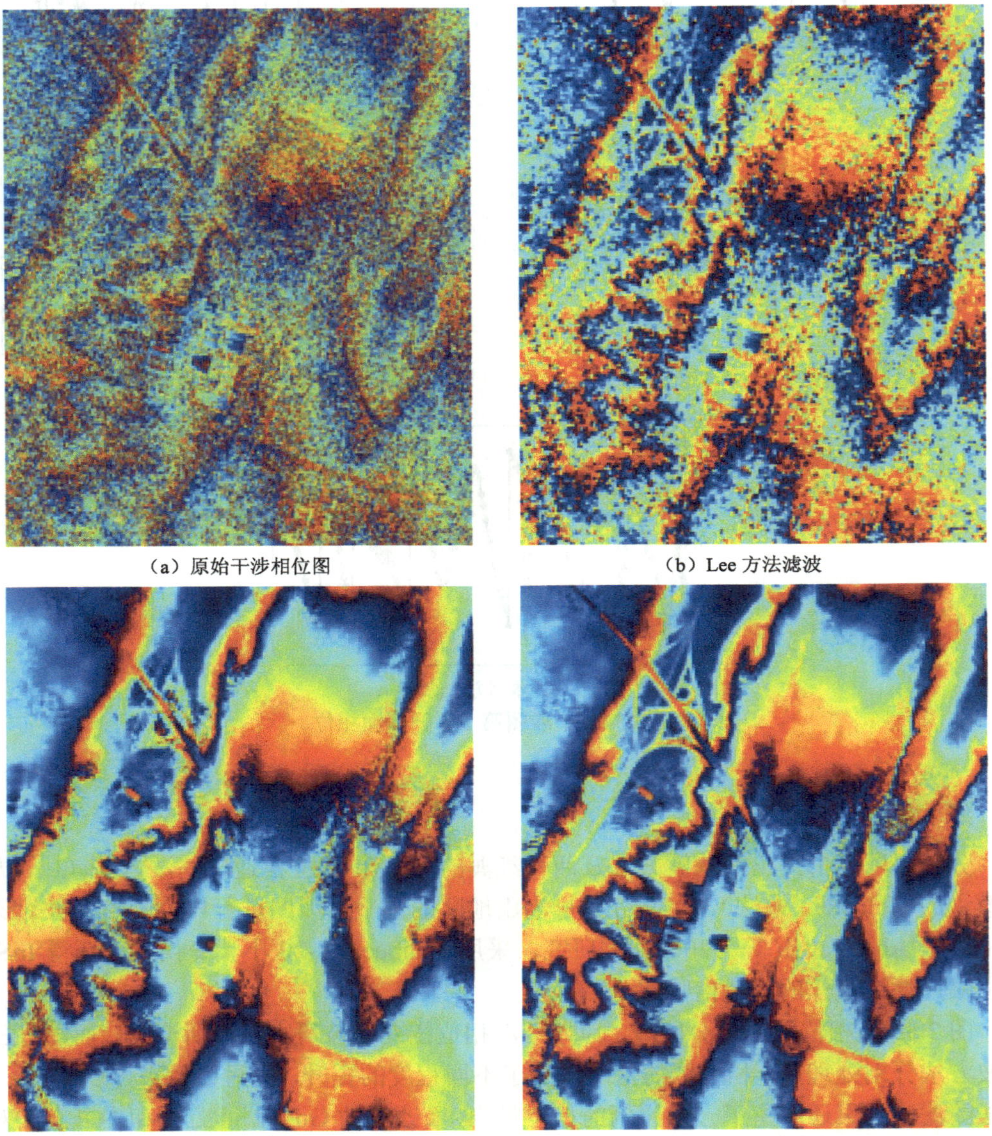

（a）原始干涉相位图　（b）Lee 方法滤波

（c）改进的 Goldstein 方法滤波　（d）本书方法滤波

图 3.35　三种相位滤波方法的结果对比

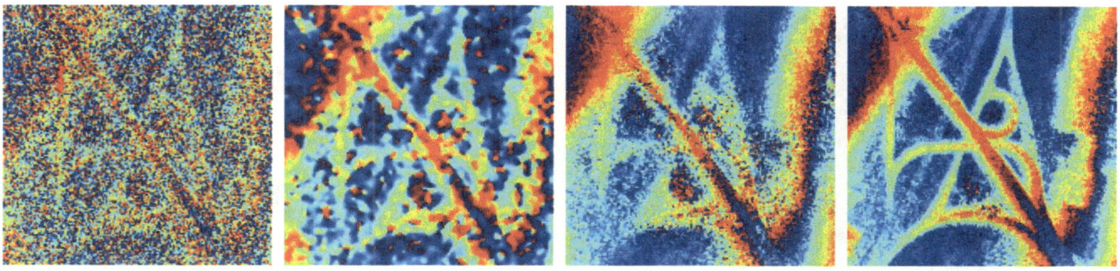

（a）原始干涉相位图 1　　（b）Lee 方法 1　　（c）改进的 Goldstein 方法 1　　（d）本书方法 1

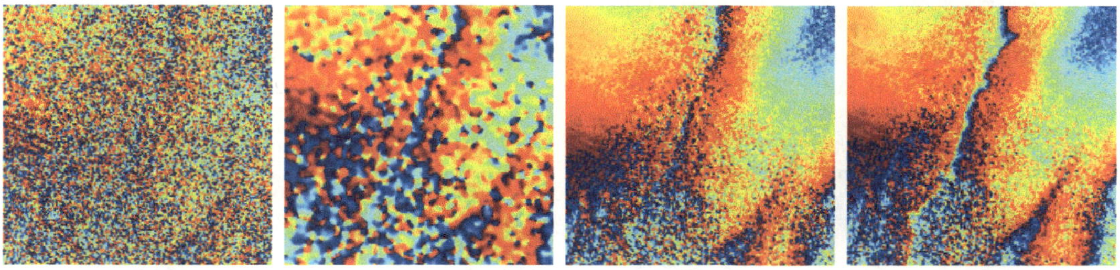

（e）原始干涉相位图 2　　（f）Lee 方法 2　　（g）改进的 Goldstein 方法 2　　（h）本书方法 2

图 3.36　三种相位滤波算法结果的细节对比

图 3.37～图 3.40 为各类目标各类地形使用三种相位滤波方法的比较。同样可以反映出本书方法对噪声去除和相位保留具有较为优秀的能力。

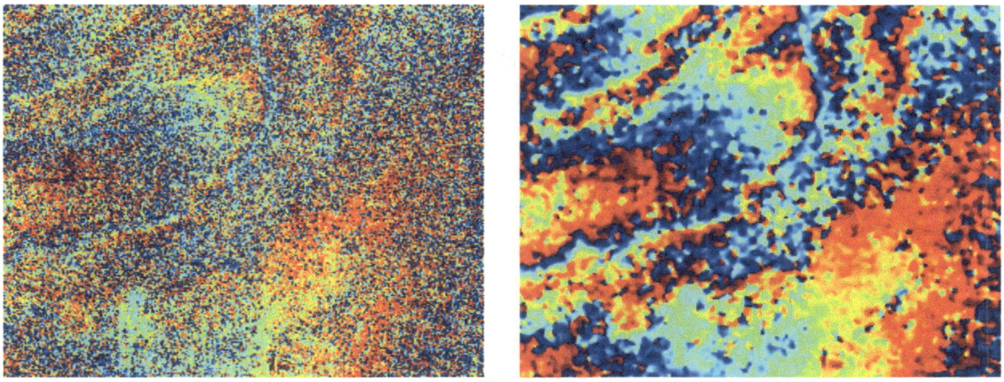

（a）原始干涉相位图　　（b）Lee 方法滤波

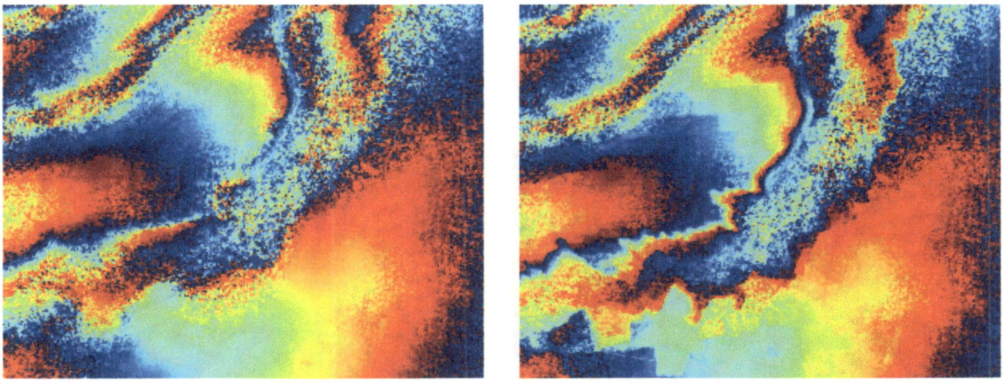

（c）改进的 Goldstein 方法滤波　　（d）本书方法滤波

图 3.37　三种相位滤波方法的局部结果对比 1

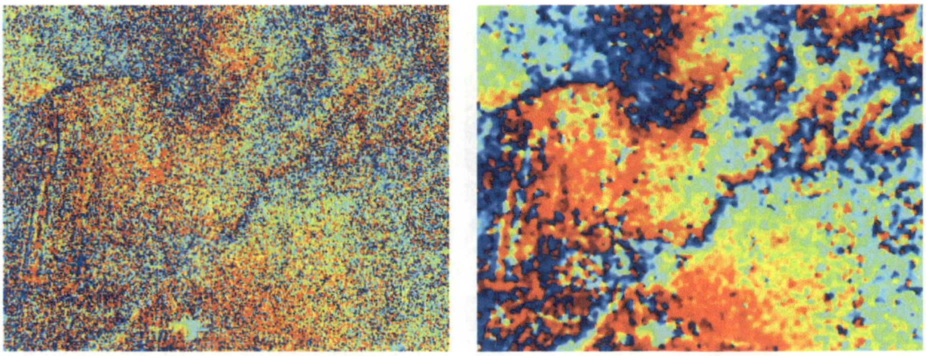

（a）原始干涉相位图　　（b）Lee 方法滤波

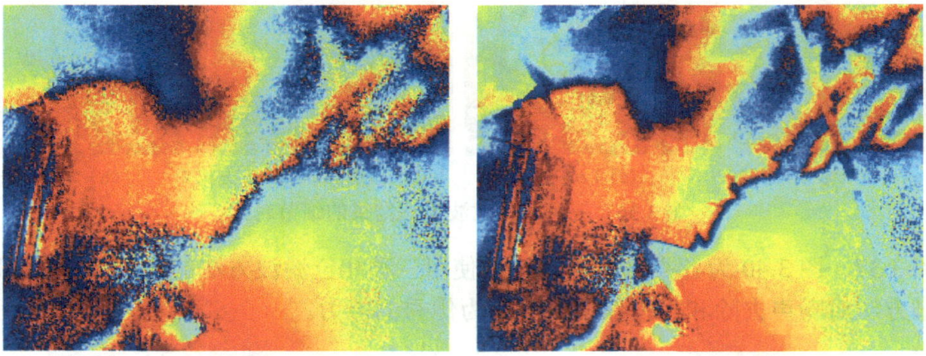

（c）改进的 Goldstein 方法滤波　　（d）本书方法滤波

图 3.38　三种相位滤波方法的局部结果对比 2

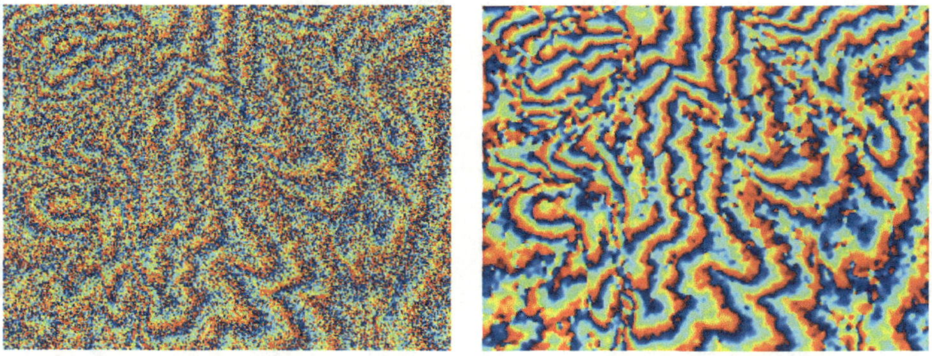

（a）原始干涉相位图　　（b）Lee 方法滤波

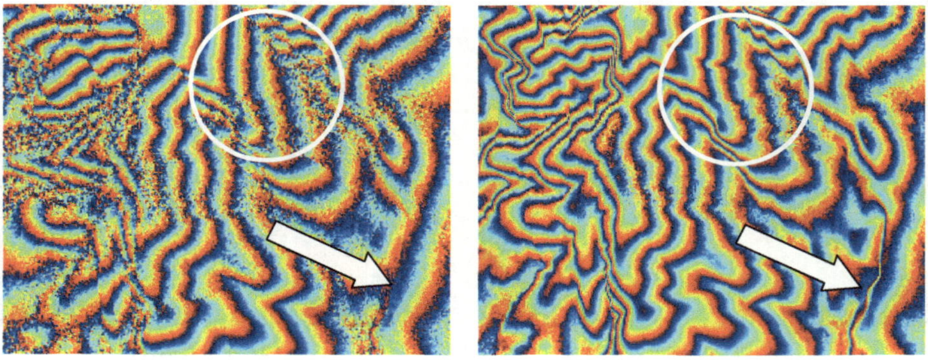

（c）改进的 Goldstein 方法滤波　　（d）本书方法滤波

图 3.39　三种相位滤波方法的局部结果对比 3

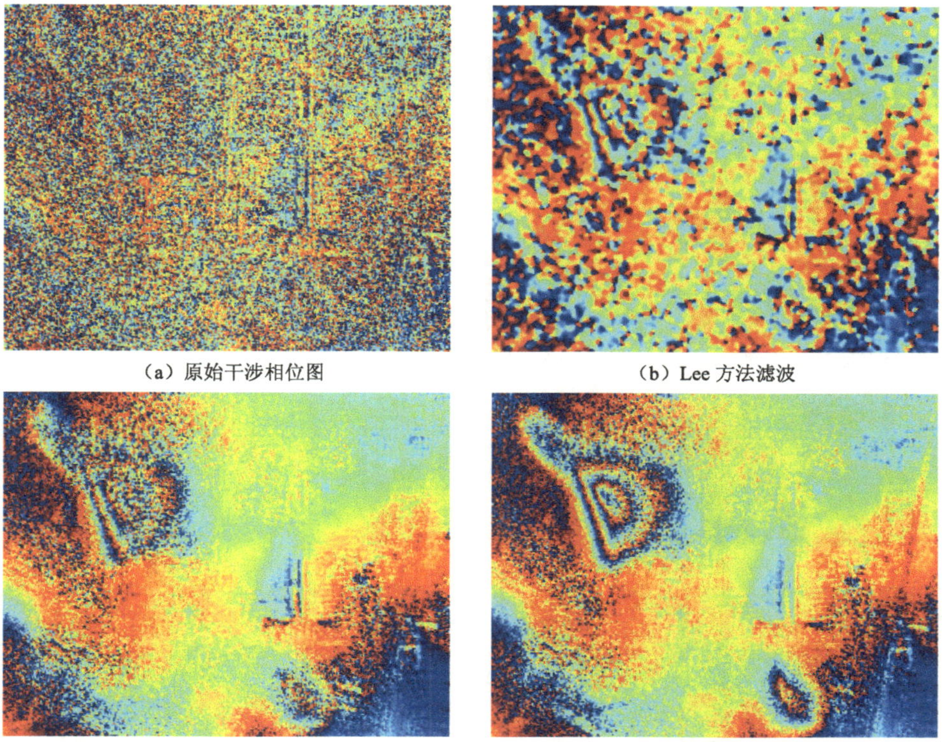

（a）原始干涉相位图　（b）Lee 方法滤波

（c）改进的 Goldstein 方法滤波　（d）本书方法滤波

图 3.40　三种相位滤波方法的局部结果对比 4

表 3.3 为图 3.35、图 3.37～图 3.40 中三种相位滤波方法的峰值信噪比数值对比，所采用的阈值参数的经验值分别为 $th_{\omega a}=-0.4$、$th_{\omega d}=-0.2$ 和 $\varepsilon_c=6\times10^{-4}$。表 3.3 中的结果表明，本书方法的峰值信噪比比 Lee 方法平均增加了 4 dB，比 Goldstein 方法的结果也有所增加。因此，本书使用小波域多尺度的相位噪声滤波方法，在去噪能力和相位保持能力方面，要优于经典的 Lee 滤波方法和改进的 Goldstein 滤波方法，这对国产高分辨率 InSAR 数据空间基线往往较大的情况是有利的，能够更精确地反演地形甚至建筑物，对充分挖掘国产 SAR 卫星在干涉技术领域的作用具有一定意义。

表 3.3　三种相位滤波方法的峰值信噪比数值对比　（单位：dB）

图片	Lee 方法	改进的 Goldstein 方法	本书方法
图 3.35	37.18	40.90	41.36
图 3.37	36.74	40.51	41.13
图 3.38	37.03	40.77	40.81
图 3.39	37.52	40.85	41.29
图 3.40	37.28	40.89	41.67

此外，本书对比了滤波前后的相位差，如图 3.41 和图 3.42 所示，通过 Lee 方法和改进的 Goldstein 方法滤除的相位包含了一定程度的地物形状信息，而本书方法则基本是零均值的且不包含任何影像细节，这说明了本书提出的滤波方法能有效地保留地形信息。

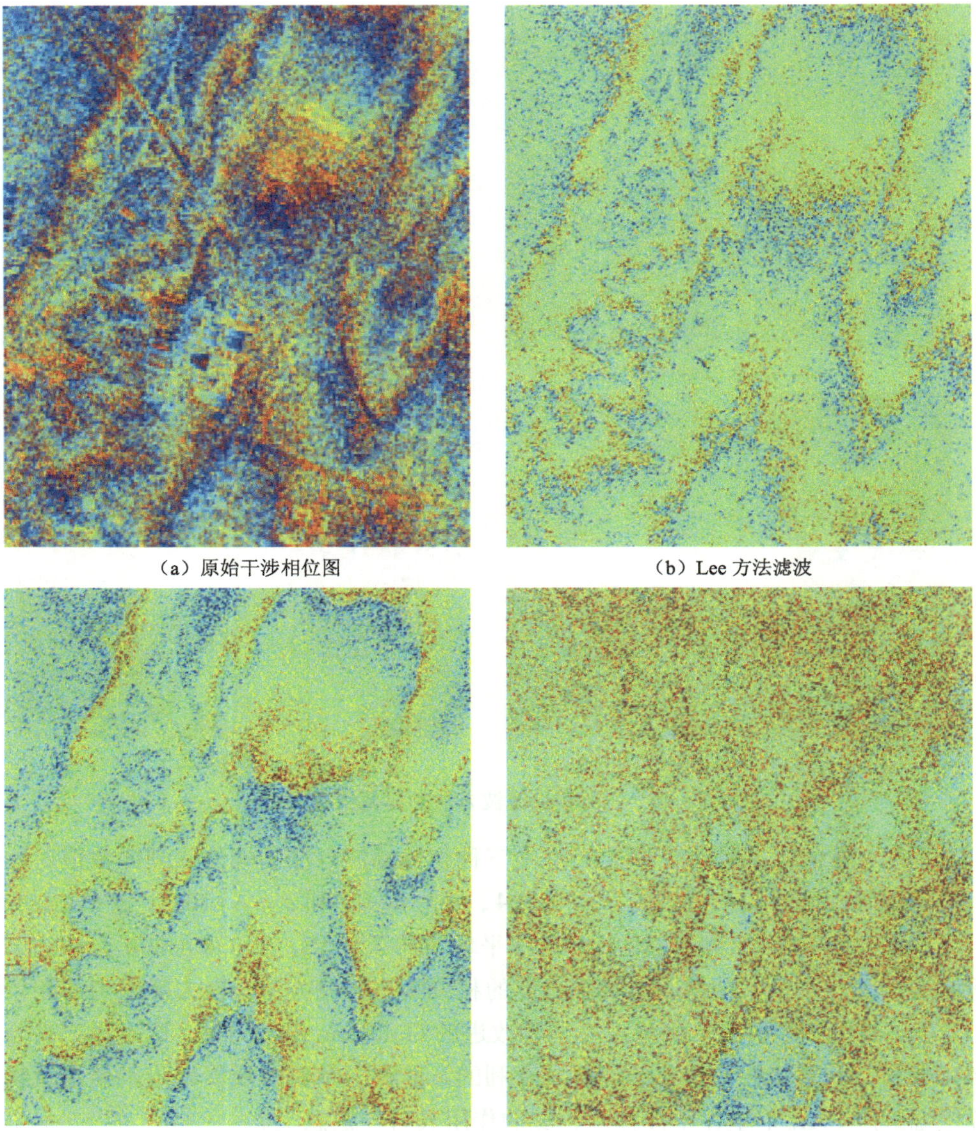

（a）原始干涉相位图　　（b）Lee 方法滤波

（c）改进的 Goldstein 方法滤波　　（d）本书方法滤波

图 3.41　三种方法滤波前后的相位差 1

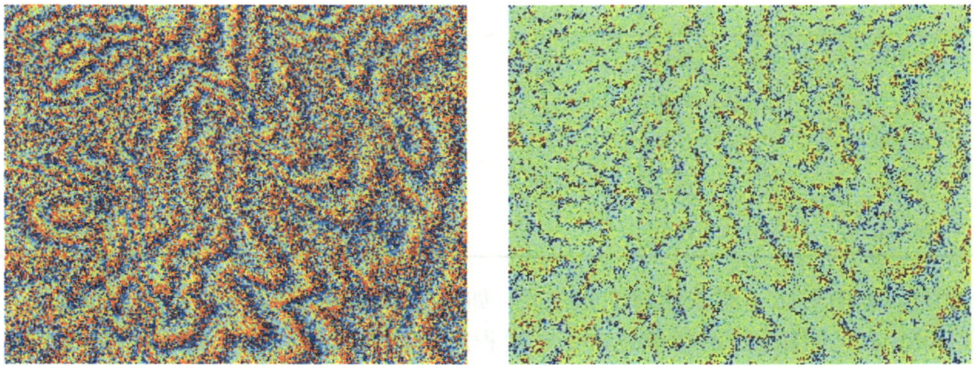

（a）原始干涉相位图　　（b）Lee 方法滤波

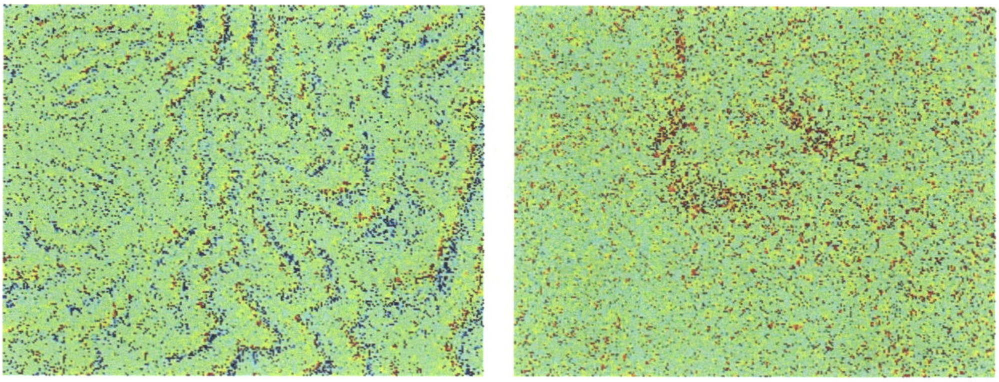

（c）改进的 Goldstein 方法滤波　　（d）本书方法滤波

图 3.42　三种方法滤波前后的相位差 2

3.4　复杂地形星载 InSAR 相位解缠

3.4.1　InSAR 相位解缠经典方法

最小费用流（minimum cost flow，MCF）方法是最被认可的干涉图相位解缠方法之一，属于基于网络规划的相位解缠方法，由 Costantini（1998）提出。该方法将残差点与相干系数结合起来计算，获得网络流的最小费用，然后布设枝切线对影像进行解算，可以较好地兼顾解缠准确性和效率问题。

MCF 方法首先获得缠绕相位相邻像素点的差值 $\Delta\varphi(x,y)$：

$$\begin{cases}\Delta\varphi_x(x,y)=\varphi(i+1,j)-\varphi(i,j)+2\pi k_x(i,j)\\ \Delta\varphi_y(x,y)=\varphi(i,j+1)-\varphi(i,j)+2\pi k_y(i,j)\end{cases}\tag{3.47}$$

式中：$\varphi(i,j)$为(i,j)处的缠绕相位；$k_x(i,j)$和 $k_y(i,j)$均为整数，可以用先验信息获得，由于积分路径的不同，$\Delta\varphi_x(i,j)$和 $\Delta\varphi_y(i,j)$并不能与相邻点梯度一样，因此可得

$$\begin{bmatrix}\varepsilon_x(i,j)\\ \varepsilon_y(i,j)\end{bmatrix}=\frac{1}{2\pi}\left\{\begin{bmatrix}\psi(i+1,j)\\ \psi(i,j+1)\end{bmatrix}-\begin{bmatrix}\Delta\varphi_x(i,j)\\ \Delta\varphi_y(i,j)\end{bmatrix}\right\}\tag{3.48}$$

式中：$\psi(i,j)$为(i,j)处的解缠相位；$\varepsilon_x(i,j)$ 和 $\varepsilon_y(i,j)$ 可以用如下最小化公式估计获得

$$\min(\varepsilon_x,\varepsilon_y)=\left\{\sum_{i,j}c_x(i,j)\,|\,\varepsilon_x(i,j)+\sum_{i,j}c_y(i,j)\,|\,\varepsilon_y(i,j)\right\}\tag{3.49}$$

根据式（3.48）和式（3.49）可以获得相位梯度，然后根据如下公式便可以获得最终的解缠相位：

$$\psi(i,j)=\psi(0,0)+\sum_{p=0}^{i-1}(\psi(p+1,0)-\psi(p,0))+\sum_{q=0}^{j-1}(\psi(j,q+1)-\psi(j,q))\tag{3.50}$$

以上就是 MCF 方法的基本原理，其具体实施步骤如下。

（1）计算输入相位的缠绕梯度场。

（2）从相位梯度场中检测残差点，并记录残差点的极性。

（3）构建费用流网络。在质量图被输入的情况下，按照质量图为每条边计算权重；未输入质量图的情况下，所有的边使用相同的权重。

（4）求解最小费用网络流，此处必须约束所有的网络流为正整数。

（5）根据最小费用网络流的求解结果，对梯度场进行补偿，得到无残差点的梯度场。

（6）按照从上到下、从左至右对无残差点的梯度场进行积分。

3.4.2 基于相位金字塔的复杂地形 InSAR 相位解缠

1. 算法基础

对 SAR 影像而言，其分辨率不足以达到一个分辨单元对应一个微散射体，使得许多微散射体被包含在一个分辨单元内，造成影像中的一个像素存储的信息实际是雷达电磁波与这些微散射体相互作用（加强或者减弱）的集合，在影像中则以斑点的形式表现出来（John et al.，2006）。相干成像的特点是其进行雷达干涉测量的基础，也带来了斑点噪声这个固有的问题，与其他来源的噪声相比更加难以去除。多视处理技术是抑制 SAR 影像斑点噪声的有效方法，主要是通过对同一像元采取多次独立样本，降低数据的不确定性，从而抑制斑点噪声。这种方法以降低空间分辨率为代价来提升影像的信噪比，换句话说，提高辐射分辨率是牺牲空间分辨率换取的，定义分割方位向或距离向频谱的数目为视窗，分割的手段是降低处理器带宽，视窗的个数就称为视数，它对应于前述的独立样本个数。InSAR 原始数据一般是单视数的，即未做过多视处理的数据，多视处理往往在形成干涉图之后进行。当采用不同视窗数进行多视时，SAR 影像会呈现出不同的分辨单元显示效果，一般而言，视窗数越多，其空间分辨率越低，但噪声抑制效果会更好。

但是，在 SAR 影像干涉测量高程时，多视的作用不仅仅是为了抑制噪声，实际处理中除了多视处理，在后续步骤中，还会采用干涉相位滤波来抑制相位噪声。相位解缠容易受到噪声和地形起伏的影响，噪声得到抑制，那么就剩下地形起伏，尤其是相位跳变超过$[-\pi, \pi]$，不满足 Iton 假设时（Spagnolini，1995），最终得到的相位结果也会出现解缠错误。因此，影像的多视可以使相位信息平均，尽管会丢失很多细节信息，但可以避免相位跳变导致的解缠错误。

本小节构建以多视数为尺度的相位金字塔，采用降频处理确保解缠正确性，通过大尺度结构下的解缠结果约束较小尺度相位图解缠，抑制解缠错误的传播扩散，逐级提高解缠相位分辨率，最终获得原始相位的解缠结果。

2. 算法流程

记待解缠的干涉相位矩阵为$\boldsymbol{\phi}$，距离向采样数为M，方位向采样数为N，即

$$\boldsymbol{\phi}=\begin{bmatrix} \phi_{1,1} & \cdots & \phi_{1,M} \\ \vdots & & \vdots \\ \phi_{N,1} & \cdots & \phi_{N,M} \end{bmatrix} \tag{3.51}$$

通过相位多视处理对$\boldsymbol{\phi}$进行l级分解，第k级（$0 \leqslant k \leqslant l$）相位矩阵的多视数为$2^k$，则以原始相位$\boldsymbol{\phi}$为第 0 级，各相位分解级按多视数大小共同形成$l+1$个层级的相位金字

塔，最高层级距离向和方位向的采样数分别为 $m = M/2^l$ 、 $n = N/2^l$ （假设 M 、 N 均能被 2^l 整除，否则舍弃余数），记为 ${}^l\boldsymbol{\phi}$ ：

$$ {}^l\boldsymbol{\phi} = ({}^l\phi_{i,j})_{n\times m} \tag{3.52} $$

${}^l\boldsymbol{\phi}$ 在相位金字塔的各层级中相位分辨率最低，而信噪比最高。当 l 越大，则 ${}^l\boldsymbol{\phi}$ 中各元素反映了原始相位中越多元素的相位平均结果，相位细节的损失越多，对于地形差分相位，其中形成像元间相位差值大的主要因素来自陡峭地形的高程残差，当 l 足够大时，这些长基线抖动的地形残差得到足够的平均， ${}^l\boldsymbol{\phi}$ 元素间的地形残差相位差异小，此时相位有较好的连续性，相位解缠的稳健性也随之提高，解缠精度可以得到保障。在实际数据处理中，取 $l=3$ 可以支持绝大多数情况下 ${}^l\boldsymbol{\phi}$ 相位滤波后的正确解缠。

对 ${}^l\boldsymbol{\phi}$ 进行滤波和解缠，获得 ${}^l\boldsymbol{\varphi}$

$$ {}^l\boldsymbol{\varphi} = ({}^l\varphi_{i,j})_{n\times m} \tag{3.53} $$

对解缠后 ${}^l\boldsymbol{\varphi}$ 中的元素 ${}^l\varphi_{i,j}$ 采用双线性插值算法进行 2 倍过采样计算，得到

$$ \begin{bmatrix} {}^{l-1}\varphi'_{2i-1,2j-1} & {}^{l-1}\varphi'_{2i-1,2j} \\ {}^{l-1}\varphi'_{2i,2j-1} & {}^{l-1}\varphi'_{2i,2j} \end{bmatrix} $$

${}^l\boldsymbol{\varphi}$ 所有元素过采样后得到距离向和方位向的采样数分别为 $2m$ 、 $2n$ 的相位矩阵 ${}^{l-1}\boldsymbol{\varphi}'$ ，其尺度与第 $l-1$ 层级相位金字塔一致。

$$ {}^{l-1}\boldsymbol{\varphi}' = \begin{bmatrix} {}^{l-1}\varphi'_{1,1} & {}^{l-1}\varphi'_{1,2} & \cdots & {}^{l-1}\varphi'_{1,2m-1} & {}^{l-1}\varphi'_{1,2m} \\ {}^{l-1}\varphi'_{2,1} & {}^{l-1}\varphi'_{2,2} & & {}^{l-1}\varphi'_{2,2m-1} & {}^{l-1}\varphi'_{2,2m} \\ \vdots & & & \vdots & \\ {}^{l-1}\varphi'_{2n-1,1} & {}^{l-1}\varphi'_{2n-1,2} & \cdots & {}^{l-1}\varphi'_{2n-1,2m-1} & {}^{l-1}\varphi'_{2n-1,2m} \\ {}^{l-1}\varphi'_{2n,1} & {}^{l-1}\varphi'_{2n,2} & & {}^{l-1}\varphi'_{2n,2m-1} & {}^{l-1}\varphi'_{2n,2m} \end{bmatrix} \tag{3.54} $$

同样地，差分干涉相位矩阵 ${}^{l-1}\boldsymbol{\phi}$ 主要体现了第 $l-1$ 层级尺度下的地形残差缠绕相位，可受到用于差分干涉的外部地形数据分辨率较低、精度较低等因素的影响，导致差分干涉相位局部梯度大，不利于相位解缠的正确进行。而 ${}^{l-1}\boldsymbol{\varphi}'$ 主要包含了地形残差的解缠相位，由第 l 层级相位矩阵 ${}^l\boldsymbol{\varphi}$ 直接双线性插值获得，实际相位细节的丰富程度低于 ${}^{l-1}\boldsymbol{\phi}$ ，此时将 ${}^{l-1}\boldsymbol{\phi}$ 与 ${}^{l-1}\boldsymbol{\varphi}'$ 相位相减，形成的双差分干涉相位中，局部长基线相位的梯度被降低，有效地抑制了 ${}^{l-1}\boldsymbol{\phi}$ 由地形残差大而导致的相位跳变，保障其解缠正确性。

如上所述，将第 $l-1$ 层级相位 ${}^{l-1}\boldsymbol{\phi}$ 与 ${}^{l-1}\boldsymbol{\varphi}'$ 进行相位差分计算，得到 ${}^{l-1}\Delta\boldsymbol{\phi}$ ，对于 ${}^{l-1}\Delta\boldsymbol{\phi}$ 中的元素 ${}^{l-1}\Delta\phi_{i,j}$ ，有

$$ {}^{l-1}\Delta\boldsymbol{\phi} = ({}^{l-1}\Delta\phi_{i,j})_{2n\times 2m} = (\langle {}^{l-1}\phi_{i,j} - {}^{l-1}\varphi'_{i,j} \rangle_{2\pi})_{2n\times 2m} \tag{3.55} $$

式中： $\langle\cdots\rangle_{2\pi}$ 为 2π 取模算子。对相位 ${}^{l-1}\Delta\boldsymbol{\phi}$ 进行相位滤波和相位解缠，得到解缠相位矩阵 ${}^{l-1}\Delta\boldsymbol{\varphi}$ 。将 ${}^{l-1}\boldsymbol{\varphi}'$ 与 ${}^{l-1}\Delta\boldsymbol{\varphi}$ 的矩阵相加结果作为第 $l-1$ 层级相位矩阵的解缠结果 ${}^{l-1}\boldsymbol{\varphi}$ ，通过双差分干涉相位解缠间接实现了差分干涉相位的解缠，避免了直接解缠时跳变相位导致的解缠错误。

$$ {}^{l-1}\boldsymbol{\varphi} = {}^{l-1}\boldsymbol{\varphi}' + {}^{l-1}\Delta\boldsymbol{\varphi} = ({}^{l-1}\varphi'_{i,j})_{2n\times 2m} + ({}^{l-1}\Delta\varphi_{i,j})_{2n\times 2m} = ({}^{l-1}\varphi_{i,j})_{2n\times 2m} \tag{3.56} $$

参照上述过程，依次实现相位金字塔第 $k(0 \leqslant k < l)$ 层级缠绕相位 ${}^k\boldsymbol{\phi} = ({}^k\phi_{i,j})_{(l-k+1)n\times(l-k+1)m}$

的解缠：对第 $k+1$ 层级解缠相位 ${}^{k+1}\boldsymbol{\varphi}=({}^{k+1}\varphi_{i,j})_{(l-k)n\times(l-k)m}$ 进行 2 倍过采样处理，生成与第 k 层级相同尺度的解缠相位 ${}^{k}\boldsymbol{\varphi}'=({}^{k}\varphi'_{i,j})_{(l-k+1)n\times(l-k+1)m}$；${}^{k}\boldsymbol{\phi}$ 与 ${}^{k}\boldsymbol{\varphi}'$ 进行相位差分计算得到缠绕相位 ${}^{k}\Delta\boldsymbol{\phi}=({}^{k}\Delta\phi_{i,j})_{(l-k+1)n\times(l-k+1)m}$，对 ${}^{k}\Delta\boldsymbol{\phi}$ 进行相位解缠生成 ${}^{k}\Delta\boldsymbol{\varphi}=({}^{k}\Delta\varphi_{i,j})_{(l-k+1)n\times(l-k+1)m}$；${}^{k}\Delta\boldsymbol{\varphi}$ 与 ${}^{k}\boldsymbol{\varphi}'$ 相位相加即得到第 k 层级相位 ${}^{k}\boldsymbol{\phi}$ 的解缠结果 ${}^{k}\boldsymbol{\varphi}=({}^{k}\varphi_{i,j})_{(l-k+1)n\times(l-k+1)m}$，直到实现第 0 级相位的解缠。

根据上述技术流程，按金字塔层级由高到低，依次实现 l+1～0 级相位金字塔的解缠，第 0 级解缠相位结果即为原始相位 $\boldsymbol{\phi}$ 的解缠结果。在这个过程中，通过足够多的视数对原始相位进行平均计算，以保证最高级相位的正确解缠，在此前提下，以最高级相位解缠结果为先验知识，逐级约束各层级相位的解缠计算，抑制原始相位跳变带来的不利影响，同时将正确解缠相位逐级传导，避免局部相位解缠误差的扩散，并逐级恢复正确解缠相位的细节信息，最终获得原始尺度相位矩阵的解缠结果。

图 3.43 为基于相位金字塔的多尺度降频解缠流程图。

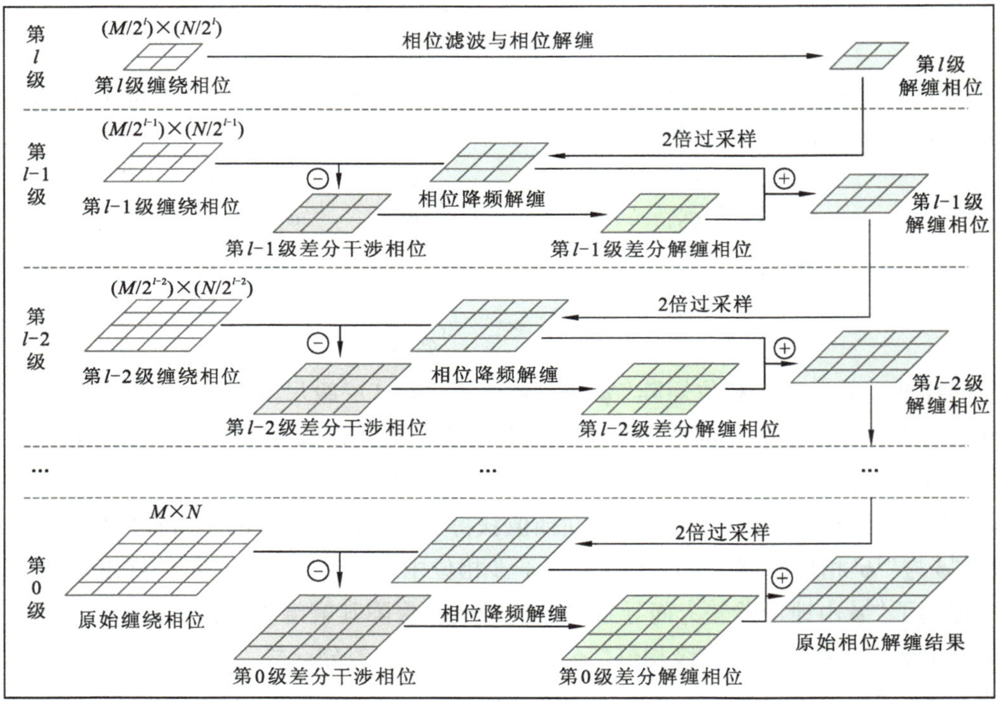

图 3.43　基于相位金字塔的多尺度降频解缠流程图

本节解缠方法虽然进行了多次解缠处理，但解缠计算量仅近似于原始相位常规解缠方法计算量的一半。在最高层级即第 l 级，解缠相位元素个数为原始相位的 $1/2^{2l}$，将解缠计算量理想化为原始相位的 $1/2^{2l}$，由于差分干涉计算，此后各层级相位平均相位缠绕周期数降低为原始干涉相位的 $1/4$（与 2×2 多视解缠相位差分，近似于间隔抽样点解缠的计算量），理想化条件下，基于相位金字塔多尺度降频解缠的计算量为原始相位常规解缠方法计算量的$1/2^{2l}+\sum_{i=1}^{l}1/2^{2i}=1/2$，考虑其他复杂情况，本节解缠方法计算效率通常不低于常规解缠方法。

3.4.3 试验与分析

1. 仿真数据

由于真实数据的试验无法获取真实无误差的解缠相位，难以对解缠精度进行直接评价，本小节首先采取仿真数据进行试验对比和精度评价。

图 3.44 为常规解缠方法与本节解缠方法对地形残差相位的解缠结果对比，图 3.45 为局部细节的对比展示，可以看出本节解缠方法在相位细节上有更好的还原。为了直观比较常规解缠方法与本节解缠方法的精度，将仿真数据直接获取未缠绕的差分相位，分别与图 3.44（a）、（b）的解缠结果进行差值，得到解缠误差图如图 3.46 所示。

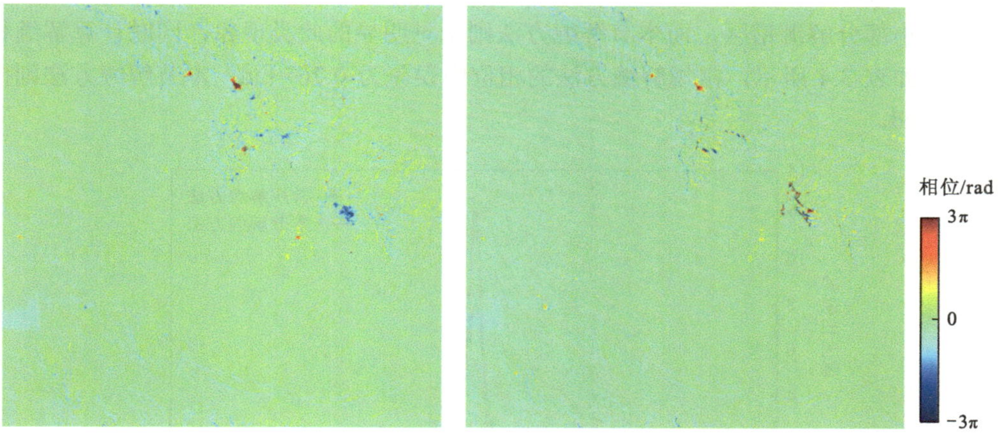

（a）常规解缠方法　　（b）本节解缠方法

图 3.44　常规解缠方法与本节解缠方法对地形残差相位的解缠图

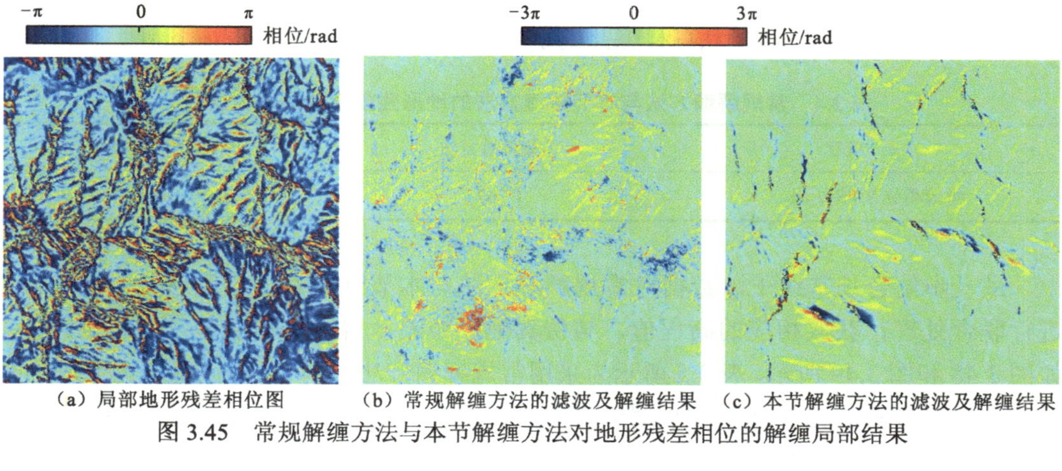

（a）局部地形残差相位图　（b）常规解缠方法的滤波及解缠结果　（c）本节解缠方法的滤波及解缠结果

图 3.45　常规解缠方法与本节解缠方法对地形残差相位的解缠局部结果

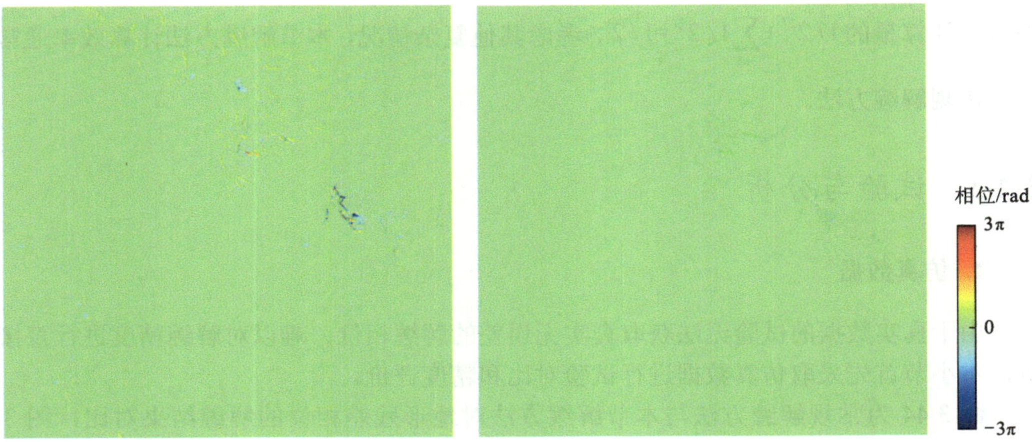

（a）常规解缠方法　　　（b）本节解缠方法

图 3.46　常规解缠方法与本节解缠方法的地形残差相位解缠误差图

对上述解缠误差进行分布统计，结果如图 3.47 所示，结合图 3.46，均可见常规解缠方法存在小部分解缠错区，而本节解缠方法则未见明显的此类现象，同时计算解缠相位的中误差如表 3.4 所示，常规解缠方法的相位中误差为 0.767 rad，本节解缠方法则提高至 0.661 rad。

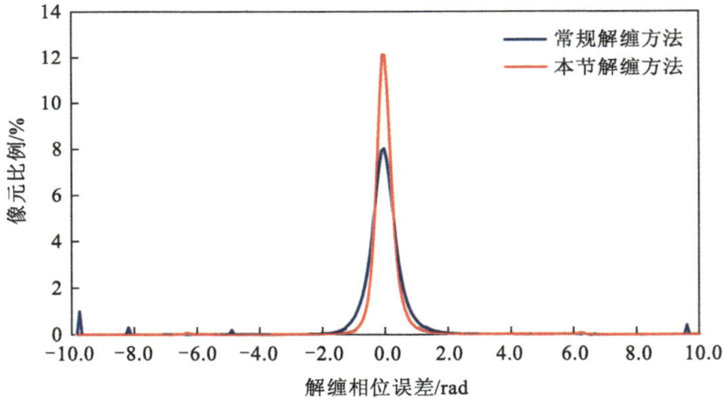

图 3.47　常规解缠方法与本节解缠方法的地形残差相位解缠误差分布统计曲线

表 3.4　常规解缠方法与本节解缠方法的地形残差相位解缠中误差

项目	常规解缠方法	本节解缠方法
解缠相位 RMSE/rad	0.767	0.661

进一步结合长基线干涉数据对常规解缠方法与本节解缠方法的地形残差解缠相位进行联合处理，获取相应的高程值，与仿真地形做差，得出高程误差及分布统计分别如图 3.48 和图 3.49 所示，表 3.5 所示为采用常规解缠方法与本节解缠方法提取的高程中误差，统计图 3.48（a）得到常规解缠方法的高程中误差为 3.774 m，而统计图 3.48（b）可得到本节解缠方法的高程精度提升至 3.065 m。

（a）常规解缠方法　　　　（b）本节解缠方法

图 3.48　采用常规解缠方法与本节解缠方法提取的高程误差

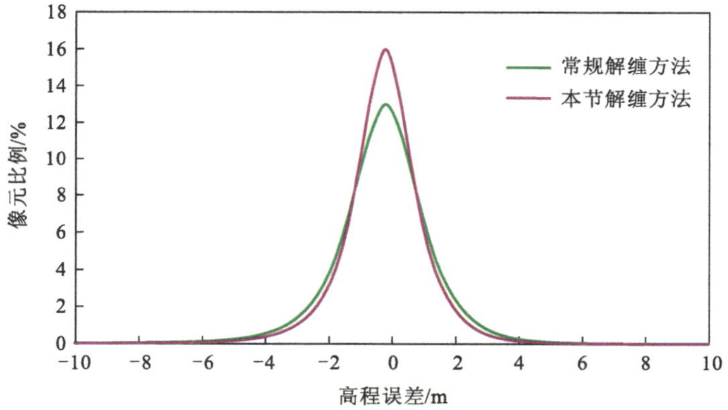

图 3.49　采用常规解缠方法与本节解缠方法提取的高程误差分布统计曲线

表 3.5　采用常规解缠方法与本节解缠方法提取的高程中误差

项目	常规解缠方法	本节解缠方法
高程 RMSE/m	3.774	3.065

2. 真实数据

采用国内某分布式 InSAR 卫星数据进行试验验证，所选取的试验区雷达影像如图 3.50 所示，包含了大面积的高山地等复杂地形。

采用 30 m 格网的 SRTM DEM 进行地形差分干涉，形成的差分干涉图如图 3.51 所示。差分干涉相位主要包含了由基线误差带来的系统性相位趋势、地形残差和相位噪声。由于 SRTM DEM 精度有限，尤其在山地区域，地形残差相位梯度过大，几何失相干严重，加上成像叠掩和相位噪声的影响，进一步增大了相位关系的模糊度，图 3.52（b）～（d）展示了（a）中红框处的差分干涉相位，这类区域的相位解缠面临较大的失败风险，同时可能导致解缠误差扩散。

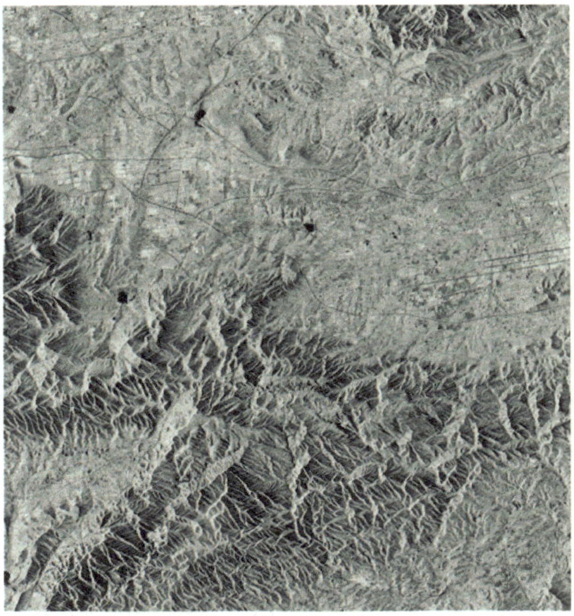

图 3.50　国内某分布式 InSAR 卫星数据试验区雷达强度图

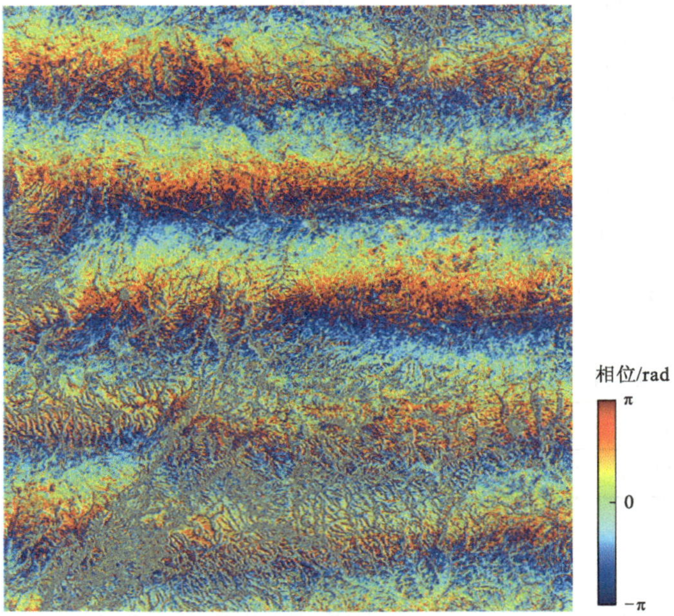

图 3.51　差分干涉图

分别采用最小费用流法及枝切法对上述差分干涉图进行相位解缠，获得解缠结果如图 3.53 所示。从图中可以看出，两种常规相位解缠算法均有明显的相位截断问题，解缠误差被扩散至整景影像。

采用基于相位金字塔的多尺度降频解缠方法对上述地形差分相位进行解缠处理，获得如图 3.54 所示的解缠结果。对比图 3.53 常规解缠方法的结果，本节解缠方法获取的解缠相位图目视上未见明显的相位截断和异常跳变。对图 3.52（a）中三处局部地形采用三种解缠方法的结果进行对比，如图 3.55～图 3.57 所示。

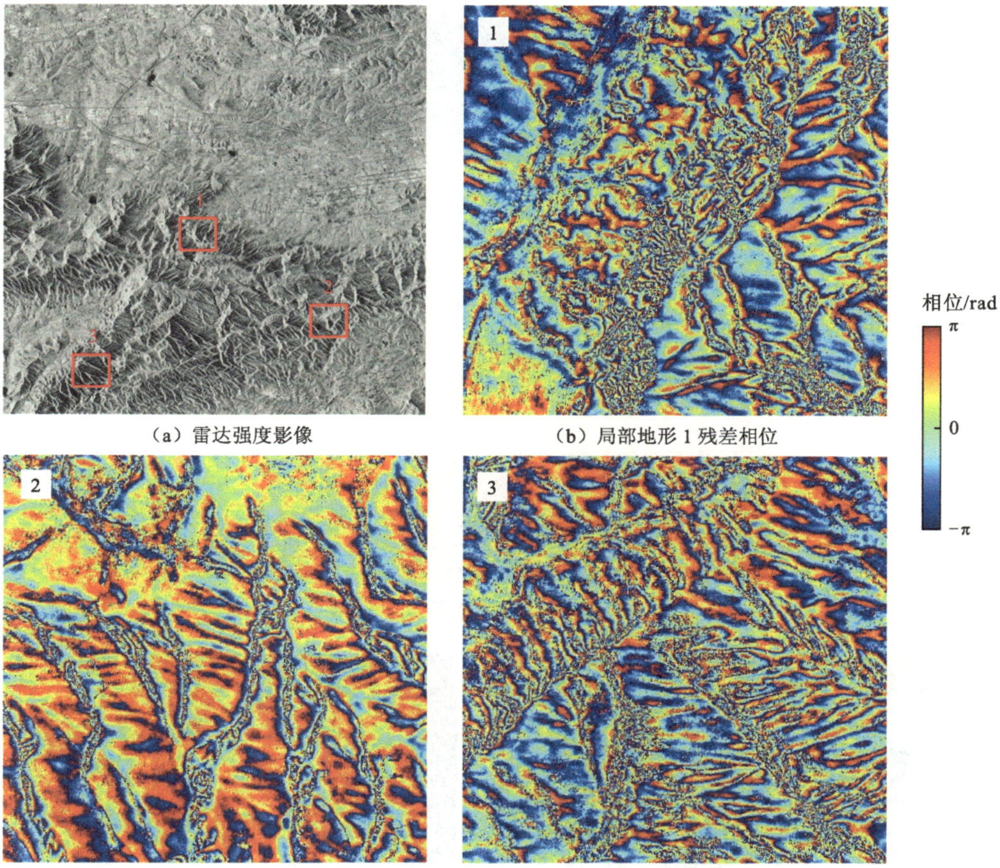

（a）雷达强度影像　　（b）局部地形 1 残差相位

（c）局部地形 2 残差相位　　（d）局部地形 3 残差相位

图 3.52　密集混叠且相干性低的地形残差相位

（a）最小费用流法　　（b）枝切法

图 3.53　最小费用流法与枝切法的解缠结果

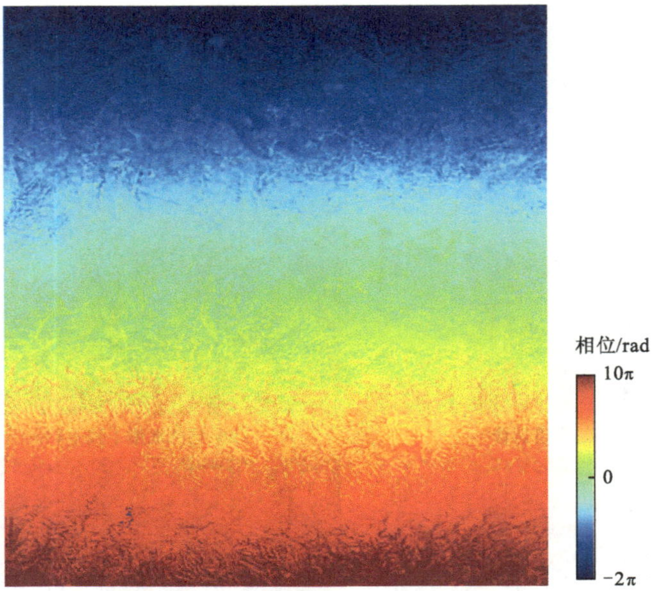

图 3.54　本节解缠方法结果

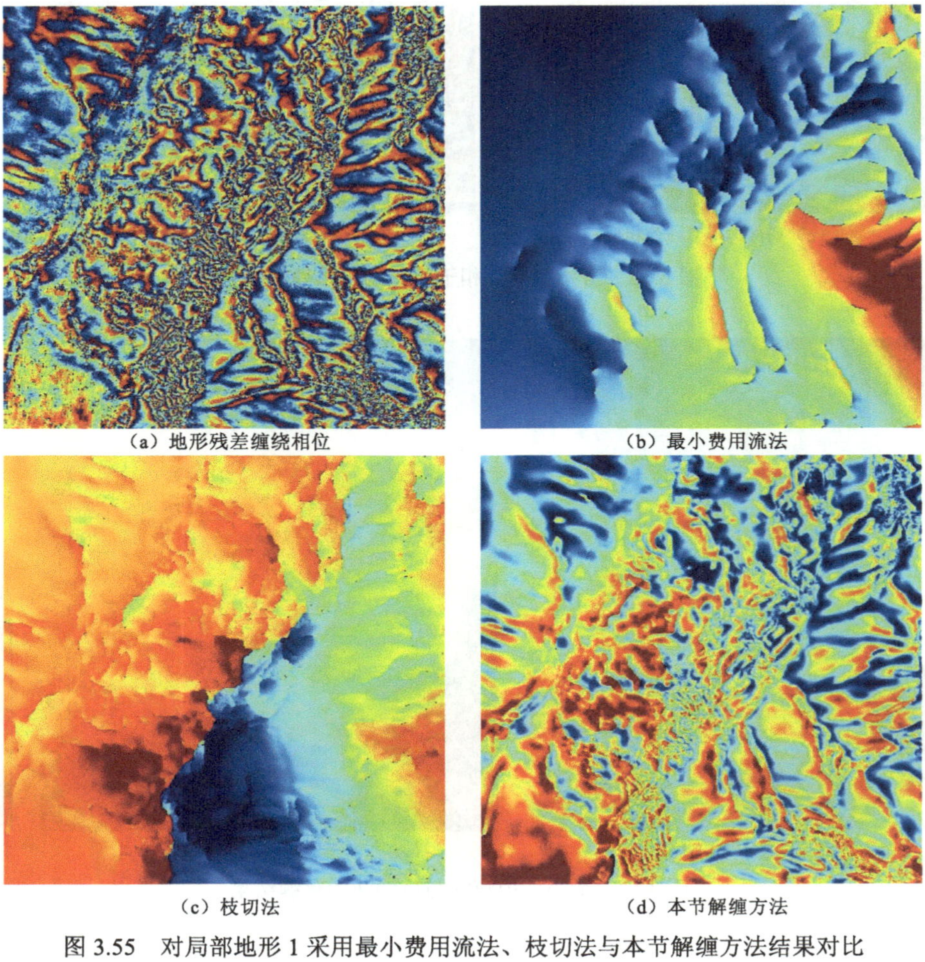

图 3.55　对局部地形 1 采用最小费用流法、枝切法与本节解缠方法结果对比

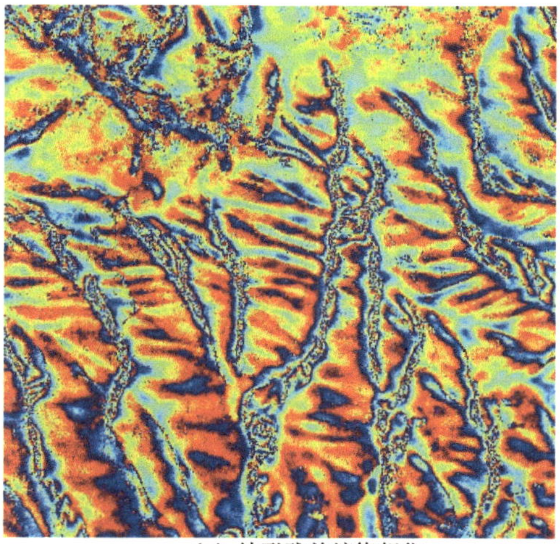

（a）地形残差缠绕相位

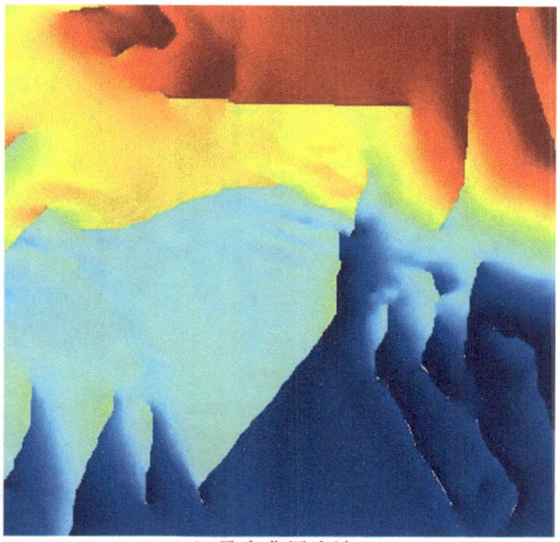

（b）最小费用流法

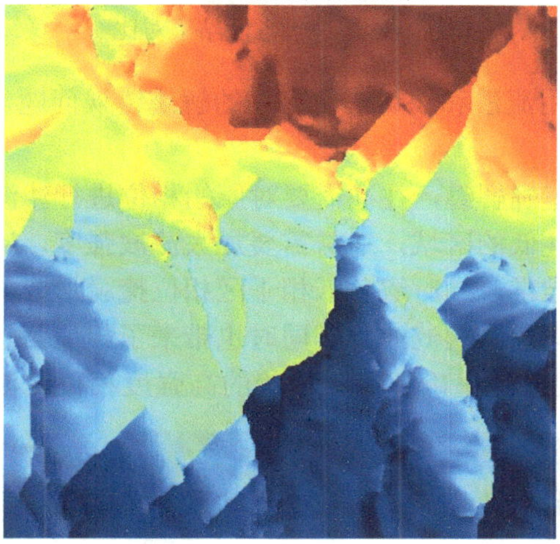

（c）枝切法

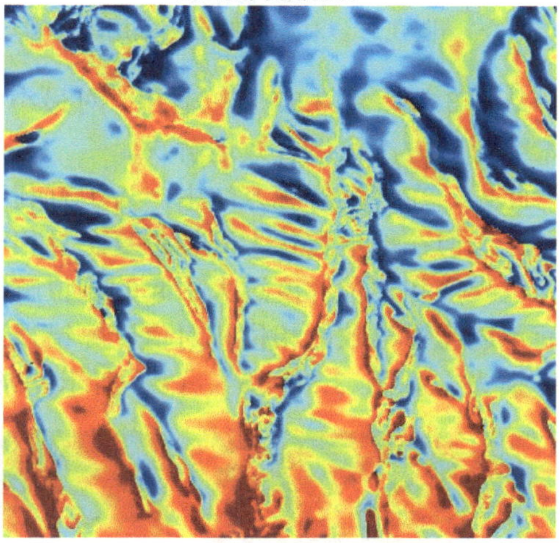

（d）本节解缠方法

图 3.56　对局部地形 2 采用最小费用流法、枝切法与本节解缠方法结果对比

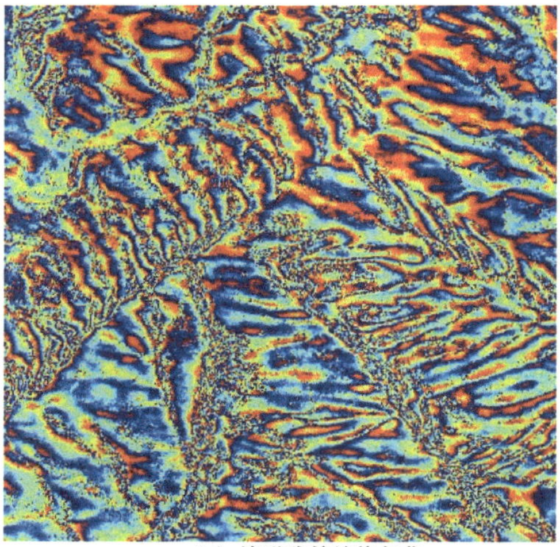

（a）地形残差缠绕相位

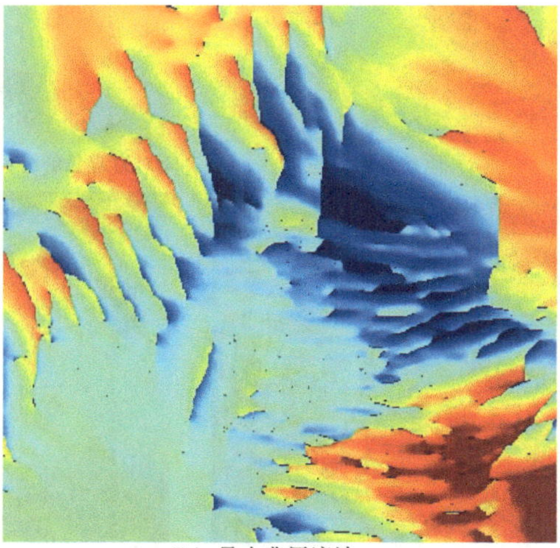

（b）最小费用流法

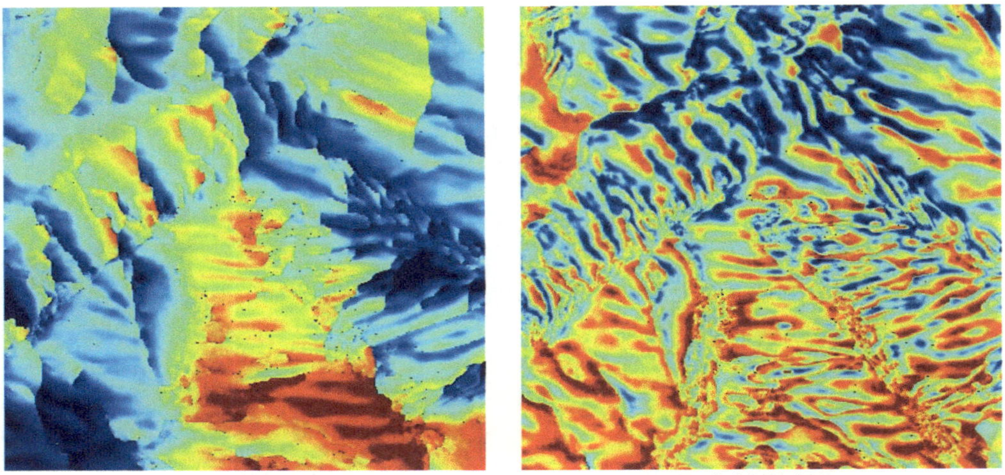

（c）枝切法　　　　（d）本节解缠方法

图 3.57　对局部地形 3 采用最小费用流法、枝切法与本节解缠方法结果对比

从图 3.55～图 3.57 可以看出，对最小费用流法和枝切法所存在的解缠错误问题，采用本节解缠方法可以有效地解决。

此外，在常规解缠方法中，为了有利于正确解缠，往往需要对原始相位进行滤波平滑处理，但在地形起伏大等相位复杂且相干性低的区域，通常需要加大滤波强度，以避免相位噪声和相位梯度过大引起的相位解缠异常，同时避免低相干区相位掩膜形成相位空间不连续而导致的相位相对值计算错误。但过大的滤波强度同时也带来了相位信息的过度损失，如图 3.58（b）、（e）所示，常规方法正确解缠所依赖的高强度相位滤波仅

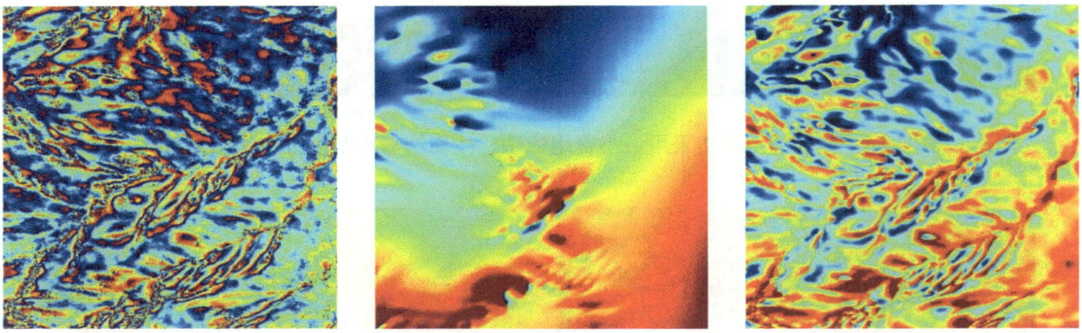

（a）原始缠绕相位1　　（b）为避免解缠异常过度滤波损失1　　（c）本节解缠方法对相位细节高保留度1

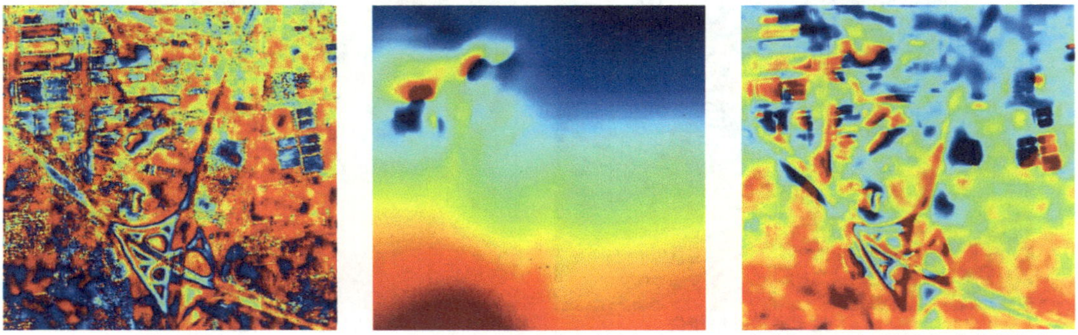

（d）原始缠绕相位2　　（e）为避免解缠异常过度滤波损失2　　（f）本节解缠方法对相位细节高保留度2

图 3.58　常规解缠方法与本节解缠方法对相位平滑的依赖程度和相位细节保留程度

保留了原始相位中的低频信号，以致相位细节信息严重损失，而本节解缠方法不依赖相位的过度平滑，能够在高相位梯度的情况下完成正确的相位解缠，如图 3.58（c）、（f）所示，对相位信息具有较高的保留度。

为了进一步定量评价和对比本节方法的解缠精度，将本节方法解缠相位进行高程重建，并与 SRTM 做差，如图 3.59 所示，可见本节解缠方法获取的高程图与 SRTM 的整体差异较小。

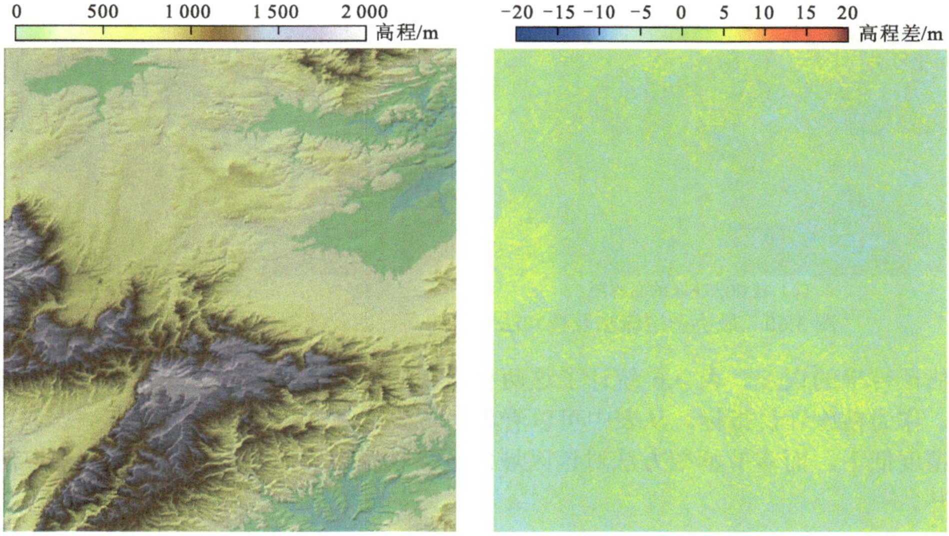

（a）本节解缠方法获取的高程图　　（b）本节解缠方法获取高程图与SRTM差值

图 3.59　本节解缠方法获取的高程图及其与 SRTM 的差值图

同时对最小费用流法和枝切法解缠的结果也进行高程重建，并分别与 SRTM 做差，如图 3.60 所示。从图中可以明显看出，两种常规解缠方法得到高程图有明显差异，而高程误差也非常显著，主要是由于解缠误差及其扩散造成的高程截断，同时伴随着对基线

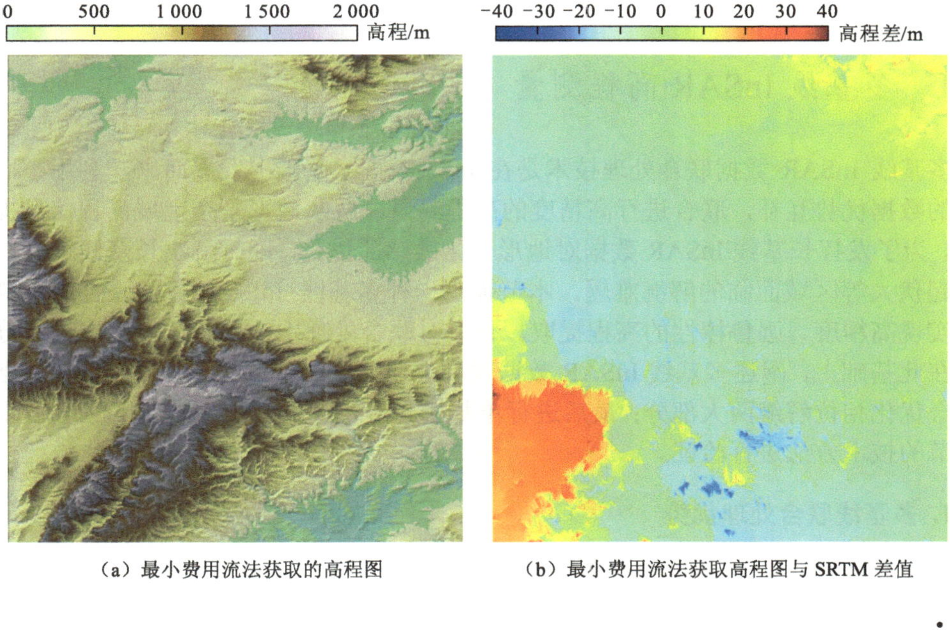

（a）最小费用流法获取的高程图　　（b）最小费用流法获取高程图与 SRTM 差值

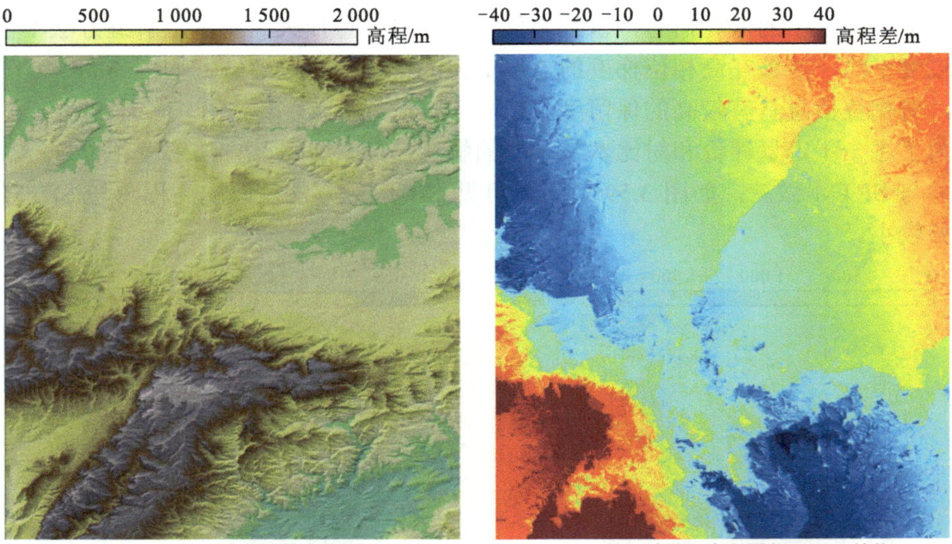

（c）枝切法获取的高程图　　（d）枝切法获取高程图与 SRTM 差值

图 3.60　最小费用流法及枝切法获取的高程图及其与 SRTM 的差值图

精化估计带来的误差。表 3.6 统计了这两种常规解缠方法与本节解缠方法得到的高程中误差，作为精度评价指标。从表中可以看出，常规解缠方法存在显著的解缠误差，导致高程精度低下，而本节解缠方法对该区域的测高精度为 3.739 m，较常规解缠方法有明显提升。

表 3.6　常规解缠方法与本节解缠方法提取的高程中误差

项目	最小费用流法	枝切法	本节解缠方法
高程 RMSE/m	15.478	36.658	3.739

3.5　复杂地形多基线多角度融合

3.5.1　多基线 InSAR 高程测量

多基线 InSAR 数据联合处理技术是在 InSAR 技术基础上发展而来，利用不同长度基线的数据优势互补，联合进行高精度的高程测量，解决地形复杂区域高程信息提取的难题。为了发挥长基线 InSAR 数据对地形变化敏感的优势，同时解决长基线干涉相位在地形起伏大等区域面临的解缠难题，本节提出一种多基线 InSAR 数据联合高程测量技术，实现高精度、强鲁棒性的高程提取。首先对联合处理中面临的关键问题进行分析；然后在此基础上，阐述多基线 InSAR 数据联合处理技术的全流程，包括短基线数据处理与联合优化相位解缠两大部分；最后进行单基线与多基线 InSAR 数据高程测量试验，并对本节的技术方法进行验证。

1. 多基线联合处理优势

星载多基线 InSAR 数据联合处理最终目的在于综合不同长度基线优势，获取比单基线 InSAR 数据精度更高的高程数据。为了达到这个目的，首先分析单基线 InSAR 数据高程测量中面临的问题，分析如何充分利用两种不同长度基线 SAR 影像各自的优势去改善或者解决这些问题，并详细阐述如何联合及联合的环节，同时指出联合过程中遇到的新问题。

InSAR 高程测量的原理分析和处理方法在第 2 章中有详细描述，其中相位解缠是影响 InSAR 高程测量精度的一项重要因素，也是 InSAR 高程测量数据处理过程中的一大难点，因此提高相位解缠精度是提升高程测量精度的关键。相位噪声和相位跳变是影响相位解缠精度的主要因素，它们共同体现为过高的相位梯度。相位梯度实际上是离散情况下的相位变化量 $\Delta\phi$，由缠绕相位变化量 $\Delta\phi_m$ 可得（Fomaro et al.，1996）

$$\Delta\phi = \langle \Delta\phi_m \rangle \tag{3.57}$$

式中：$\langle\cdots\rangle$ 为 2π 取模算子，只有满足 $|\Delta\phi| < \pi$ 时，式（3.57）才成立。在地形陡峭的区域，难以满足该限制条件，因而在垂直基线过大、地形陡峭或相位噪声严重的情况下，会导致相位梯度过大，相位无法维持必要的连续性，进而导致相位解缠失败。

根据基线与高程模糊度关系可知，基线越长则高程模糊度越小，对高程变化越敏感，理论获取的高程精度越高；但根据基线与相位解缠的关系可知，在多基线 InSAR 系统中，长基线数据的干涉条纹密度大，几何失相干严重，噪声水平高，相位梯度高，增大了相位解缠难度，尤其当垂直基线较大或地形起伏较大时，相位解缠的稳健性较差，而短基线数据则具有较好的相位连续性，有利于保证相位解缠的正确性。

为了联合不同长度基线数据的优势，基于上述长基线数据与短基线数据各自的优势分析，提出一种多基线联合处理方法。该方法利用短基线数据的解缠相位作为先验知识，构建长基线数据相位解缠的主成分，降低长基线相位梯度，提高相位解缠的稳健性和精度。

2. 短基线数据处理

短基线数据干涉处理的过程与单基线 InSAR 数据处理基础流程相似，不同之处在于对短基线干涉数据进行解缠时，为了提升其解缠的准确度，采用 30 m 分辨率的 SRTM、AW3D 等低分辨率外部高程数据（简称外部粗 DEM）辅助去除地形相位分量，降低条纹频率，优化相位解缠过程。

短基线数据干涉处理的主要技术路线如图 3.61 所示，具体流程如下。

（1）确定主影像与视数后，根据距离-多普勒模型与外部高程信息，将外部粗 DEM 转换至 SAR 主影像结构下，并通过控制点或影像配准，抑制定位误差。

（2）可由目标高程反算干涉相位，但在实际求解过程中，往往将平地相位与地形相位分开计算干涉相位：

$$\begin{aligned}\varphi_{\text{int\_s}} &= \varphi_{\text{flt}} + \varphi_{\text{topo}} \\ &= -\frac{2\pi}{\lambda} B\sin(\theta^0 - \alpha) - \frac{2\pi B\cos(\theta^0 - \alpha)}{\lambda R_1 \sin\theta^0}\cdot h\end{aligned} \tag{3.58}$$

计算得到的干涉相位 $\varphi_{\text{int\_s}}$ 为解缠相位。式中：φ_{flt} 为平地相位；φ_{topo} 为地形相位；α 为基线倾角；h 为目标到参考椭球面的高程；λ 为波长；θ^0 为卫星第一次观测目标时的视角；R_1 为卫星第一次观测目标时的斜距。

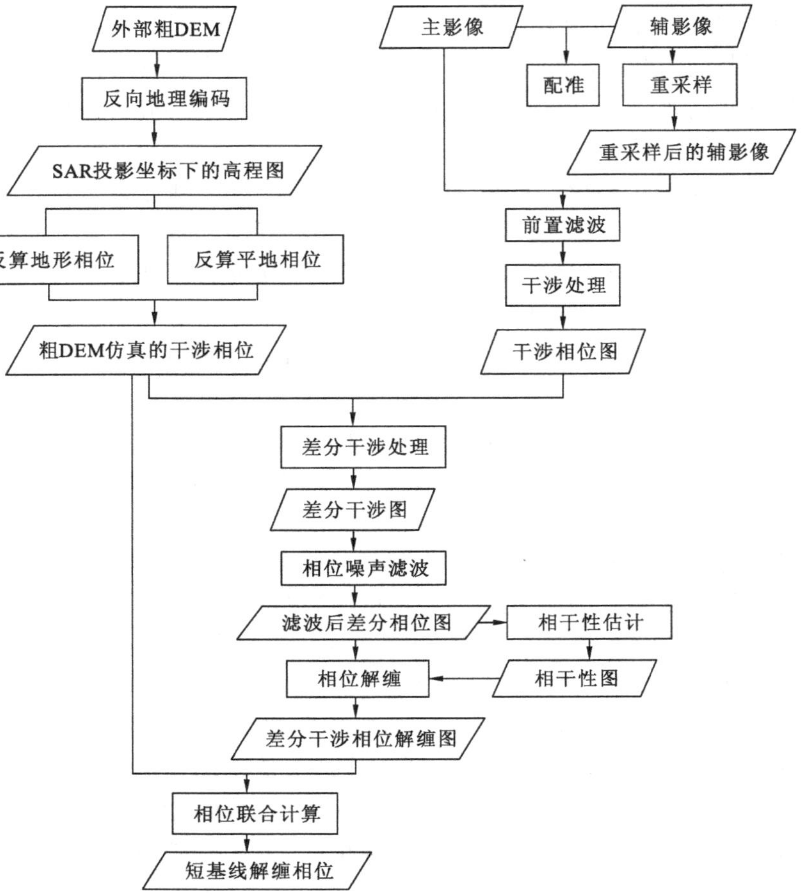

图 3.61　短基线数据干涉处理流程图

（3）主影像与辅影像经过精配准、前置滤波并进行干涉计算，得到缠绕干涉相位 ϕ_{int}，将 ϕ_{int} 与 $\varphi_{\text{int\_s}}$ 进行差分计算，获取差分干涉相位 ϕ_{diff}。ϕ_{diff} 主要由式（3.58）中基线参数 $[B,\alpha]$（简记为 B）的误差和高程 h 的误差组成，同时包含了相位噪声，记为

$$\phi_{\text{diff}}=\phi_{\Delta B}+\phi_{\Delta h}+\phi_{\text{noise}} \tag{3.59}$$

其中基线误差相位为

$$\phi_{\Delta B}=-\frac{2\pi}{\lambda}\cdot\Delta B_{\parallel}-\frac{2\pi h}{\lambda R_1\sin\theta^0}\cdot\Delta B_{\perp} \tag{3.60}$$

在差分干涉图上，沿距离向上平行分布的干涉相位条纹由垂直基线误差 $\Delta B_{\perp}$ 引起，而沿方位向上平行分布的干涉相位条纹由平行基线误差 $\Delta B_{\parallel}$ 变化率引起。而外部 DEM 数据的高程误差 Δh 引起的差分干涉相位 $\phi_{\Delta h}$ 则体现为

$$\phi_{\Delta h}=-\frac{2\pi B\cos(\theta^0-\alpha)}{\lambda R_1\sin\theta^0}\cdot\Delta h \tag{3.61}$$

由式（3.61）可知：高程误差的空间变化量大，则差分干涉相位梯度随之增大，即地形陡峭区域的差分干涉条纹较为密集，往往伴随相位缠绕现象；垂直基线越大，则高程误差对差分干涉相位的贡献越大。

由于外部粗 DEM 分辨率较低，分辨单元内的高程细节损失，对地形起伏较大区域，增大了高程误差的空间变化量，即增大了相位梯度，意味着差分干涉相位解缠的难度也随之增加。

(4) 由于相位噪声 ϕ_{noise} 破坏相位连续性，对正确的相位解缠产生不利影响，需对差分干涉相位 ϕ_{diff} 进行相位自适应滤波处理，相比对原始去平干涉相位进行滤波，差分干涉相位由于减去了地形主成分，在滤波过程中更有利于保持相位边缘、提高信噪比。

(5) 对滤波后的差分干涉相位 ϕ_{diff} 进行相位解缠，获取解缠相位 φ_{diff}。尤其对于地形起伏大的区域，差分过程中降低了相位条纹密度，相位解缠的稳健性得以有效提升。

在上述过程中，基线误差呈系统性，相邻像素间的基线误差相位差极小，对相位解缠不会产生影响；但高程误差相位根据不同的地形、不同的误差大小、不同的基线情况，存在导致差分干涉相位梯度过大的问题，不利于相位解缠的正确进行，当这种现象产生显著影响时，需要采用基于相位金字塔的多尺度降频解缠方法。

(6) 根据地形仿真相位 $\varphi_{\text{int\_s}}$ 与解缠差分相位 φ_{diff}，计算得到原始干涉相位 φ_{int} 的解缠结果 φ_{int}：

$$\varphi_{\text{int}} = \varphi_{\text{int\_s}} + \varphi_{\text{diff}} \tag{3.62}$$

根据解缠相位 φ_{int} 与标定后的基线参数，可进行短基线干涉的高程值解算，但高程模糊度低于长基线干涉，因此短基线解缠相位 φ_{int} 主要用于后续长基线干涉相位的梯度降解，以提升长基线干涉相位解缠的稳健性，实现更高精度的高程测量。

3. 多基线联合处理方法

将短基线数据的解缠结果作为先验知识，降低长基线数据的相位梯度。联合优化相位解缠方法，是在同一影像坐标框架下，将短基线数据解缠相位转换到长基线相位尺度，将转换后相位作为主成分与长基线干涉数据进行差分干涉处理，降低长基线干涉相位图的条纹频率，实现相位梯度降解。

多基线联合处理的主要技术路线和具体流程如图 3.62 所示，整个过程是在复数域中进行的。

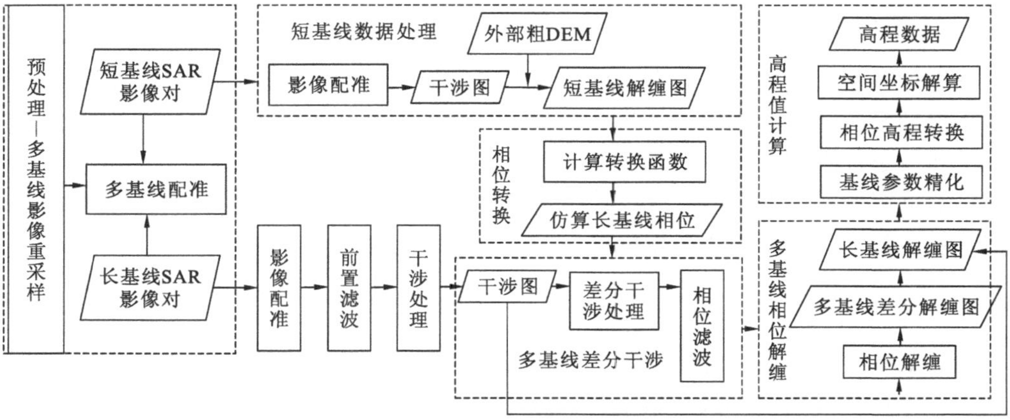

图 3.62　多基线联合处理方法流程图

1）多基线数据配准

在进行多基线数据联合处理之前，需要将多基线干涉数据重采样到统一的影像坐标框架下，为简化配准处理，选取与短基线干涉对主影像处于同一卫星平台的长基线影像作为长基线干涉对的主影像，两幅影像由同一平台获取，观测几何条件基本一致，影像相对变形小，影像夹角远小于干涉像对本身，配准简单，配准精度要求优于 0.5 像素。

值得一提的是，当多基线影像间像素采样间隔存在差异时，配准关系应考虑缩放量，该变量可根据像素间隔比例估算，在多基线数据采样间隔基本统一的前提下，由于观测几何条件高度相近，采用简单的二次多项式，如式（3.63），即可描述像对配准关系。

$$\begin{bmatrix} x_s \\ y_s \end{bmatrix} = f(x_m, y_m) = \begin{bmatrix} a_0 & a_1 & a_2 & a_3 & a_4 & a_5 \\ b_0 & b_1 & b_2 & b_3 & b_4 & b_5 \end{bmatrix} \begin{bmatrix} 1 \\ x_m \\ y_m \\ x_m^2 \\ y_m^2 \\ x_m y_m \end{bmatrix} \tag{3.63}$$

此时多基线影像间配准算法与干涉像对配准一致，采用互相关算子作为配准测度，互相关算子是描述影像间能量相关性的函数。首先从待配准的影像对中找出重合的范围，并从主影像中取一个大小为 $M \times N$ 的格网，记主影像中格网点位置为 (x_1, y_1)，在辅影像中通过目视估计或几何粗配准、影像粗配准等方式初步估计与点 (x_1, y_1) 配对的点 (x_2, y_2)。从主辅影像上分别以配对点 (x_1, y_1)、(x_2, y_2) 为中心开相同大小的影像窗口，利用能量函数 $f_m(x, y)$、$f_s(x, y)$ 分别对配对点 (x_1, y_1)、(x_2, y_2) 估计偏移量，$F_m(U, V)$、$F_s(U, V)$ 分别对应 $f_m(x, y)$、$f_s(x, y)$ 的频谱函数。

计算出 $M \times N$ 格网中每个格网点的偏移量从而拟合全局配准函数，得以配准主辅 SAR 影像。

由于各个互相关窗口只估计偏移量，为减低偏移量模糊，窗口的旋转缩放变化应尽可能小，该方法适用于相对几何变换关系简单的影像对，在此基础上，即使像对的后向散射特性由于成像波长不同的原因有较大差异，该方法也具有很高的适用性。

长基线干涉对配准属于相同频段内影像配准，同样遵循该方法，但配准精度要求优于 0.1 像素。

2）多基线相位转换

在进行多基线联合干涉处理之前，需要对数据工作频率做统一处理，实现由短基线干涉相位到长基线干涉相位的转换，实质上是根据短基线干涉解缠相位，计算长基线干涉成像几何条件下的干涉解缠相位。

对于特定像元，当雷达工作波长为 λ_1、空间基线长度为 B_1、基线倾角为 α_1 时，设雷达波入射角为 θ，对应的干涉相位 $\varphi_{\text{int\_1}}$ 为

$$\varphi_{\text{int\_1}} = -\frac{2\pi}{\lambda_1} B_1 \sin(\theta - \alpha_1) \tag{3.64}$$

由于多基线主影像经过配准，即主影像的观测几何相同，θ 值不变，当工作波长变为 λ_2，干涉成像几何的基线参数变为 $[B_2, \alpha_2]$ 时，根据式（3.64）可以估算此时的干涉解缠相位 $\varphi_{\text{int\_s2}}$ 为

$$\varphi_{\text{int\_s2}} = -\frac{2\pi}{\lambda_2} B_2 \sin\left[\arcsin\left(-\frac{\lambda_1}{2\pi B_1}\varphi_{\text{int\_1}}\right) + \alpha_1 - \alpha_2\right] \tag{3.65}$$

3）多基线差分干涉

长基线干涉像对经过精配准、前置滤波、干涉计算缠绕干涉相位 $\phi_{\text{int\_2}}$，将该相位与根据式（3.65）估算得到的短基线至长基线转换的解缠相位 $\varphi_{\text{int\_s2}}$，进行差分干涉，得到差分干涉相位，记为 ϕ_{diff}：

$$\phi_{\text{diff}} = \langle \phi_{\text{int\_2}} - \varphi_{\text{int\_s2}} \rangle_{2\pi} \tag{3.66}$$

式中：$\langle \cdots \rangle_{2\pi}$ 为 2π 取模算子。差分干涉相位 ϕ_{diff} 主要体现了多基线干涉相位对同一目标地形的不同响应，同时也包含了雷达波对地物存在不同穿透能力所引起的目标高程差相位分量、短基线相位滤波时损失的相位细节、多基线各自基线误差贡献的相位成分，以及相位噪声。

原始的长基线干涉相位，即使在去平后，地形起伏大的区域，由于波长较短会呈现地形相位条纹密集的现象，严重时相邻像素的相位变化量过大，相位梯度太大形成相位跳变，相位周期受到挤压而无法分辨，甚至引起几何失相干，无法正确恢复相位间相互关系，导致解缠错误。而经过差分干涉，相位中的地形长基线变化成分得到有效去除，相位梯度降低，有利于相位间相对关系的正确估算，即把干涉相位 $\phi_{\text{int\_2}}$ 去平后解缠的问题转换为多基线差分干涉相位 ϕ_{diff} 的解缠问题。

4）多基线相位解缠

由于差分干涉相位 ϕ_{diff} 中包含了大量长基线干涉相位噪声成分，干扰相位解缠工作，需要对差分干涉相位进行相位滤波，并且在保证相位连续性不被破坏的前提下，对失相干区域进行掩膜，然后实施相位解缠处理，获得解缠相位 φ_{diff}。

结合短基线-长基线转换相位 $\varphi_{\text{int\_s2}}$ 与多基线差分解缠相位 φ_{diff}，可求出长基线干涉相位 $\phi_{\text{int\_2}}$ 的解缠结果 $\varphi_{\text{int\_2}}$，即

$$\varphi_{\text{int\_2}} = \varphi_{\text{int\_s2}} + \varphi_{\text{diff}} \tag{3.67}$$

5）高程值计算

当长基线干涉相位得到正确的解缠结果，可结合精确的基线参数进行相位高程转换计算，并生成 DEM。

（1）基线参数精化。国内双星 InSAR 系统往往采用基于 GNSS 的相对定轨星间基线测量，测量精度可达毫米级，当基线长度较短时，为了将基线误差引起的高程测量误差控制在亚米级甚至更低，则需要校正基线参数，使之达到亚毫米级以内的水平。

对于双天线 InSAR 系统，干涉定标是精化基线参数的一项手段，而对于双星系统，往往需要对每个干涉对采用外部高程控制数据，例如采用离散激光高程数据进行基线参数平差解算，当缺乏外部控制点时，可使用外部低分辨率 DEM，均匀采样高程点，进行基线系统误差的抑制。

基线参数平差的基本原理是利用干涉相位与高程的关系，通过足够数量的已知高程值 h 解缠的干涉相位 φ'_{int}，反求各控制点像元位置对应的基线长度参数 B、基线倾角参数 α，以及解缠干涉相位 φ'_{int} 与实际干涉相位 φ_{int} 之间的差值常量 $\varphi_{\Delta\text{int}}$，由于基线随观测时间变化，可采用与时间相关的线性模型描述干涉像对的基线参数，那么通过上述多个控制数据的求解结果进行平差，可获取该基线模型的参数。

（2）相位高程转换。利用干涉解缠相位与相位常量，以及精确的基线参数，计算各像元的高程值。在实际数据处理过程中，求解高程值的实现方式有很多，例如采用地形相位估算高程变化量，再通过控制数据补偿高程线性量，或直接利用差分干涉相位估算高程差值等，但各种实现手段本质均是一样的。

（3）空间坐标解算。当获取了 SAR 影像各像元对应的高程值之后，可根据成像几何模型，求解像元的空间地理坐标，实现从 SAR 距离-多普勒投影坐标系到地理坐标系的正射纠正，与光学摄影测量不同的一点在于，由于 InSAR 测量直接获取了纠正前各目标点的高程值，往往采用的是正算法进行正射校正，解算出各像元的地理坐标后，再重采样至规则网格下，生成 DEM。

4. 试验验证

分别以长基线 550 m 和短基线 300 m 作为多基线工作波长，仿真多基线 InSAR 数据，为了不失一般性，仿真试验的地形涵盖了平地、丘陵、山地和高山地，对应的雷达强度影像如图 3.63 所示。

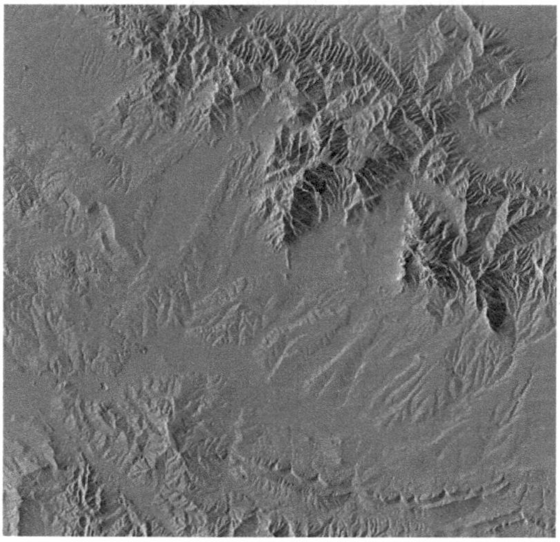

图 3.63　仿真雷达强度影像

多基线仿真数据的基本参数如表 3.7 所示，由于多基线联合处理重点关注长基线相位的解缠难题，误差输入只考虑与相位误差有关的相位噪声，不考虑几何类误差，如轨道、基线测量、斜距测量等误差项，对于相位噪声，除去干涉图固有的几何失相干，仿真时对长基线和短基线引入了噪声均方差分别为 30° 和 24° 的零均值热噪声。

表 3.7　仿真数据参数

参数		值
采样间隔/m	距离向	0.9
	方位向	2.1
中心斜距/km		630
中心视角/（°）		37

续表

参数		值
相位噪声/(°)	长基线	30
	短基线	24
轨道模式		降轨
成像模式		条带

本例中长基线干涉数据的高程模糊度为 28.4 m，短基线干涉数据的高程模糊度为 52.6 m。

本小节首先进行长短基线单独的高程测量试验，分析解缠精度与高程精度，然后进行多基线联合高程测量试验，对比解缠精度与高程精度，验证本小节提出的多基线 InSAR 高程测量数据联合处理技术的有效性。

1）长短基线独立高程测量

由于干涉条纹密集，为了便于展示，截取试验区局部区域的干涉条纹，如图 3.64 所示，图 3.64（b）、（c）分别为试验数据短基线和长基线于图 3.64（a）中红框处的干涉条纹，可见在观测几何接近的情况下，长基线的条纹密度明显高于短基线，条纹频率与垂直基线长度成正比，同时，长基线干涉图的噪声水平高于短基线，因此，长基线较短基线对高程信息敏感的同时，其密集而噪杂的相位也提高了数据处理的难度。

为了在解缠前降低相位梯度，首先分别对长短基线干涉图使用 30 m 分辨率的 SRTM DEM 数据进行地形差分干涉，一定程度地去除了地平趋势与地形相位成分之后，分别形成差分干涉相位图，如图 3.65 所示。图 3.65（c）、（d）分别为图 3.65（a）、（b）框选中的局部相位影像，其中长基线较短基线对高程变化更为敏感，残差相位条纹密集且噪杂跳变的相位分布使正确解缠依然面临着较大风险。

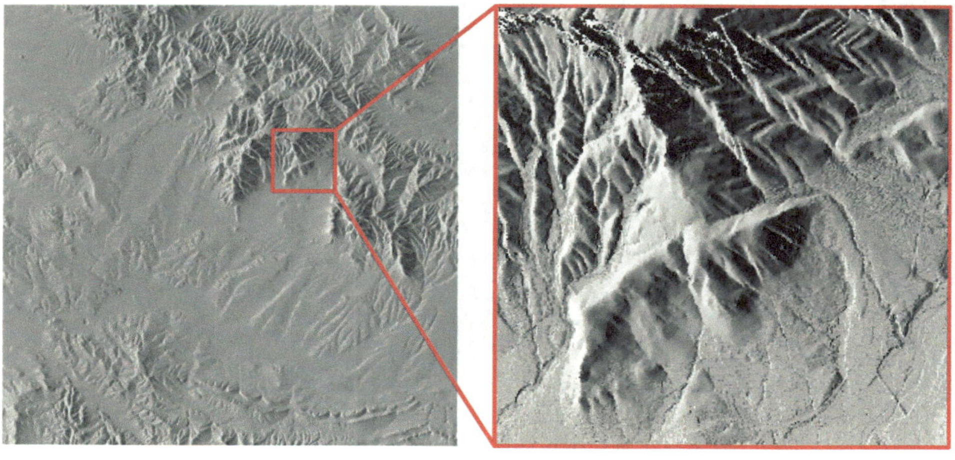

（a）试验区强度图与局部区域放大

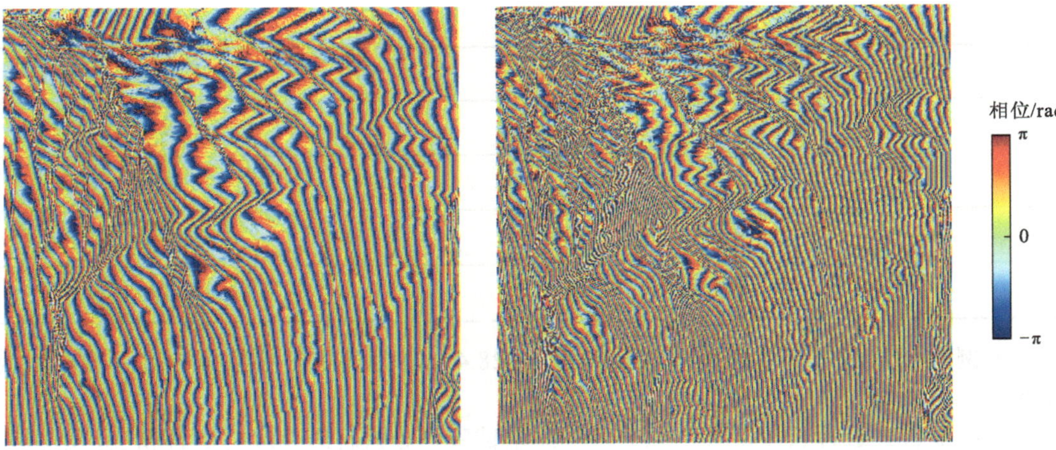

（b）短基线干涉条纹　　　　（c）长基线干涉条纹

图 3.64　短基线与长基线干涉条纹图

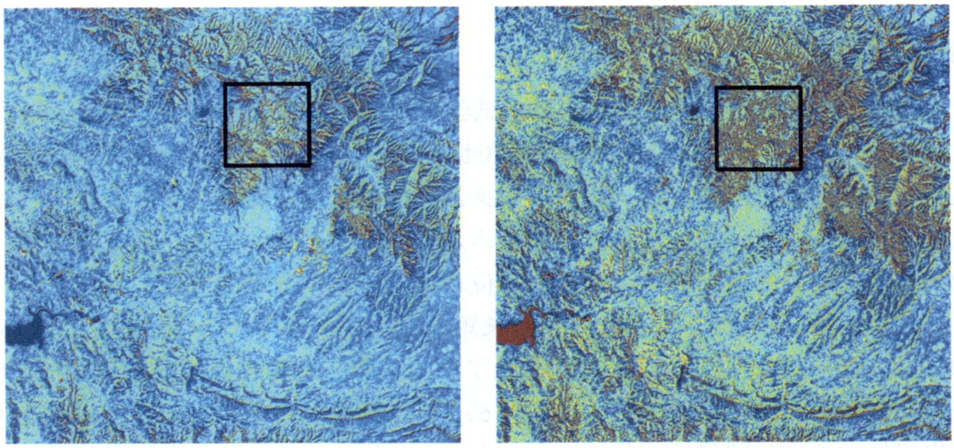

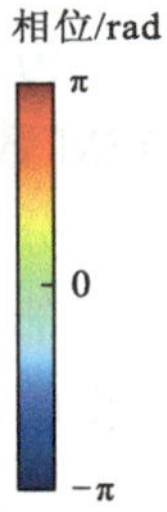

（a）短基线差分干涉相位图　　　　（b）长基线差分干涉相位图

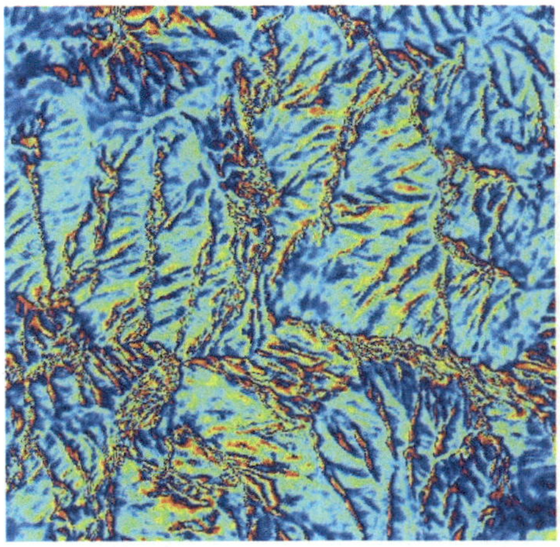

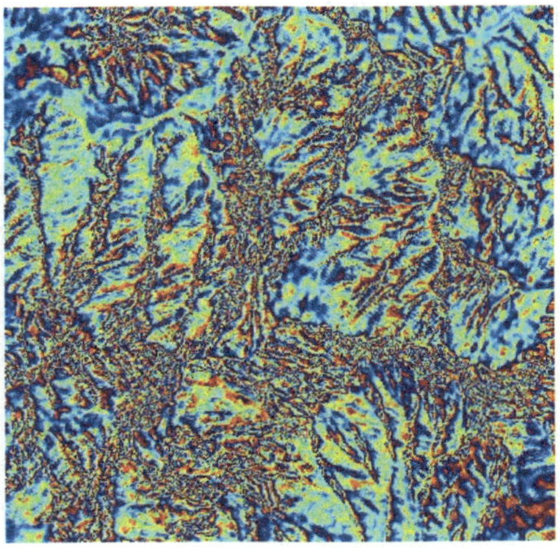

（c）短基线干涉相位图局部　　　　（d）长基线干涉相位图局部

图 3.65　短基线与长基线差分干涉相位图

对图 3.65 的短基线及长基线的差分干涉相位分别进行适度相位滤波，并采用最小费用流法进行相位解缠处理，得到解缠后的差分相位图如图 3.66 所示。

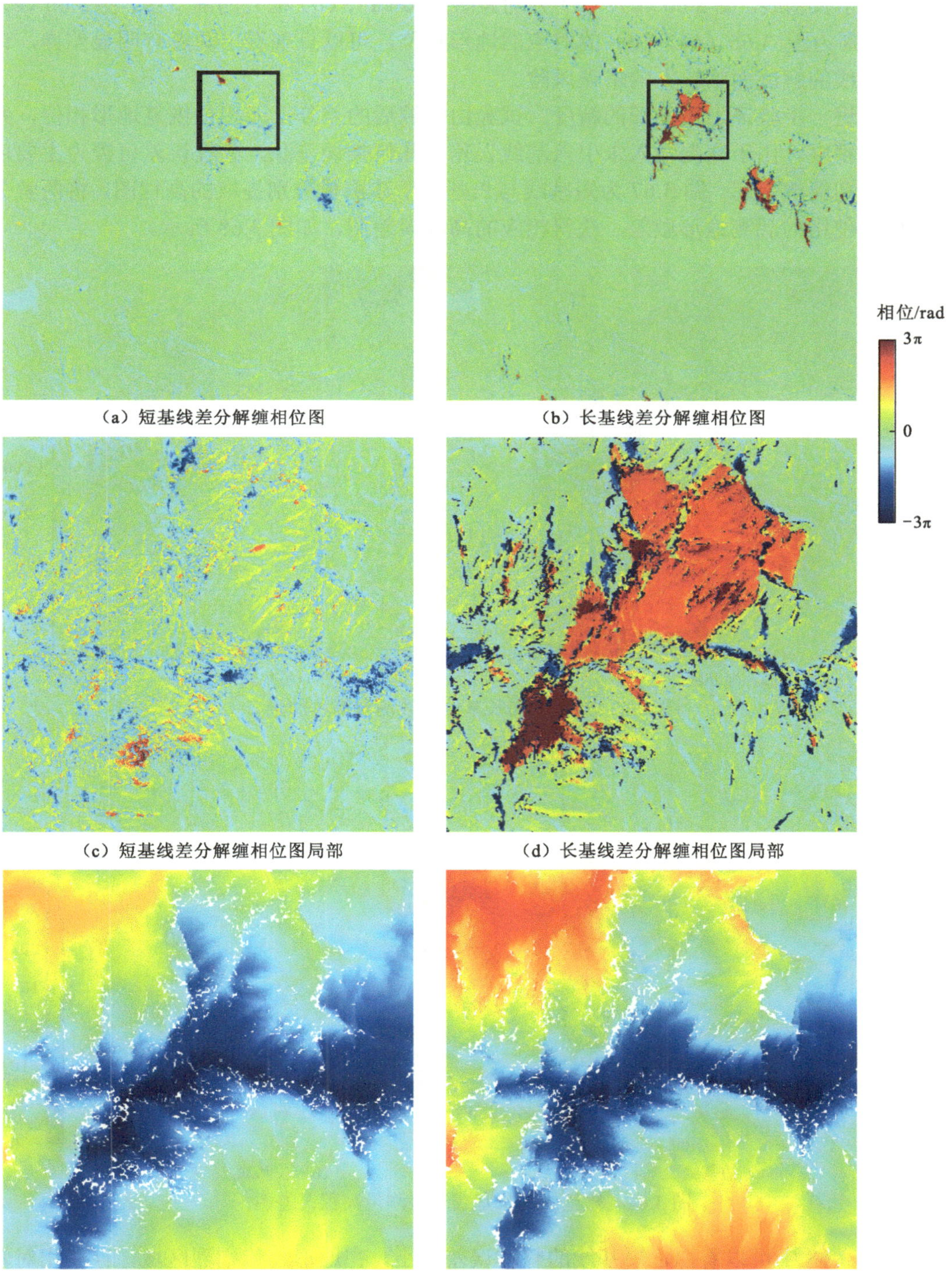

（a）短基线差分解缠相位图　（b）长基线差分解缠相位图

（c）短基线差分解缠相位图局部　（d）长基线差分解缠相位图局部

（e）短基线地形相位复原图　（f）长基线地形相位复原图

图 3.66　短基线与长基线差分解缠相位图、解缠误差与局部地形相位

由图 3.66 可见，长基线的差分干涉相位解缠局部区域目视上有明显的相位截断，可初步判定为解缠误差，如图 3.66（b）框处所示。而短基线差分干涉相位的解缠结果目视上整体优于长基线。图 3.66（c）、（d）分别为图 3.66（a）、（b）框处的细节图，图 3.66（e）、（f）则分别为图 3.66（c）、（d）的对应的地形相位，可以直观看出两者有明显差异，该区域长基线的解缠面临较大的错误风险。

为了进一步验证上述处理的精度，试验由解缠后的差分干涉相位恢复地形相位，并计算高程精度。由于数据输入未引入基线误差等几何类误差源，高程误差可视为主要由相位滤波和解缠引起。图 3.67 为短基线与长基线干涉测量分别提取的高程图，将两者分别与仿真使用的观测地形做差，获得相应的高程误差图，如图 3.68 所示。

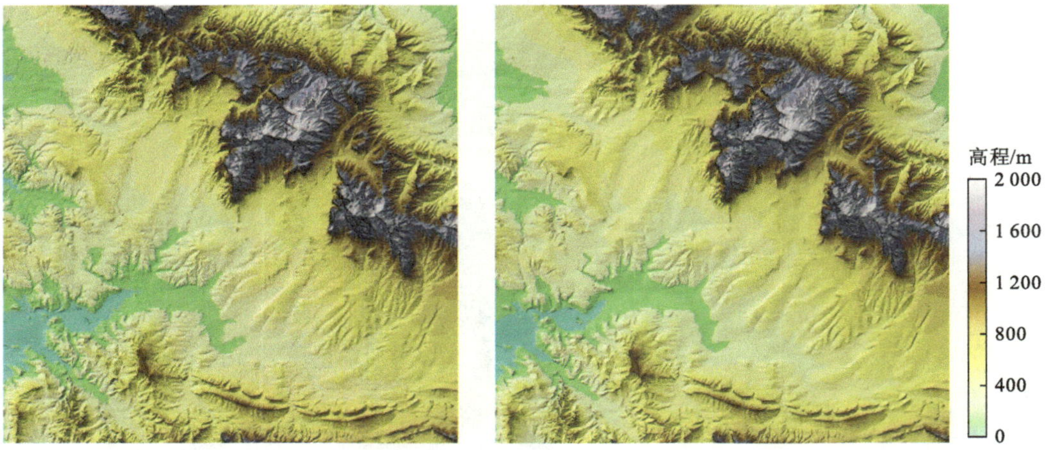

（a）短基线　（b）长基线

图 3.67　短基线与长基线干涉测量高程结果

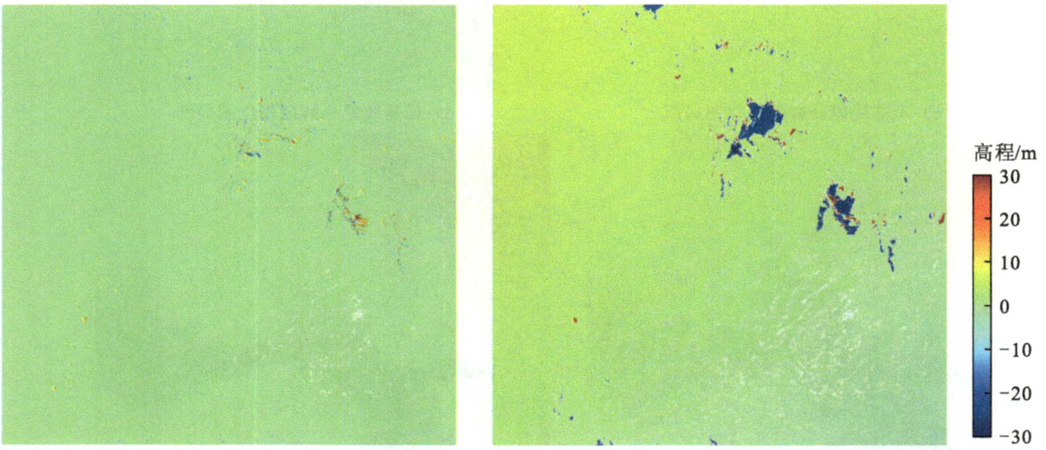

（a）短基线　（b）长基线

图 3.68　短基线与长基线干涉测量高程误差图

从图 3.68 中可以看出，短基线的整体误差较小，在地形起伏剧烈区域，存在相对较大的高程误差；长基线则有较大面积的高程异常值，证实了相应区域的解缠错误，同时，由于错误解缠相位值的影响，基线最小二乘平差时引入了系统差，体现在图 3.68（b）

中存在的趋势性高程误差。

为了定量评价短基线与长基线干涉测量高程精度，试验统计了两者高程误差分布情况及高程中误差，如图 3.69 及表 3.8 所示。

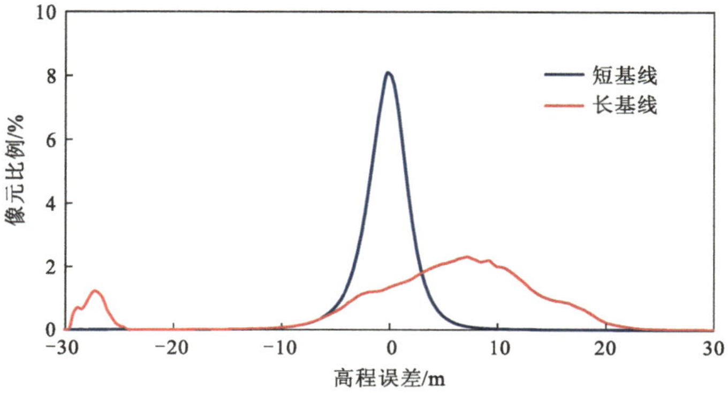

图 3.69　短基线与长基线干涉测量高程误差分布统计曲线

表 3.8　短基线与长基线干涉测量高程中误差

项目	短基线	长基线
高程 RMSE/m	6.489	14.153

从图 3.69 中可以看出，长基线由于局部解缠错误导致了高程误差不服从零均值的正态分布，表 3.8 反映了在本试验中包含了平地、丘陵、山地及高山地的观测区域中，短基线的干涉测高精度为 6.489 m，而长基线由于地形起伏大的区域差分干涉相位解缠错误，影响了整体测高精度，高程中误差为 14.153 m。

虽然已有各类优秀的相位解缠方法以应对相位梯度大时面临的解缠难题，但对于有些不可避免的相位梯度过大甚至严重混叠的情况，如分辨单元内相位变化数个周期，以及严重的噪声污染等客观现象，单独的解缠方法难以恢复正确的相位周期数，而采用强滤波则将导致真实相位信息的损失，采用噪声掩膜也将面临相位不连续而导致的相位解缠出错。这些都使复杂地形区域的解缠问题难以得到可靠解决。

2）多基线联合高程测量

为了解决上述单基线段高程测量遇到的问题，同时为了验证多基线 InSAR 数据联合处理方法，采用相同的数据，实施多基线联合处理试验，提取高程值并评价高程精度。

根据短基线干涉相位的解缠结果，进行多基线相位转换，由观测几何关系及短基线相位计算得到短基线转换相位，为了便于对比，将短基线转换相位缠绕至$[-\pi, \pi]$，如图 3.70（a）所示，与图 3.70（b）的长基线干涉相位对比可知，两者的条纹频率基本一致。

按照本书提出的方法，将长基线干涉相位与短基线转换相位进行差分干涉，得到差分干涉结果如图 3.71（a）所示，对其进行适度的相位滤波，并采用最小费用流法进行相位解缠，得到如图 3.71（b）所示的解缠结果。

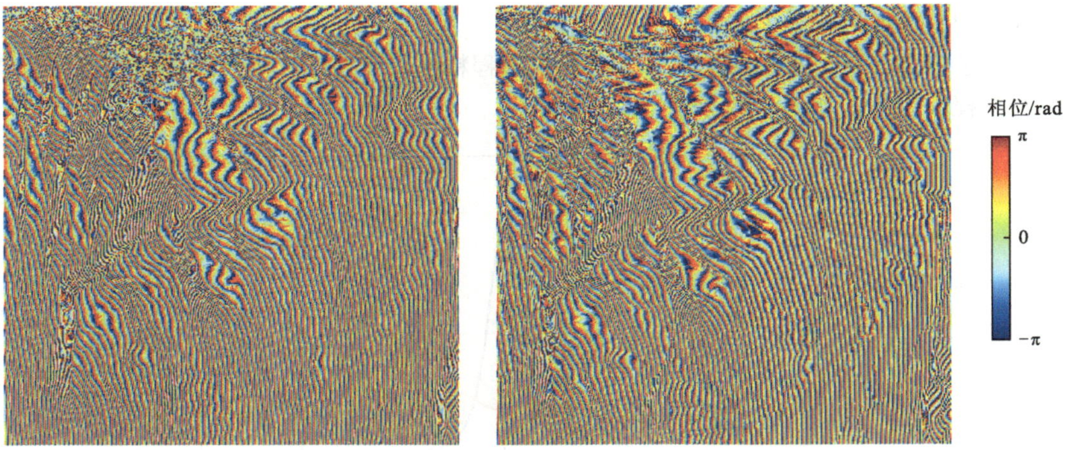

（a）短基线转换相位　　　　（b）长基线干涉相位

图 3.70　短基线转换相位与长基线干涉相位

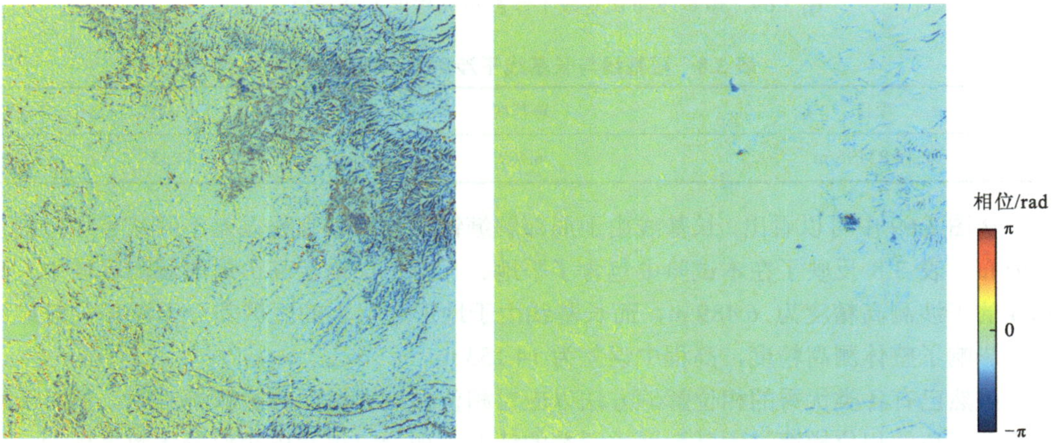

（a）多基线差分干涉相位图　　　　（b）多基线差分解缠相位图

图 3.71　长基线干涉相位与短基线转换相位差分干涉及解缠结果

图 3.71 差分干涉相位主要体现了长基线和短基线对高程信息敏感度的差异，同时也包含了相位噪声和相位转换引入的系统误差，从图 3.71（b）中可以看出，长基线的解缠结果未出现与图 3.66（b）中相似的解缠错误，整体解缠精度目视上较图 3.66（b）有大幅度提升，同时补偿了短基线本身携带的局部解缠粗差。

图 3.72 为图 3.66（b）框处对应的长基线独立测高与多基线联合处理的差分解缠相位结果对比图，可以明显看出，多基线联合处理有效解决了长基线干涉相位在地形起伏剧烈区域的外部粗 DEM 地形残差相位过于噪杂密集、难以解缠的问题。

为了进一步客观评价多基线联合处理的精度，由上述多基线差分干涉相位解缠结果恢复地形相位，并提取高程值，同样地，由于仿真未考虑几何类误差，高程精度反映了相位处理精度。图 3.73 和图 3.74 分别为多基线联合处理获取的高程图及高程误差图。

图 3.74 反映了多基线联合处理后整体高程误差较小，未出现明显的大面积性高程异常，进一步统计高程结果的误差分布情况，如图 3.75 所示。表 3.9 所示为相应的高程中误差，并与短基线、长基线独立测高的精度进行对比。

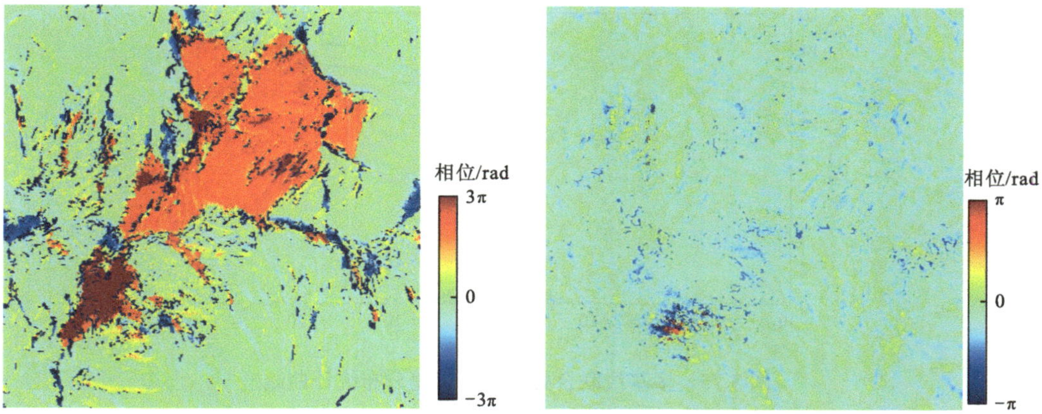

（a）长基线独立测高　　　　（b）多基线联合处理

图 3.72　长基线独立测高与多基线联合处理的差分解缠相位结果对比图

图 3.73　多基线联合处理获取的高程图

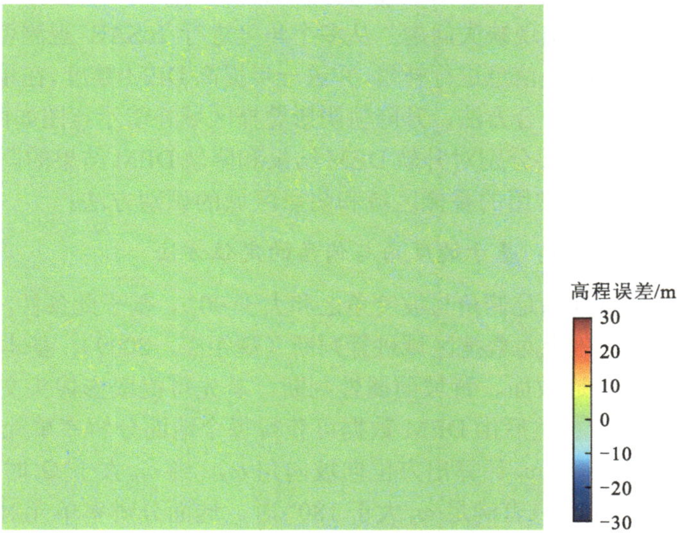

图 3.74　多基线联合处理获取的高程误差图

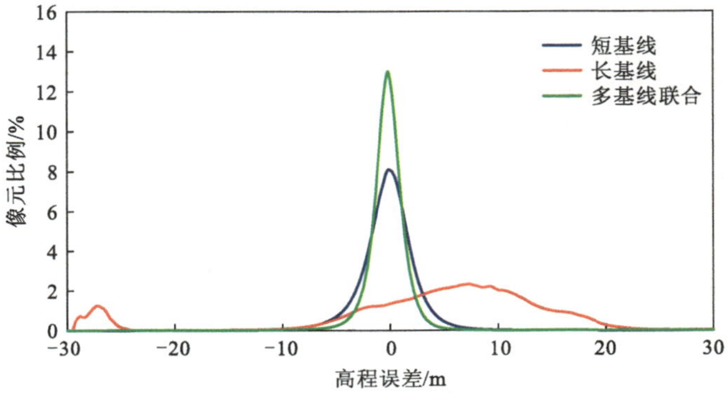

图 3.75　多基线联合处理高程误差分布统计曲线

表 3.9　长短基线独立测高与多基线联合处理的高程中误差

项目	短基线	长基线	多基线联合
高程 RMSE/m	6.489	14.153	3.774

综合图 3.75 及表 3.9 可以看出，多基线联合处理的高程误差分布与短基线独立处理的相似，未出现与长基线独立处理类似的高程错区，其精度较短基线独立有明显提升，在包含了平地、丘陵、山地、高山地的试验区内，高程精度达到了 3.774 m。

此外需要指出的是，虽然多基线 InSAR 联合处理很大程度地解决了长基线 InSAR 相位梯度大导致高程错区的难题，但采用常规解缠方法的结果中仍有局部相位解缠异常，虽然对整体的高程精度影响很小，但为了进一步优化相位解缠结果、提升高程测量精度，本书采用上述复杂地形的相位解缠方法，以提升多基线 InSAR 联合数据处理的稳健性。

3.5.2　多角度 InSAR 高程测量

1. 多角度联合处理方法

如 3.1.4 小节中所述，由于 SAR 是侧视斜距成像，从 InSAR 影像对获取的高程信息就可能在叠掩区和阴影区出现缺失问题。从多个角度进行 InSAR 观测可以对透视收缩、叠掩和阴影区域的高程缺失信息进行补偿，并进一步提高 DEM 精度。在星载多角度 InSAR 中，主要采用升降轨数据融合方法，升降轨阴影叠掩区域补偿示意图如图 3.76 所示。

升降轨数据融合首先要分别对升轨 DEM 结果和降轨 DEM 结果的阴影叠掩区域进行识别，下面介绍两种较为常用的叠掩区域和阴影区域的识别方法。

1）*叠掩区域识别方法：基于坡度角与俯角的定位方法*

考虑叠掩发生的条件满足俯角与坡度角之和大于 90°，基于此条件，在判断像素位于迎坡面还是背坡面的基础上对叠掩区域进行判断（魏钜杰，2009），基本步骤如下。

（1）对地面点进行迎坡面、背坡面属性判断。首先可提取影像头文件相关参数从而计算传感器的方位角 Ω_s；然后由 DEM 数据可获得每个地面分辨率单元的坡向角 ω_n；最后根据方位角 Ω_s 和坡向角 ω_n 计算出方位向坡向角 ω_s。当 ω_n 大于 Ω_s 时满足 $\omega_s=\omega_n-\Omega_s$，否则 $\omega_s=360°-\Omega_s+\omega_n$。只有满足 ω_s 大于 180° 时，地面分辨率单元对应的像素才判定处于迎坡面。

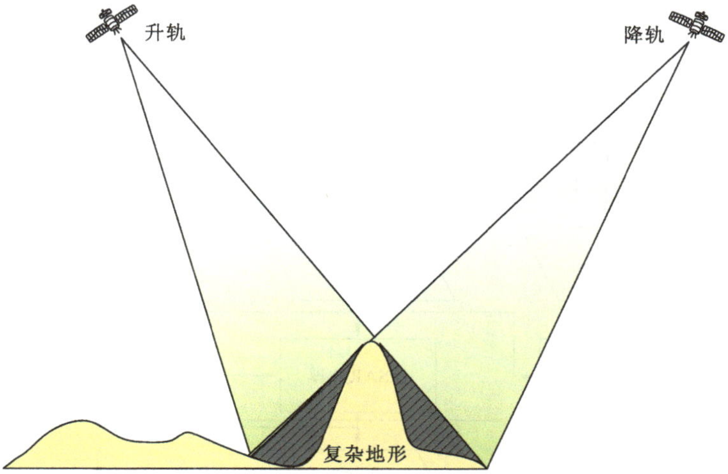

图 3.76　升降轨阴影叠掩区域补偿示意图

(2) 利用 RD 定位模型，计算出地面点对应的原始 SAR 影像行列号，并由行号确定卫星所对应的时刻，从而内插出该地面点对应时刻的传感器位置。

(3) 考虑俯角与视角之和为 90° 的关系，而地面点对应的雷达视角可由三角几何关系计算，因此可以求解出俯角 β。

(4) 对地面点对应的距离向坡度角 χ 进行计算，主要利用传感器的轨迹方向和 DEM 数据对变量进行求解。

(5) 对地面点进行叠掩判断，当地面点所在位置满足步骤 (1) 中处于迎坡面的条件，且满足 $\chi+\beta\geqslant 90°$ 时，判定该地面点为叠掩。

2) 阴影区域识别方法：基于相干系数的 Sigma 滤波检测方法

当两幅复数影像配准精度越高时，它们之间的相干系数就越高，然而对遮挡无信号数据的阴影区域而言，信噪比系数非常低，则两幅复数影像的相干系数也比较低。基于相干系数的 Sigma 滤波检测方法（王健 等，2005）主要利用两幅复数影像中相干系数小的区域进行提取，并利用 Sigma 滤波方法去除因水域等因素引起的相干系数小的区域，提取最终阴影区域。

识别出阴影叠掩区域后，需要结合阴影叠掩区域对升降轨 DEM 结果进行融合。升降轨数据融合时的权重可以基于相干系数、垂直基线等确定（杜亚男 等，2015）。本小节以基于垂直基线确定融合权重、升轨和降轨数据各一幅为例，对升降轨 DEM 结果融合方法进行介绍。

升降轨数据融合方法的工作流程如图 3.77 所示。首先，将升轨 SAR 数据和降轨 SAR 数据分别进行 InSAR 处理，得到升轨 DEM 结果和降轨 DEM 结果，并将升降轨 DEM 结果配准。然后，分别对升轨 DEM 结果和降轨 DEM 结果的阴影叠掩区域进行识别，并根据升轨和降轨的阴影叠掩区域分别设置一个阴影叠掩权重矩阵：设置阴影叠掩区域的值为 0、不受阴影叠掩影响区域的值为 1，阴影叠掩权重矩阵的元素记为 $S_{(x,y,a)}$和 $S_{(x,y,d)}$。最后，结合升降轨干涉对垂直基线 $B_{(x,y,a)}$和 $B_{(x,y,d)}$，根据式（3.68）对升降轨 DEM 结果进行融合，得到最终 DEM 融合结果：

$$H_{\text{fusion}}(x,y)=\frac{S_{(x,y,a)}B_{(x,y,a)}}{S_{(x,y,a)}B_{(x,y,a)}+S_{(x,y,d)}B_{(x,y,d)}}H_a+\frac{S_{(x,y,d)}B_{(x,y,d)}}{S_{(x,y,a)}B_{(x,y,a)}+S_{(x,y,d)}B_{(x,y,d)}}H_d \quad (3.68)$$

式中：$H_{\text{fusion}}(x, y)$为 DEM 融合结果的高程值；H_a和 H_d分别为升轨和降轨 DEM 的高程值；$S_{(x, y, a)}$和 $S_{(x, y, d)}$分别为升轨和降轨阴影叠掩权重矩阵中的元素；$B_{(x, y, a)}$和 $B_{(x, y, d)}$分别为升轨和降轨干涉对垂直基线。

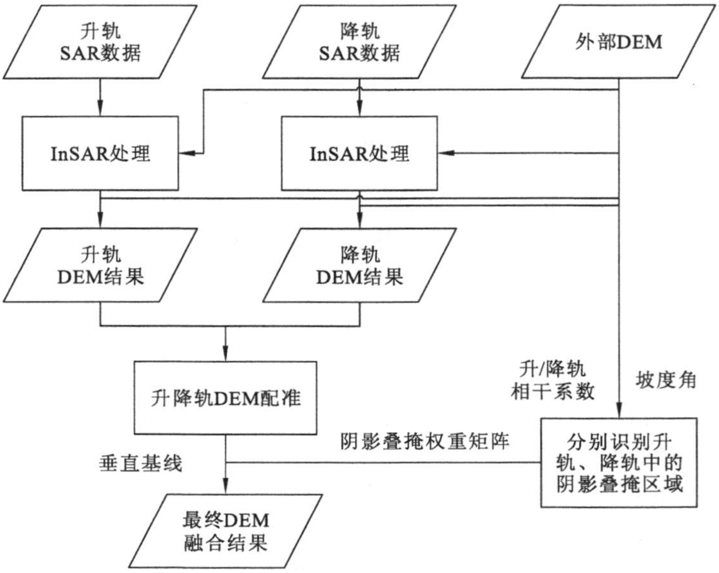

图 3.77　升降轨数据融合方法工作流程图

2. 试验验证

以升轨和降轨的仿真 DEM 结果，进行升降轨融合试验，以验证多角度 InSAR 观测对阴影叠掩区域的补偿效果和高程观测精度的提升效果。仿真数据的基本参数与误差分配情况分别如表 3.10 与表 3.11 所示。

表 3.10　仿真数据基本参数

参数		值	
采样间隔/m	距离向	0.9	1.2
	方位向	2.1	2.7
中心斜距/km		630	605
中心视角/（°）		37.0	28.5
像素数	距离向	12 000	10 800
	方位向	12 000	10 800
轨道模式		升轨	降轨
成像模式		条带	条带
中心垂直基线/m		400	240

表 3.11　仿真数据误差分配情况

参数		值
轨道误差（预轨）/m	*X*	8.0
	Y	8.0
	Z	8.0
斜距误差/m		3.0
多普勒中心频率误差/Hz		2.5
基线误差/m	*T*	0.05
	C	0.05
	N	0.05
相位噪声/dB	升轨影像 1	31.13
	升轨影像 2	37.15
	降轨影像 1	25.11
	降轨影像 2	27.60

升轨和降轨单独测高获取的 DEM 结果如图 3.78 所示。

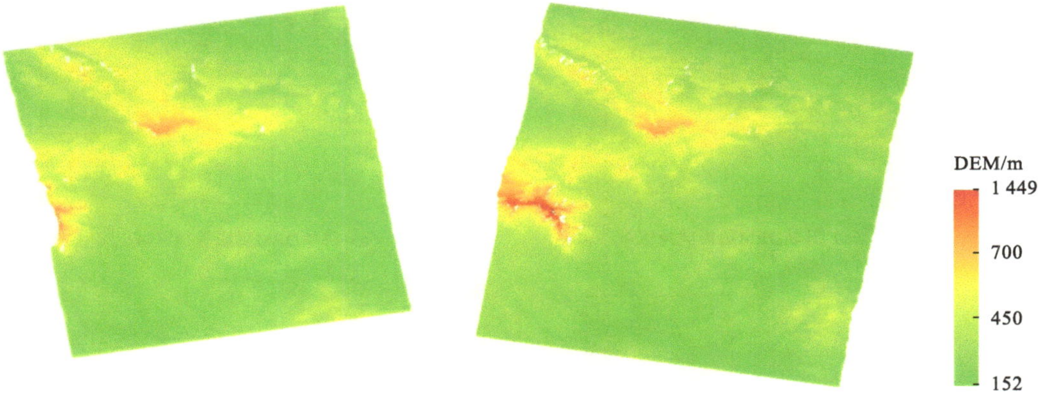

(a) 升轨　　(b) 降轨

图 3.78　升降轨仿真 DEM

按照图 3.77 所示的升降轨数据融合方法工作流程对升降轨仿真 DEM 进行融合，融合结果如图 3.79 所示，图中的黑色矩形框为选取的阴影叠掩补偿效果对比区域。

(1) 阴影叠掩补偿效果。根据图 3.79 中的黑色矩形框范围，对图 3.78 和图 3.79 中的三幅 DEM 对应位置的阴影叠掩区域进行展示，如图 3.80 所示。从图 3.80 中可以看出，经过升降轨融合后，DEM 中大部分阴影叠掩区域得到补偿。在进行升降轨融合前，升轨获取的 DEM 信息缺失率为 2.37%，降轨获取的 DEM 信息缺失率为 1.81%，经过融合之后，DEM 信息缺失率降低至 0.69%，残余的信息缺失主要集中在地形结构非常复杂的区域。

(2) 高程观测精度提升效果。将三幅 DEM 与仿真输入的 DEM 真值做差，绘出高程误差图及分布直方图分别如图 3.81 和图 3.82 所示，统计三幅 DEM 的高程 RMSE，经过升降轨融合后，高程精度从 2.106 m 和 2.090 m 提升至 1.778 m（表 3.12）。

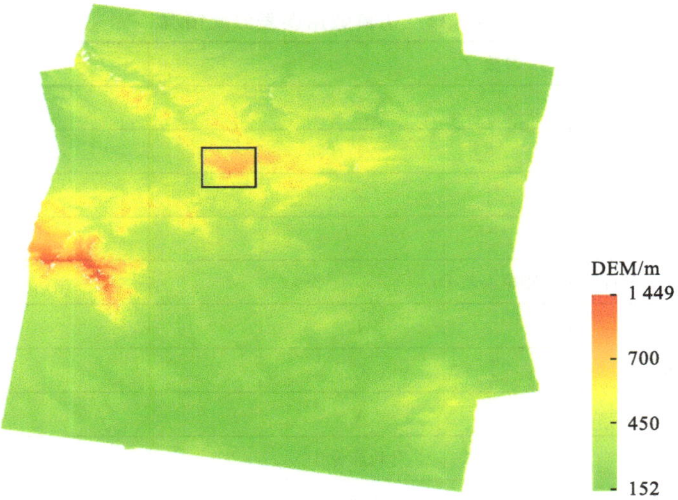

图 3.79　融合 DEM

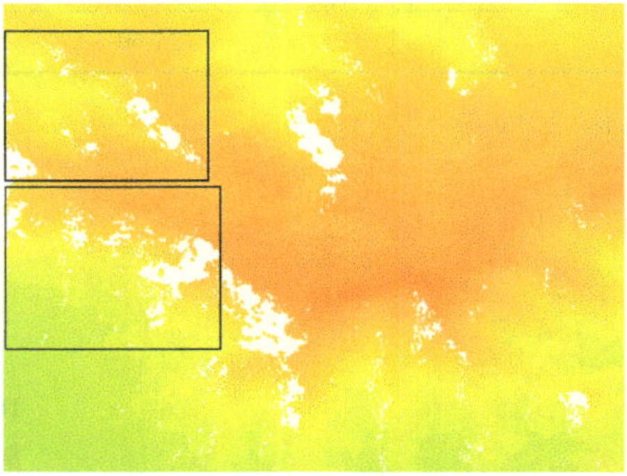

（a）升轨DEM阴影叠掩区域

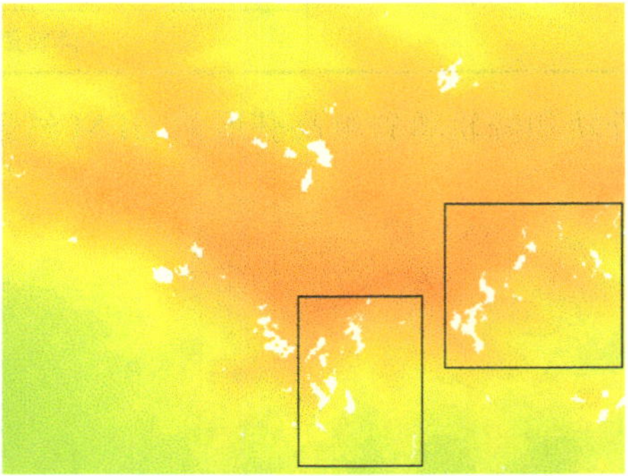

（b）降轨DEM阴影叠掩区域

（c）升降轨融合DEM对应区域

图 3.80　升降轨融合 DEM 补偿效果

表 3.12　升轨、降轨、升降轨融合 DEM 的高程验证精度

DEM 类型	与参考 DEM 的 RMSE/m
升轨	2.106
降轨	2.090
升降轨融合	1.778

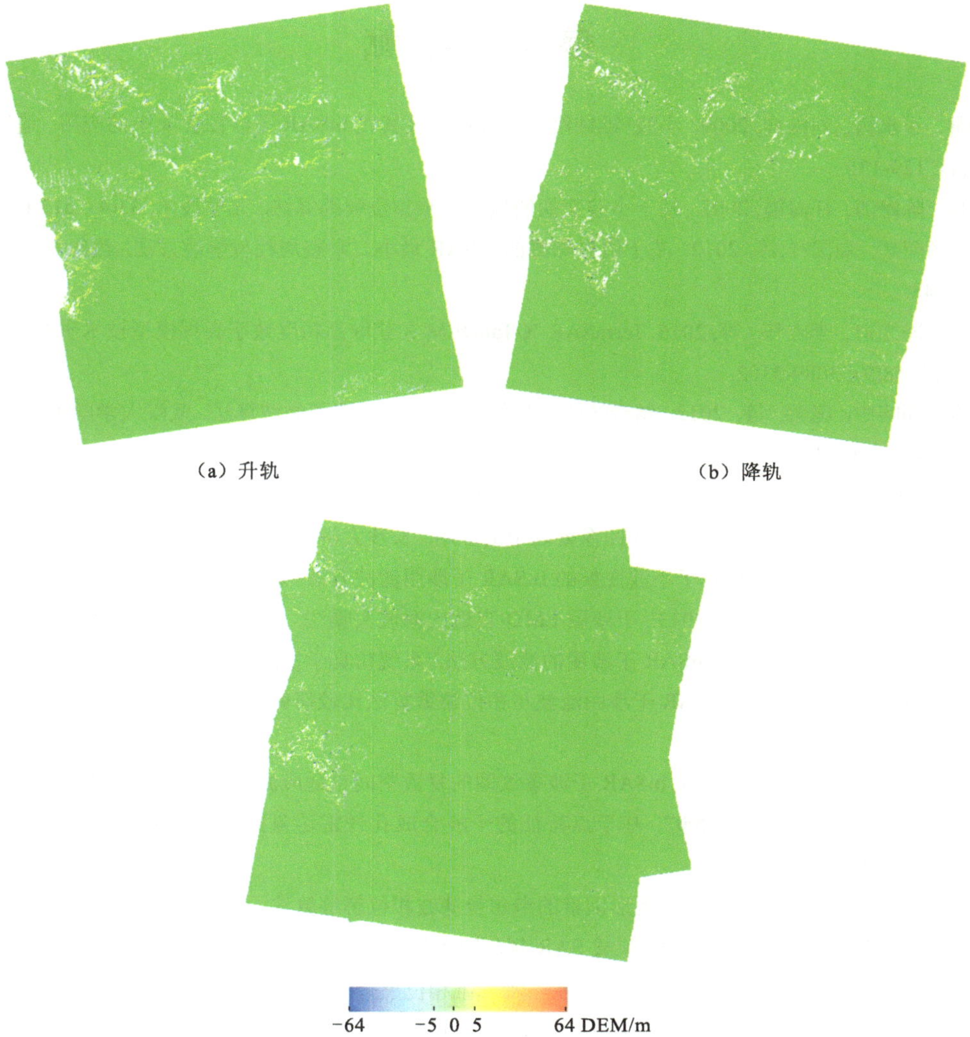

图 3.81 升轨、降轨、升降轨融合 DEM 的高程误差图

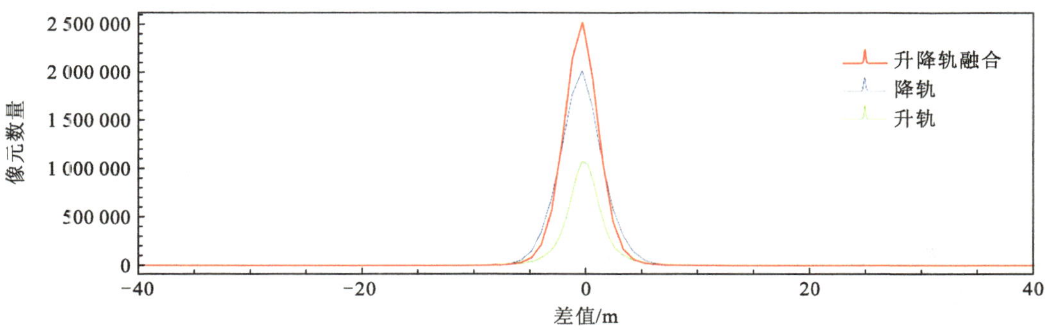

图 3.82 升轨、降轨、升降轨融合 DEM 的高程误差分布直方图

参 考 文 献

蔡国林，李永树，刘国祥, 2009. 小波-维纳组合滤波算法及其在 InSAR 干涉图去噪中的应用. 遥感学报, 13(1): 129-136.

陈家凤，陈海清，任海霞, 2007. 基于小波变换的最小二乘相位解缠算法. 光学技术, 33(4): 613-616.

陈强，杨莹辉，刘国祥,等, 2012. 基于边界探测的 InSAR 最小二乘整周相位解缠方法. 测绘学报, 41(3): 441-448.

杜亚男，冯光财，李志伟，等, 2015. TerraSAR-X/TanDEM-X 获取高精度数字高程模型技术研究. 地球物理学报, 58(9): 3089-3102.

范洪冬，邓喀中，庞蕾，等, 2012. 结合边缘信息的 DT-CWT 干涉图滤波算法. 武汉大学学报(信息科学版), 37(7): 810-813.

高延东, 2019. 面向高精度 DEM 的 InSAR 关键处理技术研究. 徐州：中国矿业大学.

巩萍，潘冬明, 2005. 小波分析及其在图像处理中的应用. 长沙大学学报, 19(2): 52-54.

何儒云，王耀南, 2006. 一种基于小波变换的 InSAR 干涉图滤波方法. 测绘学报, 35(2): 128-132.

黄长军，郭际明，喻小东，等, 2013. 干涉图 EMD-自适应滤波去噪法. 测绘学报, 42(5): 707-714.

靳国旺，徐青，秦志远, 2006. InSAR 干涉图的滤波方法. 系统仿真学报, 18(9): 2563-2565.

李陶，张诗玉，周春霞, 2007. SAR 干涉图滤波与相位解缠算法比较研究. 大地测量与地球动力学, 27(1): 59-64.

廖明生，林珲，张祖勋，等, 2003. InSAR 干涉条纹图的复数空间自适应滤波. 遥感学报, 7(2):98-105.

刘宝泉，冯大政，武楠，等, 2007. 基于点特征的干涉合成孔径雷达复图像自动配准算法. 航空学报, 28(1): 161-166.

刘国林，郝华东，闫满, 2011. 顾及地形因素的卡尔曼滤波相位解缠算法. 测绘学报, 40(3): 283-288.

刘国祥，丁晓利，李志林，等, 2001. 星载 SAR 复数图像的配准. 测绘学报, 30(1): 60-66.

穆冬，朱兆达，张焕春, 2001. 干涉 SAR 最小二乘二维相位展开法的改进. 现代雷达, 23(2): 23-26.

潘泉，孟晋丽，张磊，等, 2007. 小波滤波方法及应用. 电子与信息学报, 29(1): 236-242.

彭曙蓉，王耀南，刘国才, 2007. 基于边缘提取和改进型整体松弛匹配算法的 InSAR 复图像配准方法. 测绘学报, 36(1): 62-66.

石为人，罗雪松，胡宁, 2002. 基于小波多分辨率分析的信号消噪. 重庆大学学报(自然科学版), 25(6): 59-62.

唐智，周荫清，李景文, 2004. InSAR 数据处理中基于相关系数的配准方法. 雷达科学与技术, 2(2): 108-114.

汪鲁才，王耀南，毛建旭, 2003. 基于相关匹配和最大谱图像配准相结合的 InSAR 复图像配准方法. 测绘学报, 32(4): 320-324.

汪鲁才，王耀南，毛六平, 2005. 基于小波变换和中值滤波的 InSAR 干涉图像滤波方法. 测绘学报, 34(2): 108-112.

王健，向茂生，李绍恩, 2005. 一种基于 InSAR 相干系数的 SAR 阴影提取方法. 武汉大学学报(信息科学版), 30(12):1063-1066.

王孝青，党亚民，成英燕, 2008. 基于矩阵相似度的 InSAR 图像配准方法研究. 测绘科学, 33(6):44-46.

王紫燕, 袁运斌, 2008. 一种组合的 InSAR 数据的相位解缠算法. 自然科学进展, 18(7): 833-835.

魏钜杰, 2009. 复杂地形区域合成孔径雷达正射影像制作方法研究. 阜新: 辽宁工程技术大学.

易辉伟, 朱建军, 陈建群, 等, 2013. 一种改进的 InSAR 干涉图复数空间自适应滤波. 中南大学学报(自然科学版), 44(2): 632-641.

尹宏杰, 李志伟, 丁晓利, 等, 2009. InSAR 干涉图最优化方向融合滤波. 遥感学报, 13(6): 1092-1105.

于勇, 王超, 张红, 等, 2003. 基于不规则网络下网络流算法的相位解缠方法. 遥感学报, 7(6): 472-477.

喻小东, 郭际明, 黄长军, 等, 2013. 基于 SIFT 算法的 InSAR 影像配准方法试验研究. 遥感信息, 28(2): 66-69.

岳焕印, 郭华东, 王长林, 等, 2002. SAR 干涉图的静态小波域 MAP 法滤波. 遥感学报, 6(6): 456-463.

张登荣, 俞乐, 2007. 一种高精度的干涉雷达复数影像配准方法. 遥感学报, 11(4): 563-567.

张永志, 王卫东, 李萍, 2005. InSAR 图像的最小范数法相位解缠研究. 地球科学与环境学报, 27(1): 80-83.

张祖勋, 张剑清, 2002. 数字摄影测量学. 武汉: 武汉大学出版社.

ABDELFATTAH R, NICOLAS J, 2006. Interferometric SAR coherence magnitude estimation using second kind statistics. IEEE Transaction on Geoscience and Remote Sensing, 44(7): 1942-1953.

ABDELFATTAH R, BOUZID A, 2008. SAR interferogram filtering in the wavelet domain using a coherence map mask. Proceedings of the 15th IEEE International Conference on Image Processing (ICIP 2008), San Diego, CA: 1888-1891.

ADAM N, KAMPES B, EINEDER M, 2003. The development of a scientific permanent scatterer system. ISPRS Workshop High Resolution Mapping from Space, Hannover, Germany: 6.

BAMLER R, 2000. Principles of synthetic aperture radar. Surveys in Geophysics, 21(2-3): 147-157.

BAMLER R, JUST D, 1993. Phase statistics and decorrelation in SAR interferograms. International Geoscience and Remote Sensing Symposium: Better Understanding of Earth Environment (IGARSS '93), Tokyo, Japan: 980-984.

BAMLER R, 2000. Interferometric stereo radargrammetry: Absolute height determination from ERS-ENVISAT interferograms. IEEE International Proceedings of Geoscience and Remote Sensing Symposium (IGARSS 2000), Honolulu, Hawaii, USA: 742-745.

BO G, DELLEPIANE S, BENEVENTANO G, 1999. A locally adaptive approach for interferometric phase noise reduction. IEEE International Proceedings of Geoscience and Remote Sensing Symposium, Hamburg, Germany: 264-266.

BRAUNISCH H, WU B I, KONG J A, 2000. Phase unwrapping of SAR interferograms after wavelet denoising. IEEE International Proceedings of Geoscience and Remote Sensing Symposium, Honolulu, USA: 752-754.

BUCCIGROSSI R, SIMONCELLI E, 2001. Image compression via joint statistical characterization in the wavelet domain. IEEE Transactions on Image Processing, 8(12): 1688-1701.

COSTANTINI M, 1998. A novel phase unwrapping method based on network programming. IEEE Transaction on Geoscience and Remote Sensing, 36(3): 813-821.

CURLANDER J C, MCDONOUGH R N, 2006. 合成孔径雷达: 系统与信号处理. 韩传钊,译. 北京: 电子工业出版社.

DONOHO D, JOHNSTONE I, 1995. The z_m algorithm: A method for interferometric image reconstruction in SAR/SAS. Journal of the American Statistical Association, 90(432): 1200-1224.

FLYNN T J, 1997. Two-dimensional phase unwrapping with minimum weighted discontinuity. Journal of the Optical Society of America A, 14(10): 2692-2701.

FOMARO G, FRANCESCHETTI G, LANARI R, 1996. Interferometric SAR phase unwrapping using Green's formulation. IEEE Transactions Geoscience and Remote Sensing, 34: 720-727.

FRANCESCHETTI G, LANARI R, 1999. Synthetic aperture radar processing. Boca Raton: CRC Press.

GHIGLIA D C, ROMERO L A, 1996. Minimum Lp-norm two-dimensional phase unwrapping. Journal of the Optical Society of America A-Optics Image Science and Vision, 13(10): 1999-2013.

GOLDSTEIN R M, WERNER C L, 1998. Radar interferogram filtering for geophysical applications. Geophysical Research Letters, 25(21): 4035-4038.

GOLDSTEIN R M, ZEBKER H A, WERNER C L, 1988. Satellite radar interferometry: Two-dimensional phase unwrapping. Radio Science, 23(4): 713-720.

HANSSEN R F, 2001. Radar interferometry: Data interpretation and error analysis. Dordrecht: Kluwer Academic Publishers.

HESS-NIELSEN N, WICKERHAUSER M, 1996. Wavelets and time frequency analysis. Proceedings of the IEEE, 82(4): 523-540.

HU X, WANG T, LIAO M, 2014. Measuring coseismic displacements with point-like targets offset tracking. IEEE Geoscience & Remote Sensing Letters, 11(1): 283-287.

JOHN C C, ROBERT N M, 2006. 合成孔径雷达：系统与信号处理. 北京：电子工业出版社.

LANARI R, FORNARO G, RICCIO D, et al., 1996. Generation of digital elevation models by using SIR-C/X-SAR multifrequency two-pass interferometry: The Etna case study. IEEE Transactions on Geoscience & Remote Sensing, 34(5): 1097-1114.

LEE H, LIU J G, 1999. Spatial decorrelation due to topography in the interferometric SAR coherence imagery. Proceedings of the IEEE International Geoscience and Remote Sensing Symposium, Hamburg, Germany: 485-487.

LEE J S, PAPATHANASSIOU K P, AINSWORTH T L, et al., 1998. A new technique for noise filtering of SAR interferometric phase images. IEEE Transactions on Geoscience & Remote Sensing, 36(5): 1456-1465.

LIN H, LIAO M, ZHANG Z, 2004. Automatic registration of InSAR data based on least-square matching and multi-step strategy. Photogrammetric Engineering & Remote Sensing, 70(10): 1139-1144.

LOPEZ-MARTINEZ C, FABREGAS X, 2002. Modeling and reduction of SAR interferometric phase noise in the wavelet domain. IEEE Transaction on Geoscience and Remote Sensing, 40(12): 2553-2566.

MALLAT S, 1998. A wavelet tour of signal processing: The sparse way. Amsterdam: Academic Press.

MASHALY A S, ABDELKAWY E E F, MAHMOUD T A, 2010. Speckle noise reduction in SAR images using adaptive morphological filter. IEEE International Conference on Intelligent Systems Design and Applications, Cairo, Egypt: 260-265.

MASSONNET D, VADON H, 1995. ERS-1 internal clock drift measured by interferometry. IEEE Transactions on Geoscience & Remote Sensing, 33(2): 401-408.

NICOLAS J M, 2005. InSAR image co-registration using the Fourier-Mellin transform. International Journal of Remote Sensing, 26(13): 2865-2876.

NITTI D O, HANSSEN R F, REFICE A, et al., 2011. Impact of DEM-assisted coregistration on high-resolution SAR interferometry. IEEE Transactions on Geoscience & Remote Sensing, 49(3): 1127-1143.

ODEGARD J, GUO H, LANG M, et al., 1995. Wavelet based SAR speckle reduction and image compression. Proceedings of the SPIE Symposium on OE/Aerospace Sensing and Dual Use Photonics, Orlando, Florida: 17-21.

PRATI C, GIANI M, LEURATTI N, 1990. SAR interferometry: A 2-D phase unwrapping technique based on phase and absolute values informations. Geoscience and Remote Sensing Symposium, Maryland, USA: 2043-2046.

PRITT M D, 1996. Phase unwrapping by means of multigrid techniques for interferometric SAR. IEEE Transactions on Geoscience & Remote Sensing, 34(3): 728-738.

SANSOSTI E, BERARDINO P, MANUNTA M, et al., 2006. Geometrical SAR image registration. IEEE Transactions on Geoscience & Remote Sensing, 44: 2861-2870.

SERAFINO F, 2006. SAR image coregistration based on isolated point scatterers. IEEE Geoscience & Remote Sensing Letters, 3(3): 354-358.

SPAGNOLINI U, 1995. 2-D phase unwrapping and instantaneous frequency estimation. IEEE Transactions on Geoscience and Remote Sensing, 33(3): 579-589.

SUN H, MAITRE H, 2001. Radiometric multiresolution analysis for speckle filtering//2001 CIE International Conference on Radar Proceedings. IEEE: 236-240.

VIDAKOVIC B, 1999. Statistical modeling by wavelets. New Jersey: John Wiley & Sons, Inc.

WANG T, JONSSON S, 2012. A new InSAR coregistration strategy for geophysical applications. Geoscience and Remote Sensing Symposium, Munich, Germany: 3995-3998.

WANG T, JONSSON S, 2014. Phase-ramp reduction in interseismic interferograms from pixel-offsets. IEEE Journal of Selected Topics in Applied Earth Observations & Remote Sensing, 7(5): 1709-1718.

WANG T, JÓNSSON S, HANSSEN R F, 2010. Improved SAR image coregistration using pixel-offset series. IEEE Geoscience & Remote Sensing Letters, 11(9): 1465-1469.

XU W, CUMMING I, 1996. A region growing algorithm for InSAR phase unwrapping. IEEE Transactions on Geoscience and Remote Sensing Symposium, 37(1): 2044-2046.

ZEBKER H, VILLASENOR J, 1992. Decorrelation in interferometric radar echoes. IEEE Transaction on Geoscience and Remote Sensing, 30(5): 950-959.

ZHOU Y, LI D, GENDEREN J V, 1999. Wavelet based SAR speckle reduction and image compression. Proceedings of the SPIE Symposium, Wavelet Applications VI, Orlando, Florida: 208-214.

第 4 章　广域星载 InSAR 地表形变监测

本章首先介绍广域星载 InSAR 地表形变监测面临的几个主要问题，并针对这些问题提出本书的处理方法，通过试验验证方法的有效性，同时介绍基于本书方法研制的全国地表形变一张图及其精度。

4.1　广域星载 InSAR 地表形变监测面临的问题

4.1.1　相干目标空间不连续解算

作为形变解算的基础，相干目标空间连续性可以保证准确的干涉条纹，避免形变提取过大带来的相位模糊度问题，从而通过后续处理提取出正确的地表形变。然而，在广域条件下，地物的多种多样所带来的相干目标空间不连续现象往往会造成 InSAR 干涉图邻近像素相干性的随机跳跃或者不连续现象，给 InSAR 形变解算带来巨大困难。尤其是其中的低相干区域，在大气效应等误差的协同作用下，会使不连续的相干目标之间的相位关系变得难以确定，增加了相位解缠的复杂性；其误差传递至后续 InSAR 处理步骤，导致形变反演结果偏离真实形变。

4.1.2　相位解缠

相位解缠是 InSAR 数据处理的重要环节，其准确性直接影响形变解算的可靠性。对广域形变监测而言，相位解缠面临许多不确定性，比如干涉噪声、地形因素引起的叠掩和阴影、过大的形变梯度等，这些因素可能导致相位不连续，破坏相位的周期连续性，进而导致局部相位解缠失败，影响 InSAR 形变解算的精度。此外，广域形变监测巨大的数据和计算量，对相位解缠的效率也有一定的要求。因此，如何快速准确地在广域条件下进行 InSAR 相位解缠工作也是大范围地表形变监测所面临的挑战之一。

4.1.3　广域大气改正

大气误差是 InSAR 地表形变提取的一项主要误差源，并且对广域 InSAR 形变提取，大气误差的影响更甚。首先，对广域形变提取而言，Sentinel-1 数据凭借其幅宽大、C 波段的特点，对微小形变很敏感，因此是目前的数据源最优解。然而，单景影像的大幅宽导致其中的大气随机性更大，更难去除；而且全国形变的提取范围更大，大气更难以模拟，且涉及上百个图幅的拼接问题，如何使接边一致性更好也是一大难题。

4.1.4 计算效率

对广域 InSAR 形变监测而言，除了误差改正，计算效率也是一大问题。随着国外 SAR 卫星数据的开放，国产高分三号星座及其他 SAR 卫星的在轨运行，尤其是欧洲空间局 Sentinel-1 系列卫星数据的免费开放，使广域 InSAR 地表形变监测成为可能。但随之而来的海量数据的计算和存储问题也是广域 InSAR 地表形变监测所面临的挑战之一。以目前免费开放且单景影像幅宽最大的 Sentinel-1 影像（干涉宽幅模式 250 km 幅宽）为例，覆盖我国全境的 Sentinel-1 数据需要 360 个图幅以上，每个图幅每年拥有约 30 期时序数据，以每期数据 5 GB 计算，仅原始数据所占存储空间就达到了 54 000 GB。而对于后续的时序处理，按照每个图幅经过基线约束后选出 120 对干涉对参与形变计算，那么对全国形变提取而言，总干涉对数量超过 43 200 对，随之产生的数据量更是多达上千太字节。利用目前现有的时序处理方法，每个图幅处理时长约 72 h，全国形变处理耗时超过 1 000 个工作日。这样的效率显然无法满足常态化地表形变监测和更新要求。

4.2 广域星载 InSAR 地表形变监测方法

4.2.1 经典时间序列 InSAR 地表形变监测方法

时序 InSAR 方法凭借可以削弱时空失相干和大气效应的能力，得到了广泛的关注与研究，当前已有近十种时序 InSAR 方法被提出：永久散射体干涉测量（PSI）（Ferretti et al.，2000）、小基线集（SBAS）（Berardino et al.，2002）、SqueeSAR（Ferretti et al.，2009）、干涉点目标分析（interferometric point target analysis，IPTA）（Werner et al.，2003）、永久散射体斯坦福方法（Stanford method for persistent scatterers，StaMPS）（Hooper et al.，2004）、相干像素技术（coherent pixels technique，CPT）（Blanco-Sanchez et al.，2008）、临时相干点合成孔径雷达（coherence point InSAR，TCP-InSAR）（Zhang et al.，2012）等。其中，PSI 和 SBAS 应用最为广泛，下面对这两种时序 InSAR 方法的原理和流程进行介绍。

1. PSI 方法

1）基本原理

PSI 方法首先基于后向散射系数和相干性阈值等识别出研究区域内不受时间和空间基线变化、具有较高后向散射特性的 PS 点，并将识别出的所有 PS 点共同布设成 PS 网络。通过对 PS 网络内任意相邻两 PS 点进行差分处理，根据干涉相位与时间基线、空间基线的关系，估算得到相邻 PS 点间的相对线性形变速率和相对高程改正差，然后将相对线性形变速率和相对高程改正差恢复为每个 PS 点上的线性形变速率绝对值和高程改正差绝对值，并结合从残余相位中估算出来的非线性形变，对最终的时序形变场进行反演（Ferretti et al.，2000）。

PSI 方法是一种单主影像时序 InSAR 方法，对于 $N+1$ 景 SAR 影像，从中选取一景与其他 N 景具有最佳时间和空间相关性的 SAR 影像作为公共主影像，其余 SAR 影像为辅影像，组成 N 个干涉对。识别出不受时间和空间基线变化、具有较高后向散射特性 PS 点，经过去平地效应后，第 m 个干涉对中的第 i 个 PS 点的干涉相位可表示为

$$\phi_i^m = 2\pi \cdot k_i^m + \phi_{i,\mathrm{topo}}^m + \phi_{i,\mathrm{base}}^m + \phi_{i,\mathrm{atmo}}^m + \phi_{i,\mathrm{noise}}^m + \phi_{i,\mathrm{def}}^m \tag{4.1}$$

式中：$m=1, 2, 3, \cdots, N$ 为干涉相对的序号；i 为 PS 点的序号；ϕ_i^m 为第 m 幅干涉图中第 i 个 PS 点像元的真实相位值；k_i^m 为第 m 幅干涉图中第 i 个 PS 点像元的整周模糊数；$\phi_{i,\mathrm{topo}}^m$ 为第 m 幅干涉图中第 i 个 PS 点像元的地形相位信息；$\phi_{i,\mathrm{base}}^m$ 为第 m 幅干涉图中第 i 个 PS 点像元因基线误差产生的相位；$\phi_{i,\mathrm{atmo}}^m$ 为第 m 幅干涉图中第 i 个 PS 点像元因大气延迟而产生的相位；$\phi_{i,\mathrm{noise}}^m$ 为第 m 幅干涉图中第 i 个 PS 点像元因噪声产生的随机误差相位；$\phi_{i,\mathrm{def}}^m$ 为第 m 幅干涉图中第 i 个 PS 点像元在卫星视线向的地表形变相位。

其中，$\phi_{i,\mathrm{topo}}^m$ 可以借助外部 DEM，根据式（4.2）对地形相位进行模拟并从干涉相位中减去：

$$\Delta\phi_{i,\mathrm{topo}}^m = \frac{4\pi \cdot B_{\perp,i}^m}{\lambda R_i^m \cdot \sin\theta_i^m} \cdot H_i^m = \beta_i^m \cdot H_i^m \tag{4.2}$$

式中：$B_{\perp,i}^m$ 为垂直基线长度；R_i^m 为斜距；θ_i^m 为入射角；$\beta_i^m = \dfrac{4\pi \cdot B_{\perp,i}^m}{\lambda R_i^m \cdot \sin\theta_i^m}$ 为相位高程转换系数；H_i^m 为高程。

但是，无论多高精度的外部 DEM，都会与真实高程之间存在一个差值，其引起的残余地形相位计算公式为

$$\frac{4\pi \cdot B_{\perp,i}^m}{\lambda R_i^m \cdot \sin\theta_i^m} \cdot \delta H_i^m = \beta_i^m \cdot \delta H_i^m \tag{4.3}$$

式中：δH_i^m 为高程改正差。

$\phi_{i,\mathrm{base}}^m$ 是在去平地效应时由于基线误差引起的相位，可以通过二次曲面模型等方法对基线信息进行精化，从而对基线误差相位进行改正。

$\phi_{i,\mathrm{def}}^m$ 可以表示成一个包含视线向形变速率的时间函数：

$$\Delta\phi_{i,\mathrm{def}}^m = -\frac{4\pi \cdot T^m}{\lambda} v_i \tag{4.4}$$

式中：T^m 为时间基线；v_i 为视线向形变速率。

此外，$\phi_{i,\mathrm{atmo}}^m$ 和 $\phi_{i,\mathrm{noise}}^m$ 引起的随机误差可以用 $\varepsilon_{i,j}^m$ 表示。

因此，减去地形相位后，第 m 个干涉对中的第 i 个 PS 点的干涉相位又可以表示为

$$\Delta\phi_i^m = -2\pi \cdot k_i^m + \beta_i^m \cdot \delta H_i^m - \frac{4\pi \cdot T^m}{\lambda} v_i + \varepsilon_i^m \tag{4.5}$$

第 j 个 PS 点的干涉相位可以表示为

$$\Delta\phi_j^m = -2\pi \cdot k_j^m + \beta_j^m \cdot \delta H_j^m - \frac{4\pi \cdot T^m}{\lambda} v_j + \varepsilon_j^m \tag{4.6}$$

若以第 i 个 PS 点作为参考点，第 i 个和第 j 个 PS 点的差分相位 $\Delta\phi_{i,j}^m$ 表示为

$$\Delta\phi_{i,j}^m = -2\pi \cdot \Delta k_{i,j}^m + \beta_{i,j}^m \cdot \Delta\delta H_{i,j}^m - \frac{4\pi \cdot T^m}{\lambda} \Delta v_{i,j} + \varepsilon_{i,j}^m \tag{4.7}$$

式中：$\Delta k_{i,j}^{m}=k_{i}^{m}-k_{j}^{m}$；$\Delta\delta H_{i,j}^{m}=\delta H_{i}^{m}-\delta H_{j}^{m}$；$\Delta v_{i,j}=v_{i}-v_{j}$；$\varepsilon_{i,j}^{m}=\varepsilon_{i}^{m}-\varepsilon_{j}^{m}$。

2）处理流程

PSI 的具体处理流程如图 4.1 所示，下面对采用 PSI 进行时序形变监测处理流程中的主要步骤进行介绍。

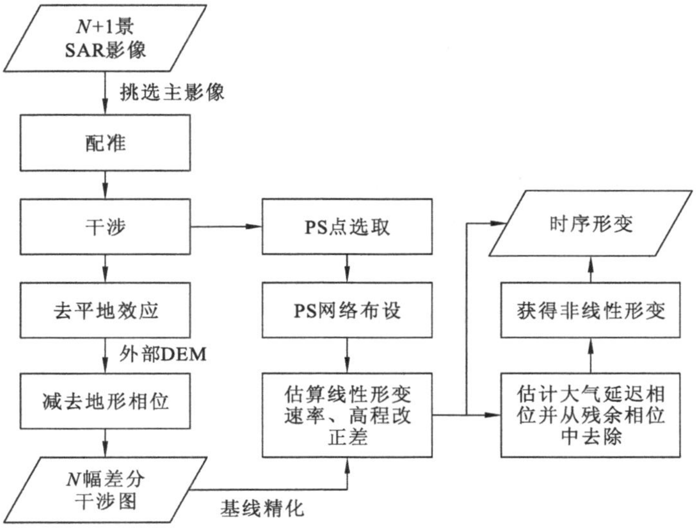

图 4.1　PSI 处理流程图

（1）差分干涉。首先从 N+1 景 SAR 影像选取一景与其他 N 景影像具有最佳时间和空间相关性的 SAR 影像作为公共主影像，与其余 N 景 SAR 影像分别组成 N 个干涉对。将所有辅影像配准到公共主影像上，并对 N 个干涉对进行干涉处理。然后，根据基线信息模拟平地相位，进行去平地效应。借助外部 DEM 数据生成地形相位并从干涉相位中减去，得到 N 幅差分干涉图。

（2）PS 点选取与 PS 网络布设。基于后向散射系数和相干性阈值等识别出研究区域内不受时间基线和空间基线变化影响、具有较高后向散射特性的 PS 点，并从生成的差分干涉图中提取出所有 PS 点上对应的差分干涉相位值。然后，采用德洛奈（Delaunay）三角网等方法将 PS 点布设成 PS 点基线网络，建立起相邻两点间的差分干涉函数模型。为有效地减弱大气效应对相位的影响，布设 PS 点基线网络时需要设置两个 PS 点间的距离阈值。

（3）估算线性形变速率和高程改正差。依据干涉相位与时间基线、空间基线的关系，分别建立目标函数并使模型相关系数最大化，从而估算得到相邻 PS 点间的相对线性形变速率和相对高程改正差。然后将相对线性形变速率和相对高程改正差恢复为每个 PS 点上的线性形变速率绝对值和高程改正差绝对值。

（4）时序形变反演。从差分相位中减去线性形变相位和残余地形相位后，得到的残余相位中主要包含大气延迟相位和非线性形变相位。利用时空滤波等方法从残余相位中估计出大气延迟相位并减去，得到非线性形变相位。最后，根据线性形变速率和非线性形变，得到时序形变。

2. SBAS 方法

1）基本原理

SBAS 方法首先通过设置小的空间基线阈值或（和）时间基线阈值得到小基线集，对小基线集中的干涉对进行差分干涉处理，然后去除或削弱残余地形、基线信息不精确、大气延迟、噪声等引起的相位误差，最后采用奇异值分解法或最小二乘法估算线性形变速率，并结合从残余相位中估算出来的非线性形变，对最终的时序形变场进行反演（Berardino et al.，2002）。

SBAS 方法是一种多主影像时序 InSAR 方法，对于 $N+1$ 景 SAR 影像，设置小的空间基线阈值或（和）时间基线阈值得到小基线集，包含 M 个干涉对。M 满足

$$(N+1)/2 < M < N(N+1)/2 \tag{4.8}$$

其中，任一干涉对主影像和辅影像的获取时间分别设为 t_A 和 t_B（$t_B > t_A$）。对干涉对进行干涉处理得到干涉相位 φ_{int}，干涉相位减去平地相位 φ_{flt} 和地形相位 φ_{topo}，即可得到理论上地表形变引起的差分干涉相位 $\delta\varphi$，如式（4.9）所示。

$$\delta\varphi = \varphi_{int} - \varphi_{flt} - \varphi_{topo} \tag{4.9}$$

对所有干涉对进行干涉、去平地相位和去地形相位后，由于存在各类相位误差的影响，得到的第 j 幅干涉图上高相干点(x, y)上的相位值可以表示为

$$\begin{aligned}\delta\varphi_j(x,y) \approx \frac{4\pi}{\lambda}[d(t_B,x,y) - d(t_A,x,y)] + \Delta\varphi_j^{\Delta h}(x,y) \\ + \Delta\varphi_j^{base}(x,y) + \Delta\varphi_j^{atm}(x,y) + \Delta\varphi_j^{noise}(x,y)\end{aligned} \tag{4.10}$$

式中：λ 为波长；$d(t_B, x, y)$和 $d(t_A, x, y)$为相对于 $d(t_0, x, y)=0$ 时的视线方向累积形变量；$\Delta\varphi_j^{\Delta h}(x,y)$、$\Delta\varphi_j^{base}(x,y)$、$\Delta\varphi_j^{atm}(x,y)$、$\Delta\varphi_j^{noise}(x,y)$ 分别为残余地形、基线信息不精确、大气延迟、噪声导致的相位误差，去除或削弱这些误差相位后，式（4.10）可简化为

$$\delta\varphi_j(x,y) \approx \frac{4\pi}{\lambda}[d(t_B,x,y) - d(t_A,x,y)] \tag{4.11}$$

$$d(t_B,x,y) - d(t_A,x,y) = v_i(t_B - t_A) \tag{4.12}$$

式中：v_i 为 t_A 至 t_B 时间段内视线方向的平均形变速率。将式（4.11）和式（4.12）转化为矩阵形式为

$$\boldsymbol{BV} = \delta\boldsymbol{\varphi} \tag{4.13}$$

式中：$\boldsymbol{B}$ 为 $M \times N$ 的参数矩阵；$\boldsymbol{V}$ 为平均形变速率矩阵；$\delta\boldsymbol{\varphi}$ 为相位矩阵。在参数矩阵 $\boldsymbol{B}$ 满秩（$M>N$）的情况下，可以通过最小二乘法计算平均形变速率矩阵 $\boldsymbol{V}$；在参数矩阵 $\boldsymbol{B}$ 秩亏（$M<N$）的情况下，可以通过奇异值分解法计算平均形变速率矩阵 $\boldsymbol{V}$ 的最小范数解。然后，结合从残余相位中估算出来的非线性形变，对最终的时序形变场进行反演。

2）处理流程

SBAS 的具体处理流程如图 4.2 所示，下面对采用 SBAS 进行时序形变监测处理流程中的主要步骤进行介绍。

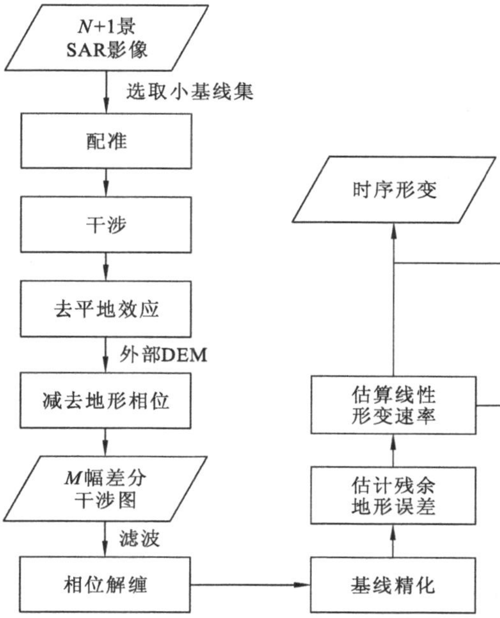

图 4.2 SBAS 具体处理流程图

（1）差分干涉。对于 $N+1$ 景 SAR 影像，通过设置小的空间基线阈值或（和）时间基线阈值得到小基线集，小基线集内包含 M 个干涉对（$(N+1)/2<M<N(N+1)/2$）。选择一景 SAR 影像作为配准主影像，将其他所有影像配准到配准主影像上，并对 M 个干涉对进行干涉处理。然后，根据基线信息模拟平地相位，进行去平地效应。借助外部 DEM 数据生成地形相位并从干涉相位中减去，得到 M 幅差分干涉图。

（2）相位滤波、相位解缠。相位滤波可以提高影像的信噪比，从而减小噪声对相位解缠的干扰。滤波后的差分干涉图中，干涉相位的值域仅为（$-\pi, +\pi$），这是绝对相位的主值，也称为缠绕相位。为了恢复绝对相位，需要对缠绕相位进行解缠操作。

（3）基线精化、估计残余地形误差。基线参数的精度会影响平地相位的估计精度，当基线参数不精确时，会引入基线误差导致的相位分量。可以采用二次曲面模型等方法对基线参数进行精化，从而减小基线误差。依据干涉相位与空间基线的关系，建立目标函数并使模型相关系数最大化，估算得到高程改正差，转换为残余地形误差并去除。

（4）估算线性形变速率。如基本原理部分所述，采用奇异值分解法或最小二乘法对线性形变速率进行计算。

（5）时序形变反演。从差分相位中减去线性形变相位后，得到的残余相位中主要包含大气延迟相位和非线性形变相位。利用时空滤波等方法从残余相位中估计出大气延迟相位并减去，得到非线性形变相位。最后，根据线性形变速率和非线性形变，得到时序形变。

4.2.2 改进的小基线集方法

小基线集方法采用阈值约束时间基线和空间基线（Berardino et al.，2002），挑选出小基线集合，提高了数据采样率和形变监测精度，已广泛应用于大范围地表沉降的监测及相关应用中。

利用小基线集方法进行地表形变反演，首先要利用时空基线阈值筛选出小基线集合，目前筛选方法主要有三种：①只设置时间基线，如 Mohammadimanesh 等（2019）对加拿大育空地区地表稳定性的反演，这种方法可以有效减少时间失相干的影响，常用于相干性较差的区域，如山区和植被茂密区；②只设置空间基线，如 Chaussard 等（2014）对印度尼西亚西部地区的形变反演和成因分析，Kim 等（2015）对亚利桑那州图森市长时序地表形变的提取，这种方法可以有效减少地形误差带来的影响，但对数据本身相干性要求较高，更适用于长波长雷达数据；③时间空间基线组合，这是目前最常见的方法，适用范围较广，如 Zhao 等（2012）对地质灾害体时序形变的提取，Dong 等（2014）、Xu 等（2016）、Zhou 等（2017）对城市形变的提取，以及 Tizzani 等（2007）、Chaussard 等（2014）、Bateson 等（2015）、Zhao 等（2016）对区域级地表形变的提取。

目前小基线集方法往往通过设置较短的时间基线阈值来保证干涉对相干性，是一种基于短时间内地物的变化较小不至于造成失相干的经验办法，并不能保证所有干涉对都具有很好的相干性。由于地物种类和季节等因素的影响，存在特殊情况：冬季地表覆被少，长时间间隔影像间相干性也较好；夏季植被茂密且多雨，相邻影像间也无法保证较好的相干性。目前小基线集中固定的短时间基线无法很好地应对这些场景，可能引入失相干误差。Zhou 等（2017）和 Mohammadimanesh 等（2019）也认识到了这个问题，因此 Zhou 等虽然设定了 200 天的固定时间基线，但手动删除了相干性较差的干涉对，Mohammadimanesh 等则针对不同的季节设置了不同的时间基线来保证干涉对的相干性。但这些经验性的操作也都增加了处理的复杂性。此外，在进行广域地表形变提取时，尤其是以我国陆域全境为研究区时，由于覆盖研究区的 SAR 影像图幅甚多，分布地理范围甚广，采用常规小基线集时空基线阈值作为干涉对组合的限制条件并不合理，容易引发一系列问题，如不同图幅间成像基线差异导致干涉对数量不同，影响图幅间的一致性；统一时空基线无法适应广域不同图幅的数据处理，而针对单独图幅进行基线组合测试会大大增加试错成本和额外工作量。鉴于此，Wang 等（2022）提出直接使用干涉对的平均相干性代替时间基线，作为阈值筛选条件来进行基线的优化组合，并利用优化的基线组合进行后续的 SBSA-InSAR 处理，以提高测区形变提取的精度。

该方法的具体实现过程为：对空间基线的处理与常规小基线集无异，针对获取的研究区 SAR 数据，首先综合考虑外部 DEM 精度和高程误差，引入固定的空间基线对干涉对进行约束，挑选出一定数量的干涉对；然后，舍弃传统的时间基线，基于式（4.14）计算所有干涉对的平均相干性，然后挑选相干性最好的图幅进行后续的干涉计算，而挑选的干涉对数量则可以根据实际进行调整。

$$\gamma_{\text{avg}} = \frac{\sum_{i=1}^{w}\sum_{j=1}^{l}\gamma_{(i,j)}}{wl} \tag{4.14}$$

式中：w 为影像宽度；l 为影像高度（均以像素值计）；$\gamma_{(i,j)}$ 为在 (i,j) 处的像素值。

为体现该方法的普适性，研究区选择分属不同半球的美国休斯敦及澳大利亚悉尼，数据均采用 Sentinel-1 卫星 C 波段干涉宽幅数据（VV 极化），其中休斯敦为降轨数据，悉尼为升轨数据，多视后地面分辨率均为 20 m 左右，每个试验区均获取了 2020 年 1～

12 月内共 30 景影像，数据获取时间间隔均为 12 天，并在实际处理前根据研究区范围对影像进行裁剪，研究区范围及数据基线分布情况分别如图 4.3 和图 4.4 所示。

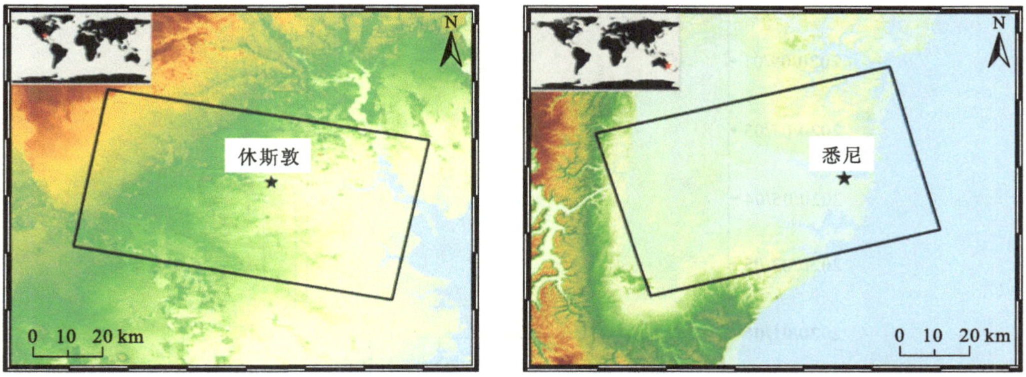

（a）休斯敦　（b）悉尼

图 4.3　研究区范围

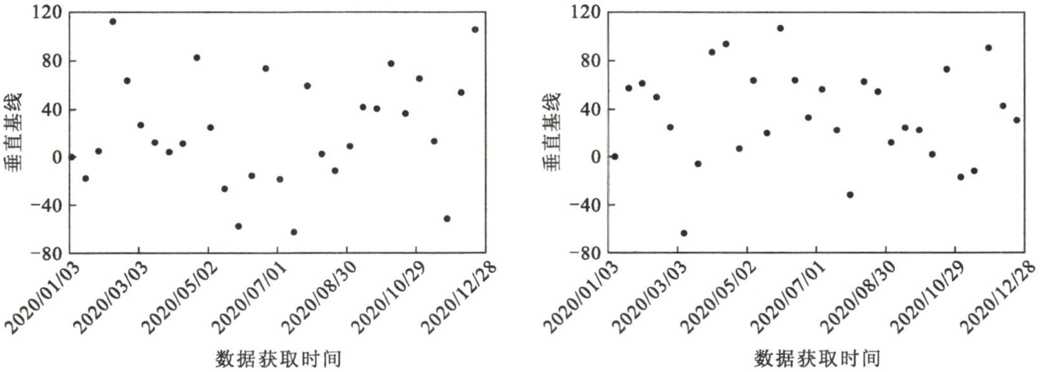

（a）休斯敦　（b）悉尼

图 4.4　研究区 SAR 数据基线分布

根据试验数据，若不对基线加以限制，则一共可以组成 30×29/2=435 对干涉像对，随后计算所有像对的平均相干性并进行统计，如图 4.5 所示。图中每个小方格代表一个干涉像对，颜色代表平均相干性，影像自身与自身相干性为 1，即每幅图中的对角线，但由于干涉需要两幅不同期影像，图中对角线不做分析。从两幅图整体上看，干涉对的相干性大致遵循时间间隔越短，相干性越好的规律，因此较短的时间基线可以一定程度上保证干涉对的相干性。然而也存在特殊情况，如休斯敦 5 月中旬的数据，其所组成的干涉对相干性普遍较差，同样的情况也出现在悉尼 6 月和 9 月的数据上。而且，无论对北半球的休斯敦还是南半球的悉尼而言，短期相干性保持较好的是春季和冬季的数据，对于休斯敦是 10 月至次年 3 月，而对于悉尼则是 6 月至 10 月，这些都说明了 SAR 干涉对的相干性分布具有极大的随机性，受到季节、影像获取时间及研究区所处位置等诸多因素的影响；假设时间基线为 100 天，即图中所标明的两条时间基线以内的像对会被选中参与后续形变反演过程，但是从两个研究区的平均相干性分布可以发现，在所设置的时间基线以内也存在许多相干性较差的像对，而那些被短时间基线阈值过滤掉的像对中也存在相干性较好的干涉对。

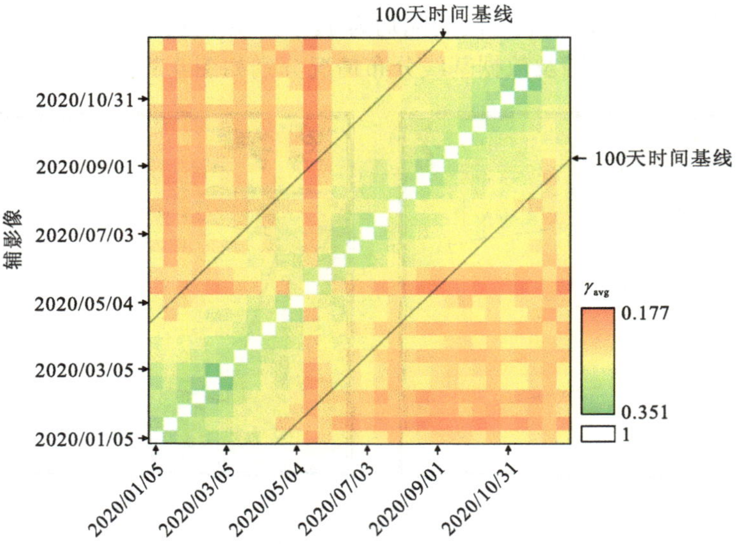

（a）休斯敦

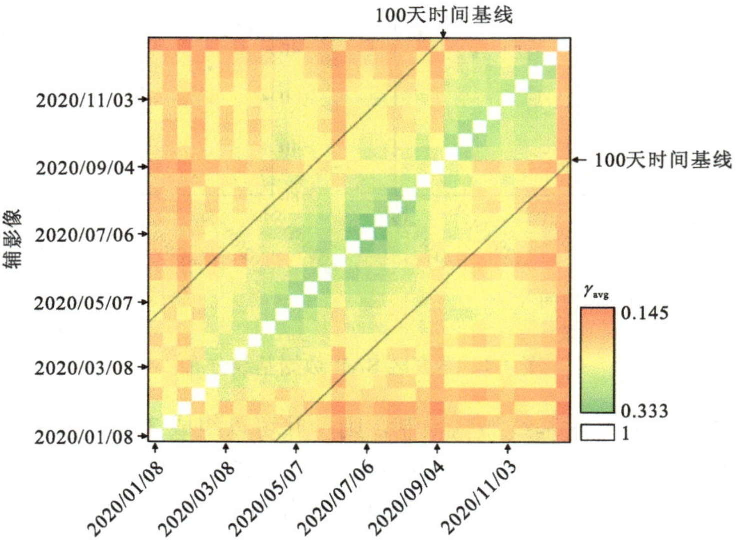

（b）悉尼

图 4.5　平均相干性分布矩阵

从 SAR 影像间相干性分布规律可以发现，常规的 SBAS 方法仅使用固定的时间基线来对其基线进行约束以保证较好的相干性具有一定的局限性，并不能在所有场景下都适用。因此直接使用平均相干性代替时间基线，设置阈值对像对进行优化组合，并进行随后的 SBAS-InSAR 处理。

分别利用常规 SBAS 方法和本书方法进行干涉对组合并进行测区的形变提取。对于休斯敦试验区，常规小基线集的基线筛选中设置空间基线 80 m、时间基线 50 天，共得到 86 对干涉对；对于本书方法进行基线的优化组合，保持空间基线 80 m，然后对所有影像进行干涉对组合，共得到 343 对干涉对，之后取平均相干性最好的前 86 对，与对照组干涉对数一致。对于悉尼试验区，相似地，对常规小基线集设置空间基线 100 m、时间基线 70 天，共得到 124 对干涉对参与后续常规小基线集形变反演，然后利用本书方法对基线进行优化，保持空间基线 100 m 进行干涉对组合，得到 404 对干涉对，之后取平均相干性最好的前 124 对进行后续计算。针对不同测区，两种方法基线组合情况如图 4.6 所示。

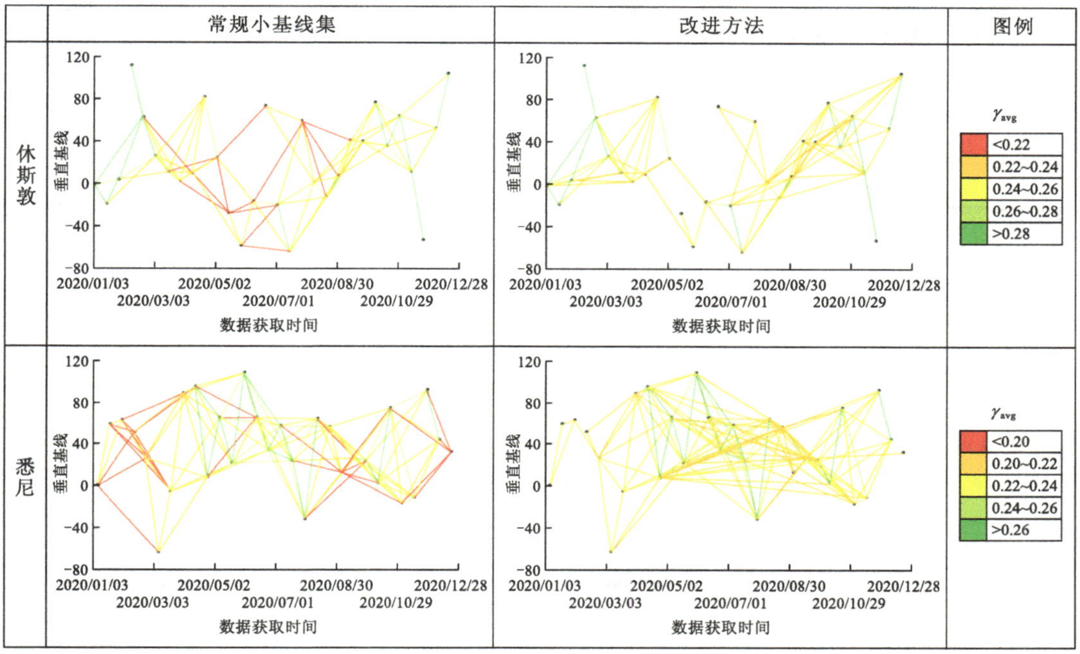

图 4.6　常规小基线集方法和改进方法的干涉对相干性对比

从图 4.6 中可以看出，常规小基线集利用固定时空基线阈值筛选干涉对有一定的局限性，因为一些时间间隔短但平均相干性较差的干涉对（红色基线）会在后续处理中引入失相干误差，从而影响形变反演结果的精度，而本书基线优化组合方法则可以更好地保证干涉对的整体相干性，为正确的形变反演打好基础。为了更清楚地显示两种方法的基线对比情况，绘制两种方法提取干涉对平均相干性分布的柱状图，如图 4.7 所示。从图 4.7 中可以直观地看出，如果使用常规小基线集的时空基线约束，两个试验区中都会选出相当数量的相干性相对较差的像对，而使用本书方法则可以有效改善这一现象，虽然在高相干性像对的数量上两种方法保持一致，但位于中位的相干性区间内，本书方法能够明显筛选出多于常规时空基线方法的干涉对，在整体上保证干涉图的质量，从而提高形变反演的准确度。

随后，通过两种基线组合分别进行 SBAS-InSAR 处理，保持过程中的参数一致，包括视数、滤波窗口大小、解缠参考点及阈值等，得到两个试验区形变速率图对比，如图 4.8 和图 4.9 所示。

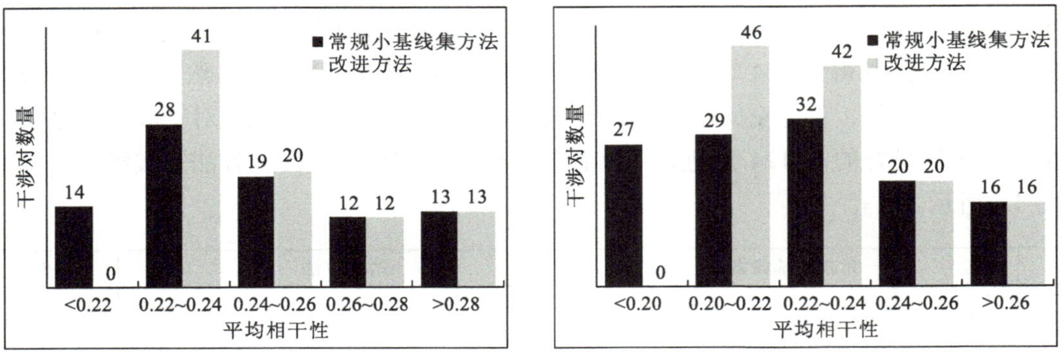

（a）休斯敦　　　　（b）悉尼

图 4.7　相干性对比柱状图

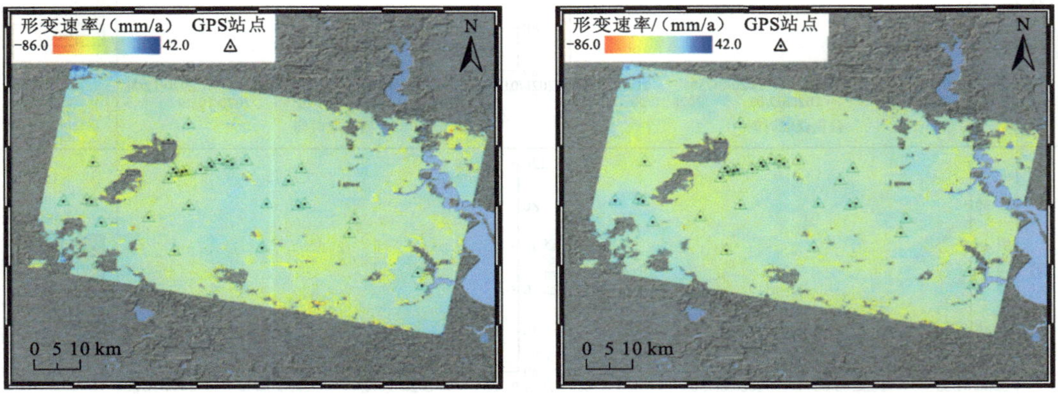

（a）改进方法　　　　（b）常规小基线集方法

图 4.8　休斯敦形变速率对比图

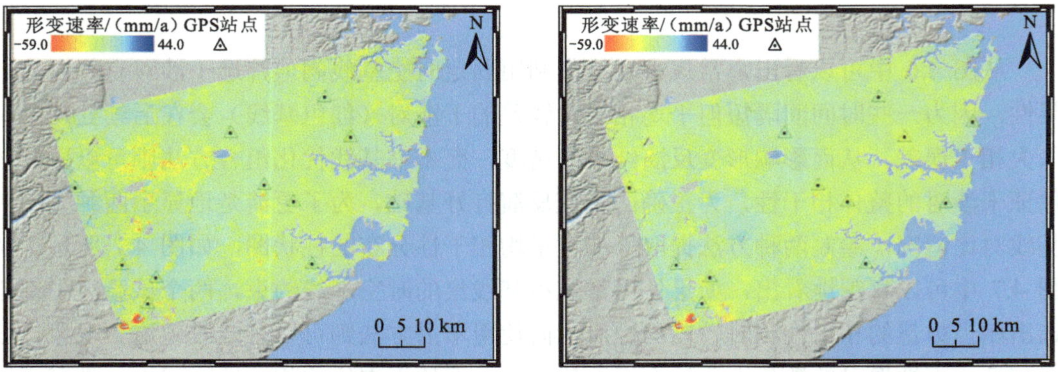

（a）改进方法　　　　（b）常规小基线集方法

图 4.9　悉尼形变速率对比图

从形变速率图上可以看出，两种方法提取的形变速率大致趋势相同，只是在局部上有所区别。其中，休斯敦的最大下沉速率达到了-86 mm/a，同时测区左侧出现大面积植被体散射导致的失相干区域；悉尼最大下沉速率达到了-59 mm/a，测区整体相干性较好，同时两种方法的结果中，都在测区的左下角位置发现了明显的下沉信号。为了对两种方法进行量化比较，本小节引入测区内分布的 GPS 点实测值作为真值，同时将两种方法提取的视线形变速率转到垂直向并进行对比，对比结果如图 4.10 所示，同时选取误差的标准差（Std）和中误差（RMSE）作为精度评价指标。

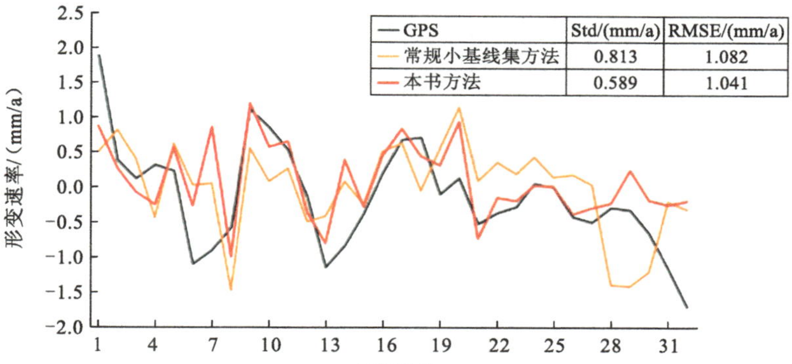

(a) 休斯敦

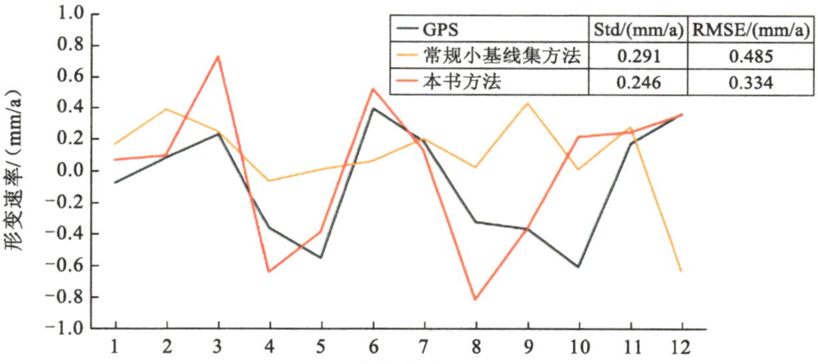

(b) 悉尼

图 4.10　形变速率精度对比

从定量对比的结果中发现，休斯敦测区的两种方法提取的形变趋势十分接近，且与 32 个 GPS 点位实测值基本一致，其中常规 SBAS 方法提取结果的误差标准差为 0.813 mm/a，均方根误差为 1.082 mm/a，而本书方法的这两个指标分别为 0.589 mm/a 和 1.041 mm/a；悉尼研究区 GPS 点位分布较少，只有 12 个，但通过与仅有的点位对比，常规 SBAS 方法的误差标准差为 0.291 mm/a，均方根误差为 0.485 mm/a，而本书方法的误差标准差为 0.246 mm/a，均方根误差为 0.334 mm/a。定量对比结果表明本书方法的形变提取结果精度要优于常规小基线集方法，说明了利用平均相干性代替时间基线进行干涉对优化组合并进行测区形变反演的优越性。

同时，在国内做了试点试验。试验区选择为青海省中部地区，海拔 2404～6024 m，平均 3716 m。该区域内包含地形较全面，平地、丘陵、山地均有分布，其中平地占比 52.49%，丘陵占比 14.49%，山地占比 31.83%，可以较好地验证试验方法在复杂环境下的适用性。试验选择了 4 个图幅的 Sentinel-1 数据覆盖范围的区域作为研究区，图幅号分别为 P70F1301、P70F1296、P172F1302、P172F1297，图幅分布如图 4.11 所示。同时选取研究区内 17 处千寻 CORS 站点数据，进行后续的精度验证工作。然后使用两种方法进行形变速率的反演：①相干基线，每个图幅的 Sentinel-1 数据均为 2021 年全年数据（30 景），通过设置 30 m 空间基线，每个图幅均可以获得约 80 对干涉对，然后基于平均相干性指标，选取相干性最好的前 40 对干涉对进行后续时序 InSAR 处理并反演最终地表形变；②时空基线，每个图幅的 Sentinel-1 数据均为 2021 年全年数据（30 景），通过设置 30 m 空间基线及 200 天时间基线，每个图幅均可以获得约 80 对干涉对，与相干基线方法的干涉对数量一致，然后基于时空基线阈值选出的干涉对进行后续时序 InSAR 处理并反演最终地表形变。

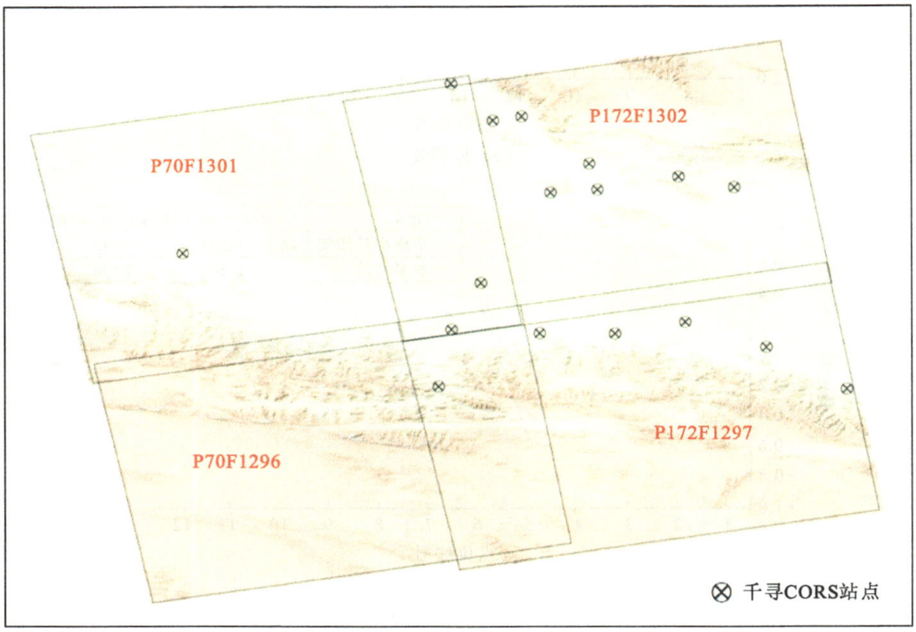

图 4.11　研究区示意图

两种方法所提取的形变速率结果如图 4.12 所示，其中第一排左图为相干基线提取结果，第一排右图为时空基线提取结果，第二、三排为细节对比，表 4.1 统计了具体的覆盖率及精度对比，可以看出，相干基线所提取的形变结果覆盖率明显提高，同时形变速率精度也有所提高，说明了本书方法在国内区域的适用性。

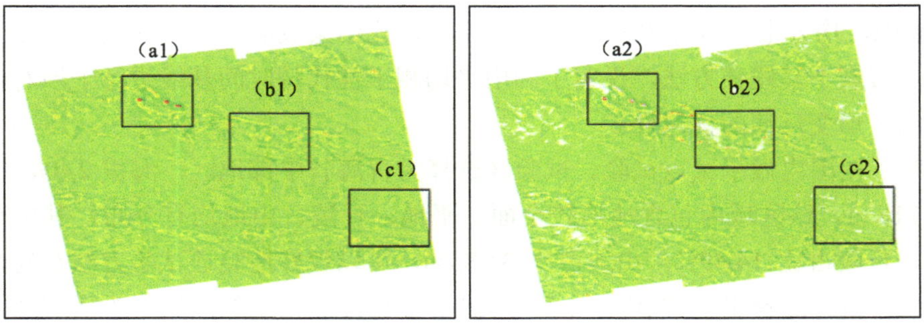

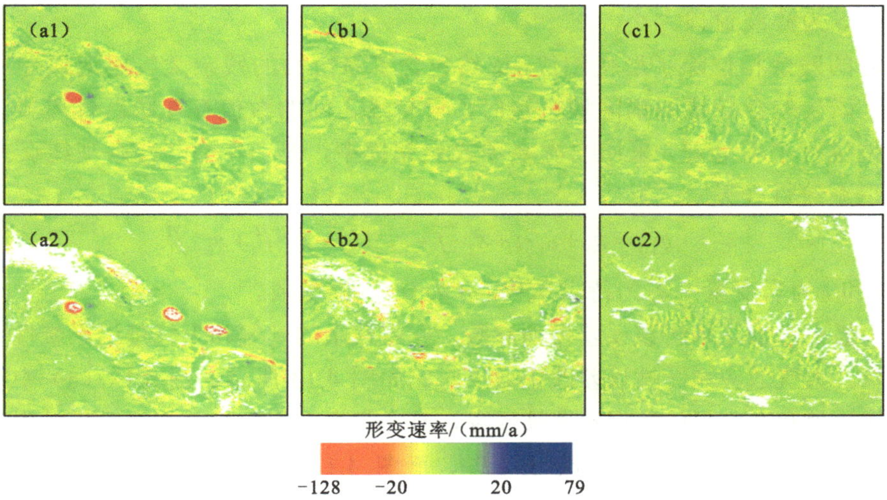

图 4.12　形变速率及细节对比图

表 4.1　两种方法的覆盖度及精度对比

项目	干涉对平均相干性	结果覆盖率	RMSE	最大误差	最小误差
时空基线	0.306	76.72%	3.26 mm/a	6.81 mm/a	0.04 mm/a
相干基线	0.342	97.14%	2.82 mm/a	4.41 mm/a	0.02 mm/a
提升率	11.7%	20.42%	13.5%	—	—

4.2.3　广域 InSAR 大气效应改正方法

由于 Sentinel-1 数据幅宽大，且全国范围内不同区域不同时相的大气表征均不一样，难以直接用模型法进行大气效应改正。采用三个环节进行不均匀大气延迟误差的抑制。

第一，对于大气中水汽与压力空间分布差异的成分，该相位主要与地形相关，将相位与高程值建立线性模型：

$$\varphi[m\times n]=a_1\cdot H[m\times n]+a_0 \tag{4.15}$$

式中：$\varphi[m\times n]$为长和宽分别为 m、n 的干涉图各个像素的相位值；$H[m\times n]$为各个像素的高程值；a_0和 a_1 为常数项。

采用最小二乘法估计这部分地形相关的大气延迟相位，并去除，然后对与地形无关的湍流大气成分，采用时空滤波（Berardino et al.，2002）方法提取大气相位。其中空间域采用线性最小二乘拟合进行滤波，时间域上采用高斯加权滤波，权重因子为

$$W_{i,j}=\mathrm{e}^{-2\times\frac{r_{i,j}^2}{S^2}} \tag{4.16}$$

式中：$W_{i,j}$ 为像素点(i,j)的大气改正权重因子；$r_{i,j}$ 为滤波窗口中每个像素到窗口中心

的距离；S 为滤波窗口大小。

此时的残余相位除了形变相位，依然包含了系统性的残余大气延迟误差和残余基线误差，该误差会导致图幅区域拼接时，景与景之间的数值存在阶跃性差异。因此对干涉相位进行平差处理，采用二次多项式误差模型，进一步抑制残余基线误差和残余大气延迟系统性误差。

$$\varphi_{i,j}=\varepsilon_0+\varepsilon_1\cdot i+\varepsilon_2\cdot j+\varepsilon_3\cdot i\cdot j+\varepsilon_4\cdot i^2+\varepsilon_5\cdot j^2 \tag{4.17}$$

式中：i 和 j 为自变量；ε_n 为待求系数，n 为 0～5 的整数。

采用最小二乘法求解该误差模型参数，并将残余的基线和大气延迟系统性误差从相位中去除。大气效应系统性误差改正效果对比如图 4.13 所示，图 4.13（a）中在上下两个图幅接边处存在明显的数据不连续现象，且在每个图幅中均分布大面积的由于大气效应系统性误差改正不完全引起的形变误差，而图 4.13（b）中大范围大气延迟误差及景与景的接边误差得到了有效缓解。

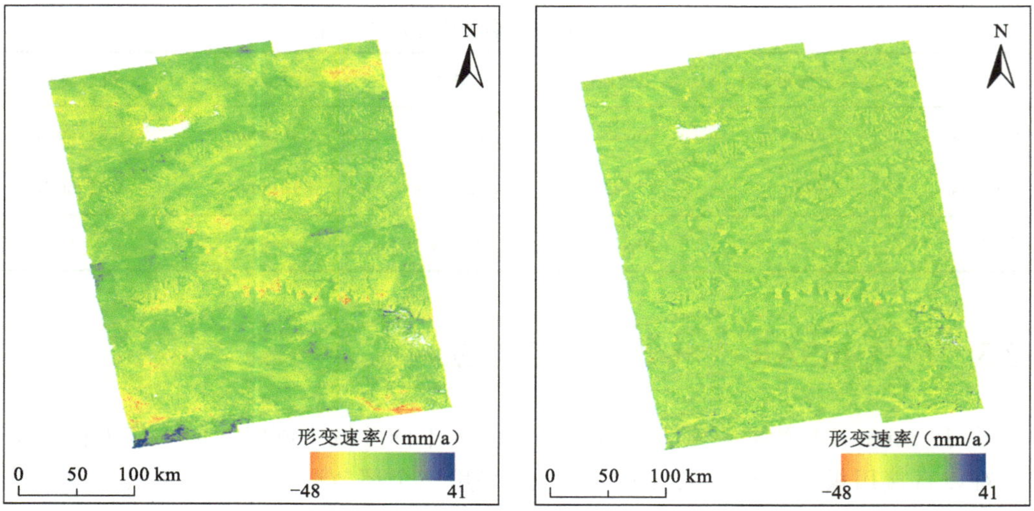

（a）改正前　　（b）改正后

图 4.13　大气效应系统性误差改正前后的形变图对比

图幅：P41F95、P41F90

采用地形相关线性模型法、时空滤波方法、外部大气数据方法与广域 InSAR 大气效应改正方法进行对比试验。选择 P55F122、P55F117、P157F122 和 P157F117 的 Sentinel-1 数据覆盖区域为试验区，该区域最高高程为 4 422 m，最低高程为 921 m，包含地形较全面，平地、丘陵、山地和高山地均有分布，其中平原占比为 45.78%，丘陵占比为 27.57%，山地占比为 23.48%，高山地占比为 3.17%，可以较好地验证试验方法在复杂环境下的适用性，图幅分布和试验区的地形信息如图 4.14 所示。同时选取试验区内 22 处千寻 CORS 点位数据，进行后续的精度验证工作。

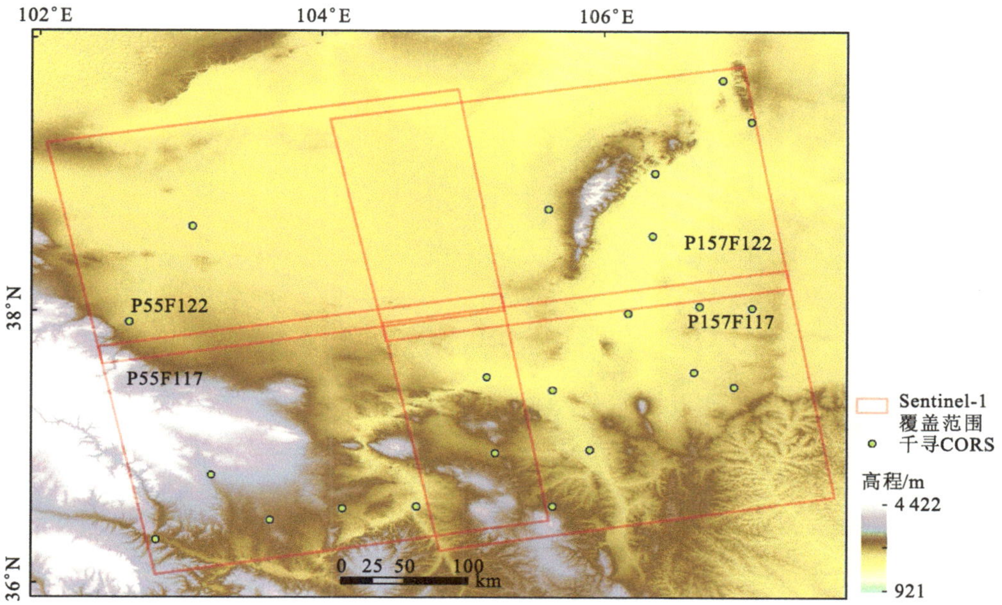

图 4.14　研究区示意图

P55F122 和 P55F117 的 Sentinel-1 数据均为 2021 年全年数据（27 景），P157F122 和 P157F117 的 Sentinel-1 数据均为 2021 年全年数据(29 景)。在对比试验的 InSAR 处理中，仅在大气效应改正步骤中分别采用 4 种不同方法（图 4.15～图 4.18），其余处理流程和处理方法均相同。

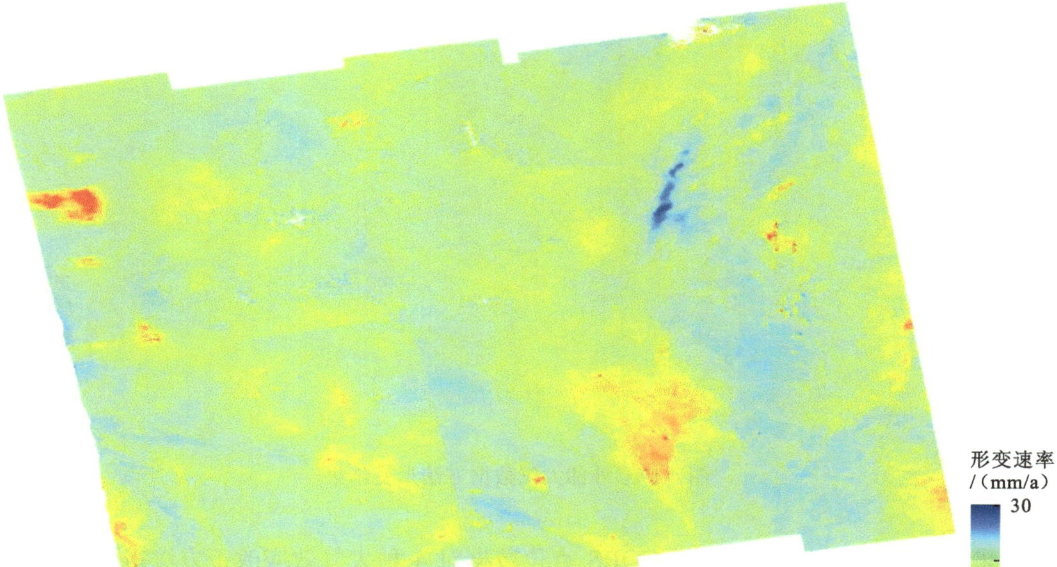

图 4.15　地形相关线性模型法形变结果

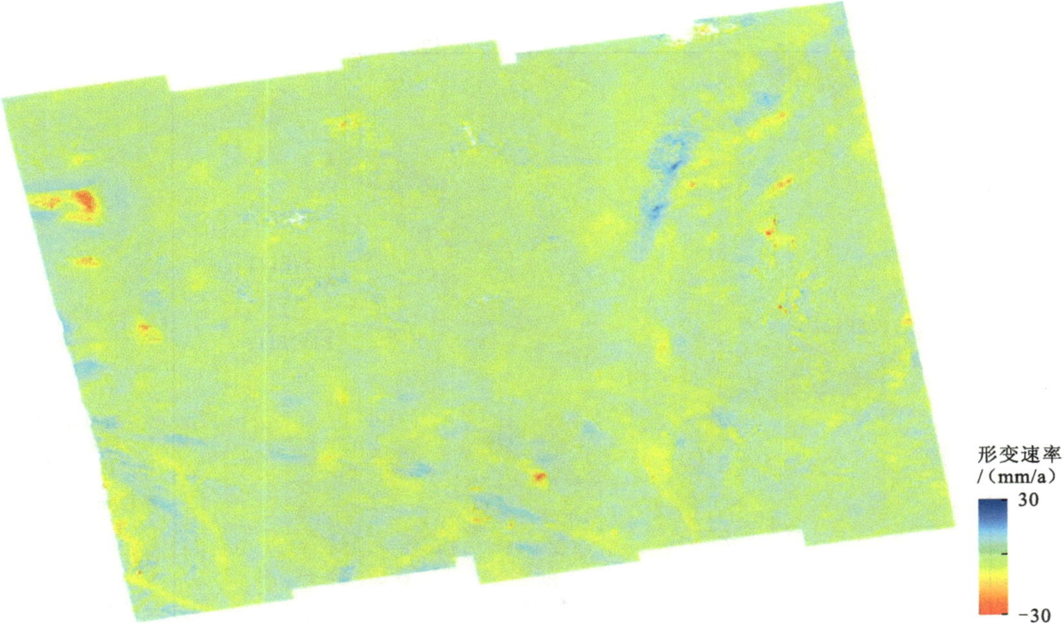

图 4.16　时空滤波方法形变结果

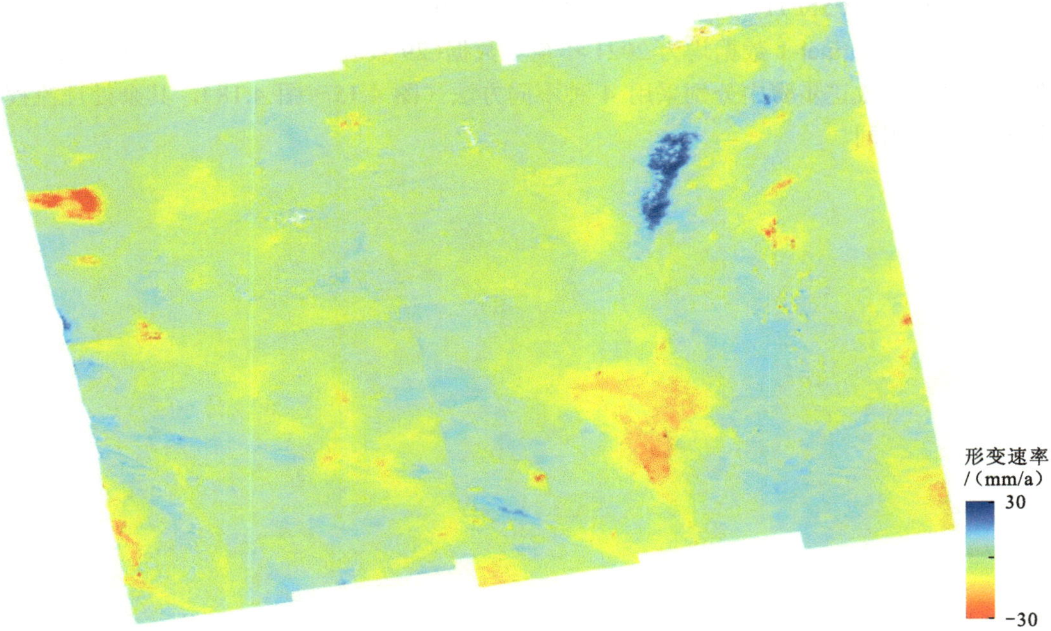

图 4.17　外部大气数据方法形变结果

采用试验区内的 22 处千寻 CORS 点位数据对 4 种大气效应改正方法得到的形变结果进行外部精度验证，精度对比结果如表 4.2 所示。相比于地形相关线性模型法、时空滤波方法和外部大气数据方法，广域大气效应改正方法的形变结果精度提升 30%以上。

图 4.18　广域大气效应改正方法形变结果

表 4.2　形变结果精度对比

方法	RMSE/（mm/a）	最大误差/（mm/a）	最小误差/（mm/a）	广域大气改正方法 RMSE 提升/%
地形相关线性模型法	6.16	−12.64	−0.03	81
时空滤波方法	4.56	−8.63	0.51	34
外部大气数据方法	6.77	−13.22	0.28	99
广域大气效应改正方法	3.40	8.19	0.43	—

对 4 种大气效应改正方法得到的形变结果中的拼接区域进行内部精度验证，精度对比结果如表 4.3 所示。相比于其他三种方法，广域大气效应改正方法的拼接区域精度提升 10%以上。

表 4.3　拼接区域精度对比

方法	RMSE/（mm/a）	最大误差/（mm/a）	最小误差/（mm/a）	广域大气效应改正方法 RMSE 提升/%
地形相关线性模型法	2.08	−62.26	−0.230	68
时空滤波方法	1.44	−66.29	0.052	16
外部大气数据方法	2.17	64.29	0.055	75
广域大气效应改正方法	1.24	−62.51	−0.085	—

4.2.4　广域形变监测计算与存储资源支持

全国地表形变所用数据为 2021 年全年 Sentinel-1 VV 极化干涉宽幅（interferometic wide-swath，IW）模式 C 波段雷达数据，在我国陆域和主要岛屿的覆盖情况如图 4.19 所示，涉及 33 轨、367 图幅，其中东北地区为降轨数据，其余地区为升轨数据。每个图幅包含约 30 景时序数据，总数据量共 10157 景，其中 Sentinel-1A 星 8683 景、B 星 1474 景。

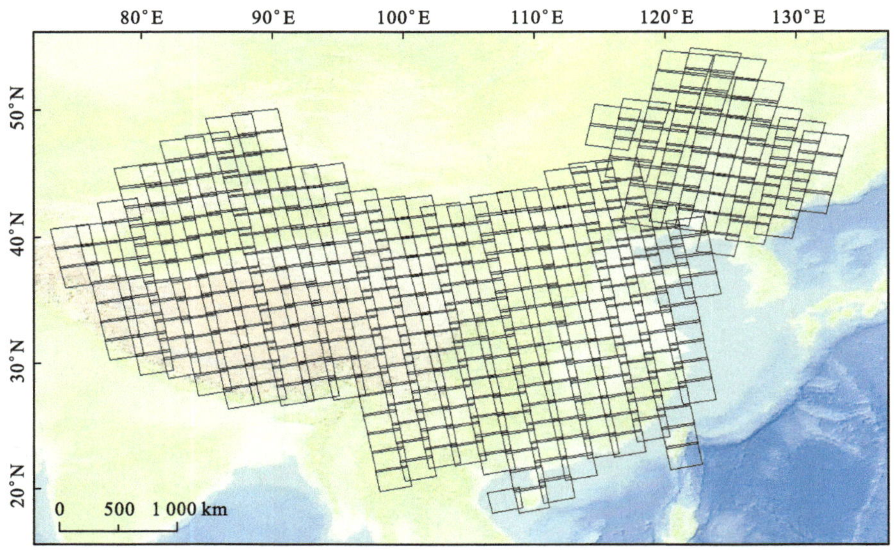

图 4.19　我国陆域和主要岛屿哨兵 1 号数据覆盖情况

底图为天地图地形渲染图，黑色矩形框代表 Sentinel-1 影像图幅

对于如此巨量的数据，利用普通的工作站无法快速进行地表形变的提取。为解决计算机存储资源问题，将形变提取系统部署到武汉大学超级计算中心，并通过多节点并行处理的形式提高处理效率。武汉大学超级计算中心集群计算系统由 445 台 CPU 服务器、168 台 KNL 服务器和 125 台 GPU 服务器组成，总体计算能力理论峰值为 4600 万亿次。

利用超算执行计算任务的模式为多任务单节点：将总任务划分为多个子任务分别提交到多个节点执行，每个子任务仅在一个节点执行，如图 4.20 所示，可以提高数据处理效率。对于全国形变的提取，具体的执行方式为：首先在本地将全部数据处理任务划分为独立的子任务，即单幅影像的处理为一个子任务，共计 367 个子任务，然后将不同的子任务提交给不同的节点分别排队执行，最后将输出结果即单幅影像的形变速率图下载到本地进行后处理。在武汉大学超级计算中心提供的 10 个计算节点（CPU：Intel Xeon E5-2630 v3 32 核心，内存：96GB DDR4 2133MHz ECC）的支持下，共用时 60 天完成了覆盖我国陆域和主要岛屿 367 个图幅 Sentinel-1 数据的广域地表形变提取工作。

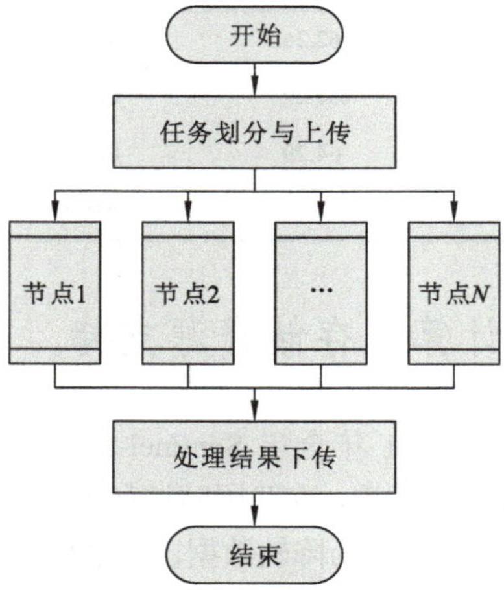

图 4.20　超算并行计算示意图

4.3 广域星载 InSAR 地表形变监测处理流程

基于 4.2 节所述广域星载 InSAR 形变监测方法，为实现全国地表形变一张图的快速提取，设计一种基于超算并行计算的广域地表形变快速提取方法，在实现广域地表形变快速提取的同时保证形变监测的精度。具体流程如图 4.21 所示。

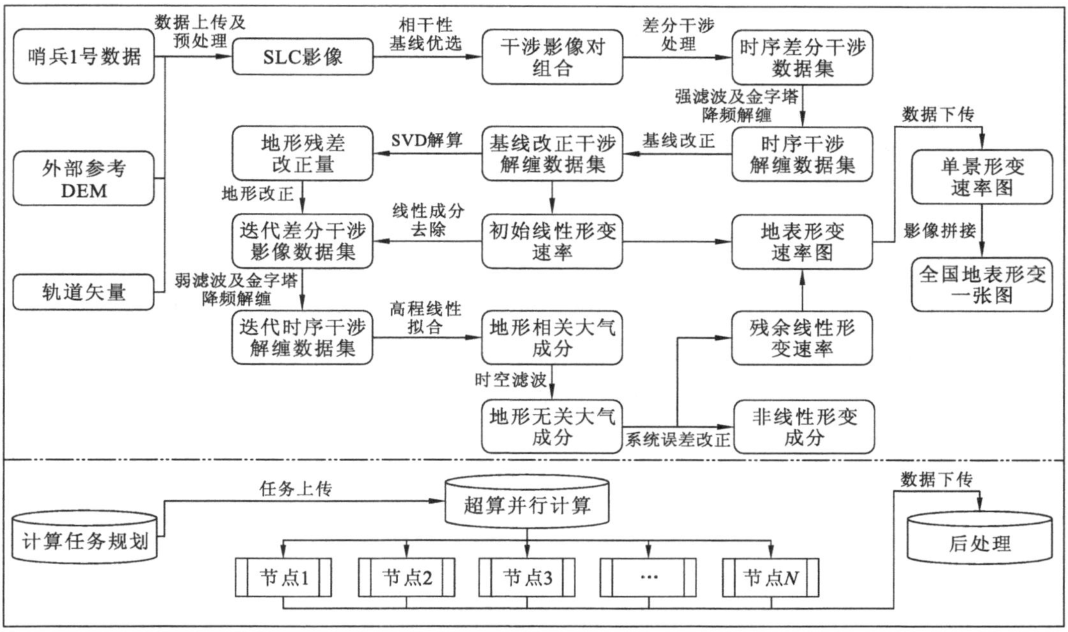

图 4.21 广域地表形变快速提取方法流程图

4.3.1 数据准备与预处理

首先将 Sentinel-1 数据和外部参考 DEM（ALOS ASTER 12.5 m DEM）下载至超算服务器，然后将 Sentinel-1 数据解压后进行配准处理。配准是 InSAR 数据处理中基础且重要的一步。为了满足干涉条件，InSAR 影像的配准精度一般要求达到 0.1 像素以内（Bamler et al.，1993），对于 Sentinel-1 TOPS 模式影像，其多普勒中心一般介于±2 500 Hz 之间，为确保影像干涉相位偏差小于 3°，配准精度需在 0.001 像素以内（吴文豪 等，2017）。

为了确保 Sentinel-1 数据各 burst 间精确配准的稳定性，应事先确保像对配准精度在方位向上优于 0.02 像素，采用改进的 InSAR 像对配准方法（Chen et al.，2016）进行初配准，该方法能够在地形复杂或低相干的情况下，实现高精度的 InSAR 像对配准。随后在此基础上进行精配准，利用影像各 burst 及主辅影像之间的重叠区域，可形成双差分干涉，按照双差分相位谱差异最小的原则，进行 burst 间精确配准，可提高算法对配准偏移量的敏感性，满足 Sentinel-1 卫星 TOPS 模式数据配准精度要求（徐航 等，2019），得到配准后的单视复数影像集合。

4.3.2 时序干涉影像生成

在进行时间序列分析时，需要对配准后的影像进行干涉对组合，但由于各种失相干因素的影响，只有一部分干涉对具有较好的相干性，提供可靠的观测信息。对广域 InSAR 处理而言，尤其是我国陆域的地表形变提取，由于所处理的数据范围包含了不同的地理环境，采用统一的时空基线阈值作为干涉对组合的限制条件并不合理，采用 4.2.2 小节所述基于相干性的基线组合方法进行时序干涉对优选，以提高广域条件下干涉对的整体相干性。

以 P55F82（贵州省内）和 P114F140（新疆维吾尔自治区内）两幅为例，图 4.22 所示为相干性基线优选及常规时空基线组合的效果对比。在 30 m 空间基线、30 景时序影像的条件下，P55F82 图幅生成 182 对干涉对，计算平均相干性后选择该指标最好的前 91 对干涉对进行基线组合，如图 4.22（b）所示，作为对比，设置时间基线 130 天，同样生成 91 对干涉对，如图 4.22（a）所示；同理对于 P114F140 图幅，在 30 m 空间基线、30 景时序影像的条件下，P114F140 图幅生成 186 对干涉对，计算平均相干性后选择该指标最好的前 93 对干涉对进行基线组合，如图 4.22（d）所示，作为对比，设置时间基线 120 天，同样生成 93 对干涉对，如图 4.22（c）所示。对比相干性基线优选及常规时空基线组合的效果，可以看出基于相干性基线优选的干涉对整体相干优于常规时空基线

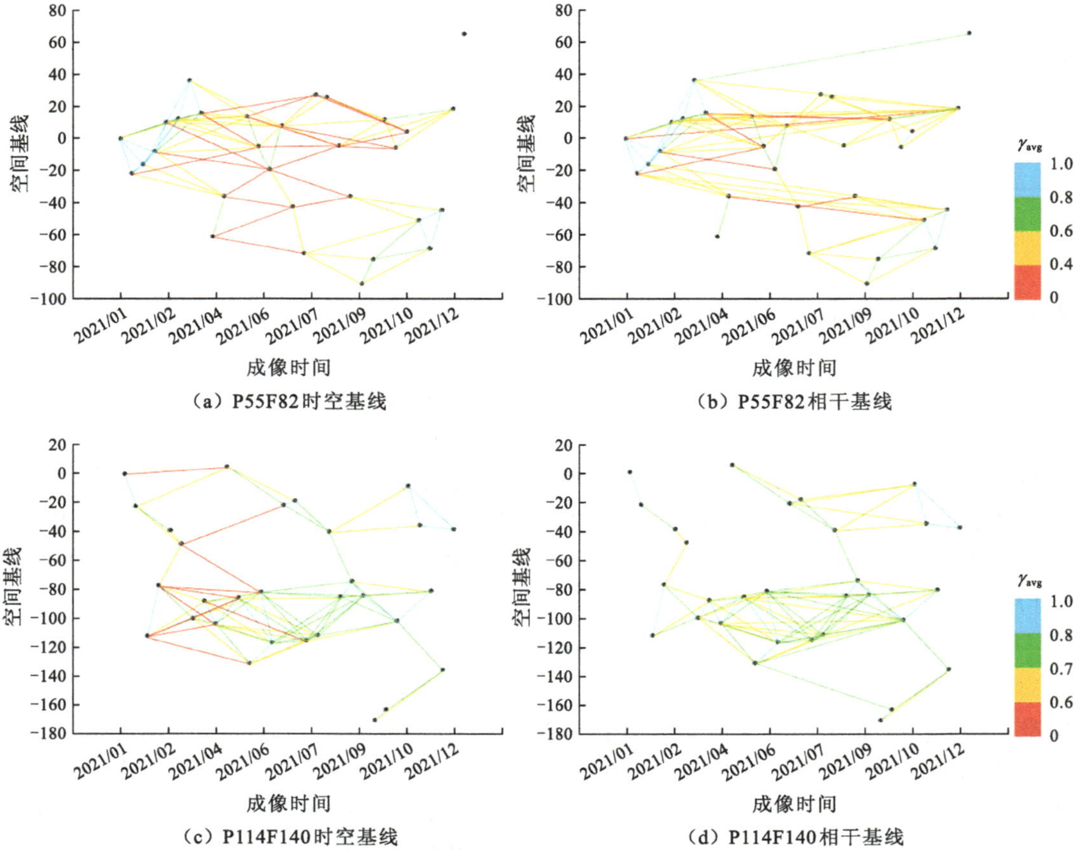

（a）P55F82时空基线

（b）P55F82相干基线

（c）P114F140时空基线

（d）P114F140相干基线

图 4.22 相干性基线优选和时空基线组合对比

组合选出的干涉对，低相干干涉对（红色）数量明显降低，且可以避免“孤岛”影像的出现（如 P55F82 中 12 月 31 日的影像），避免了数据浪费。

4.3.3　相位滤波

为降低相位噪声的影响，提高相位解缠稳定性，在初步相位解缠前，采用 Goldstein 自适应滤波方法进行相位滤波（Goldstein et al.，1998），该方法可以有效减少残余相位成分。为了最大限度地降低相位噪声的影响，同时避免相位解缠误差对后续基线改正、形变速率及高程误差估计带来的不利影响，在初步相位解缠之前，采用非线性滤波指数为 0.5、滤波窗口为 32×32 的强滤波对差分干涉图进行处理。然而，过强的滤波可能滤除部分形变相位，造成相位损失，对于这部分损失相位，将在迭代差分干涉过程中通过降低滤波强度（非线性滤波指数为 0.4、滤波窗口为 5×5）进行补偿。

4.3.4　多尺度降频解缠

广域处理要求相位解缠方法具有极强的鲁棒性，为了使同一个相位解缠方法能够适用于全国范围内各种复杂的地形地貌和地表覆盖情况，提出一种适用于广域 InSAR 的多尺度降频解缠方法，构建以多视数为尺度的相位金字塔，采用降频处理确保解缠正确性和稳健性。该方法于 3.4.2 小节中有详细描述。

基于 P114F111 图幅（西藏自治区内），对比多尺度降频解缠方法及最小费用流方法的解缠效果，顾及对比的直观性，色表采用缠绕的形式，一个颜色周期代表 2π 的弧度差。多尺度降频解缠方法在以下方面均表现优异。

（1）大相位梯度区域的解缠。较大相位梯度易导致解缠错误，如图 4.23 所示，最小费用流方法结果存在局部相位异常跳变，而多尺度降频解缠方法所得结果保证了相位连续性。

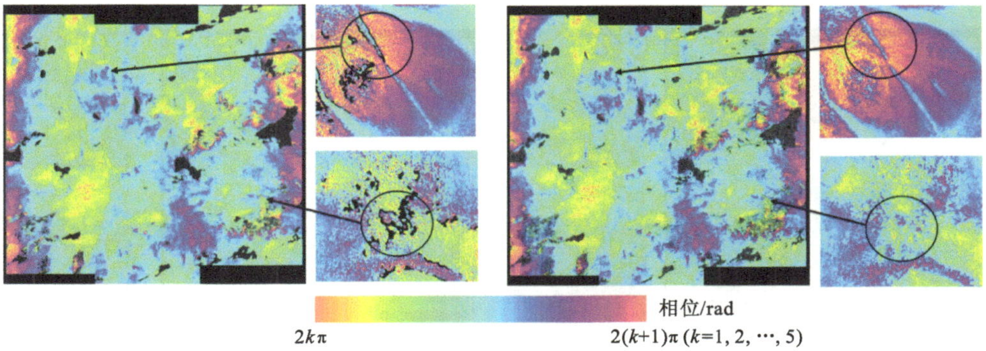

（a）最小费用流方法结果　　（b）多尺度降频解缠方法结果

图 4.23　大相位梯度区域解缠细节对比

（2）低相干区域的解缠。在相同解缠阈值（0.4）的前提下，最小费用流方法在低相干区域出现了大面积的解缠错误，多尺度降频解缠可以更准确地还原地表形变信息，且解缠结果的覆盖度高于经典的最小费用流方法，如图 4.24 所示。

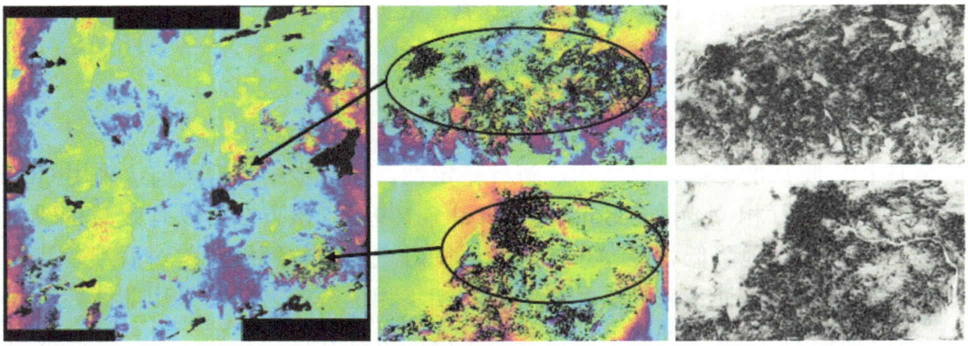

（a）最小费用流方法结果

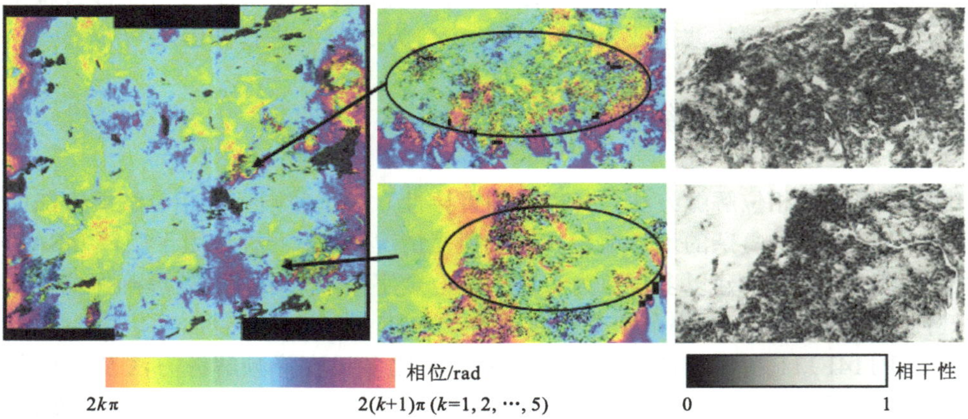

（b）多尺度降频解缠方法结果

图 4.24　低相干区域解缠细节对比

（3）相位细节的保留度。最小费用流方法需要较大的滤波强度以保障解缠的正确性，但这将导致相位细节丢失，而多尺度降频解缠方法则可以较好地保留地表形变细节，如图 4.25 所示。

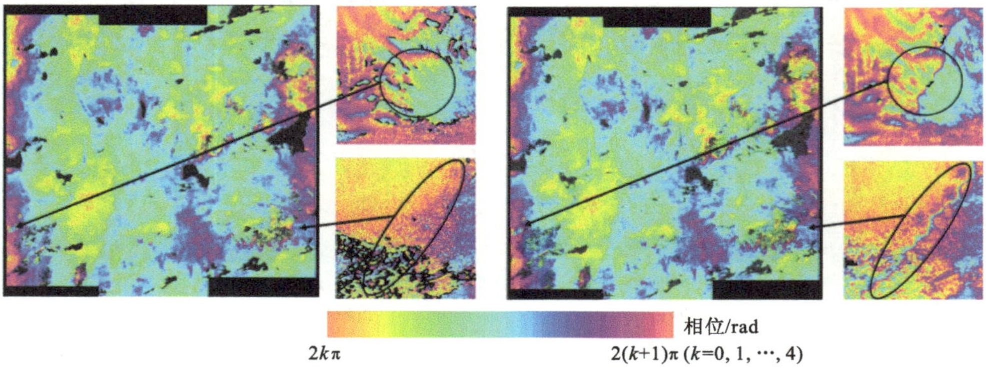

（a）最小费用流方法结果　　（b）多尺度降频解缠方法结果

图 4.25　解缠相位细节保留度对比

表 4.4 统计了两种解缠方法的效果对比，以该图幅为例，多尺度降频解缠方法形变提取精度提升 17.33%，有效覆盖率提升 29.49%。

表 4.4　两种方法的覆盖度及精度对比

项目	有效覆盖率	RMSE	最大误差	最小误差
最小费用流方法	68.82%	5.25 mm/a	13.27 mm/a	1.54 mm/a
多尺度降频解缠方法	98.31%	4.34 mm/a	5.82 mm/a	0.60 mm/a
提升率	29.49%	17.33%	—	—

4.3.5　初始形变速率解算

解缠相位主要包含了地表形变、地形误差、基线误差、大气效应，以及相位滤波等数据处理环节引入的相位误差。对于基线误差，在干涉图中均匀采样像点相位，基于对应的高程值，使用非线性最小二乘法估计基线参数，包括垂直基线长度 $B_\perp$ 和基线倾角 α，并进行改正。

$$\begin{cases} \dfrac{\partial h}{\partial B_\perp} = -\dfrac{R\sin\theta\tan(\theta-\alpha)}{B_\perp} \\ \dfrac{\partial h}{\partial \alpha} = R\sin\theta \end{cases} \tag{4.18}$$

式中：θ 为雷达入射角；R 为雷达斜距。

以 P114F101（西藏自治区内）图幅 20210214-20210415 干涉对为例，其基线改正效果如图 4.26 所示，色表同样采用缠绕的形式，从图中可以看出趋势性基线误差被有效去除。

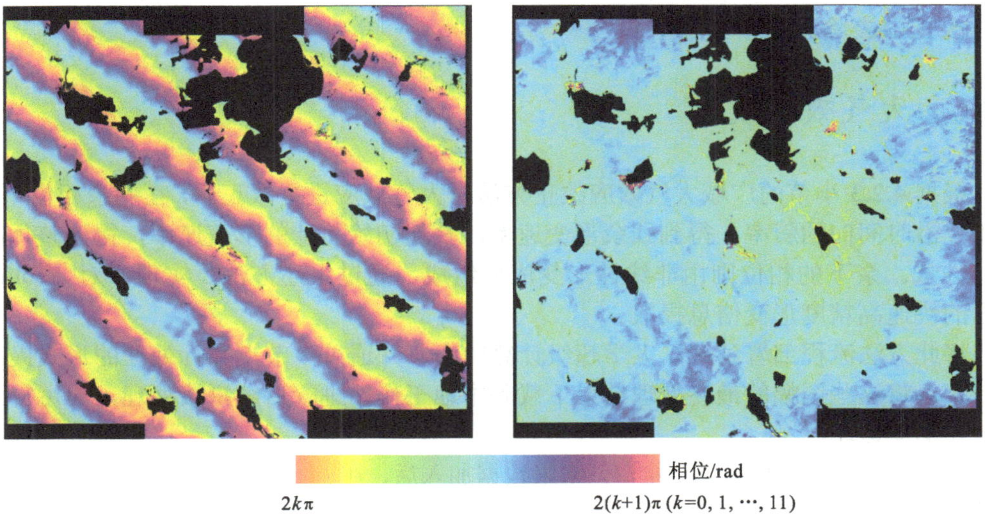

（a）改正前　　（b）改正后

图 4.26　基线改正前后效果对比

通过前述滤波因子和解缠方式，相位噪声和相位解缠误差被最大抑制了。对初步解缠后的时序相位数据集，建立与时间 t 线性相关的形变速率模型和与垂直基线线性相关的地形误差模型：

$$\varphi_{\text{diff}}[M\times 1]=-\frac{4\pi}{\lambda}\cdot t[M\times 1]\cdot v_{\text{def}}-\frac{4\pi}{\lambda R\sin\theta}\cdot B_{\perp}[M\times 1]\cdot\Delta h+\varphi_{\text{res}}[M\times 1] \quad (4.19)$$

式中：M 为干涉对数量；λ 为雷达波长；t 为该解缠图的时间基线；Δh 为地形误差；φ_{res} 为残余相位。

采用奇异值分解方法求解方程组，得到初始形变速率 v_{def} 和地形误差 Δh 的最小二范数意义上的解。利用上述得到的结果对差分干涉相位进行地形误差改正，并去除初始形变速率，重新进行相位自适应滤波和相位解缠处理。此时采用非线性滤波指数为 0.4、窗口为 5×5 的弱滤波，减小滤波带来的相位精度损失，保留相位细节信息。同样采用多尺度降频解缠方法，保障复杂情况下的解缠精度，由于地形误差和线性形变量已去除，基线误差也得到改正，降低了相位解缠的复杂度。

此时解缠相位中包含了两个主要成分：形变信息 φ_{def} 和大气效应 φ_{atm}：

$$\varphi_{\text{diff}}=\varphi_{\text{def}}+\varphi_{\text{atm}}+\varphi_{\text{res}} \quad (4.20)$$

其中形变信息依然包含残余的线性形变和非线性形变，而大部分的地形误差和基线误差已由前面步骤去除。由于使用的外部参考 DEM 中误差约为 10 m，经第一次地形误差改正后，残余的地形相对误差在 2 m 以内，根据前述可知，干涉对的垂直基线长度均控制在 30 m 以内，Sentinel-1 卫星在我国境内成像时入射角约为 34°，雷达斜距约为 880000 m，根据公式 $d_{\text{err}}=(B_{\perp}/R\sin\theta)h_{\text{err}}$（$d_{\text{err}}$ 为由残余地形误差引起的地表形变，h_{err} 为残余地形误差）可以算出，此时 2 m 高程误差对应的形变误差在 0.12 mm 以内，对形变反演的影响较小，在可接受的误差范围内，因此为了提高广域地表形变信息提取的计算效率，后续处理中的地形误差予以忽略。

而残余的基线误差在空间上具有低频特征，与大气效应误差特征相似，将在大气效应改正中去除。

4.3.6 大气效应改正

根据 4.2.3 小节的广域大气效应改正方法对大气效应进行改正后，在剩余相位中，估计相位沿时间向的斜率，得到残余形变速率，叠加初始估计的形变速率，得到整体的形变线性量。余下的相位则由非线性形变成分组成。通过上述方法，实现了对 Sentinel-1 数据的快速高精度形变信息提取。

将此方法流程部署到武汉大学超级计算中心，并通过多节点并行处理的形式提高处理效率。将这些图幅的最终处理结果下载到本地工作站进行后续拼接处理，即可得到全国地表形变速率图。

此外，也预留了数据更新接口，未来数据加入后，在原有的时序干涉分析中间过程数据的基础上，可针对新增干涉集合进行快速解算，从而实现时序形变信息的高效率更新。

4.4 全国地表形变一张图

利用本章所述广域地表形变提取方法，基于 2021 年度 Sentinel-1 数据提取的全国地表形变速率图，如图 4.27 所示，其中，形变速率最小值为−163 mm/a，位于西藏南部，最大值为 119 mm/a，位于青海中部，全图形变速率有效覆盖度为 94.6%，失相干区域占比为 5.4%，除水体外的典型失相干区域包括：高植被覆盖度地区如藏南谷地[图 4.28（a）]、东北兴安岭山系密林区[图 4.28（b）]、鄂西密林区[图 4.28（c）]、塔克拉玛干沙漠区域[图 4.28（d）]、青海黄河乡地震所致形变场[图 4.28（e）]及罗布泊“地球之耳”盐壳[图 4.28（f）]等。图 4.29 为地表形变速率分布直方图，可以看出形变速率处于 0～5 mm/a 的点位占比最大，达到了 42.93%，而处于-5～5 mm/a 的点位占比达到了 83.67%，说明全国大范围地区较为平稳，未出现明显的沉降或抬升。同时发现，全国范围内形变速率为负的区域（即沉降区域）占比达到了 49.09%（图 4.29），也体现出了地表形变监测的重要性。

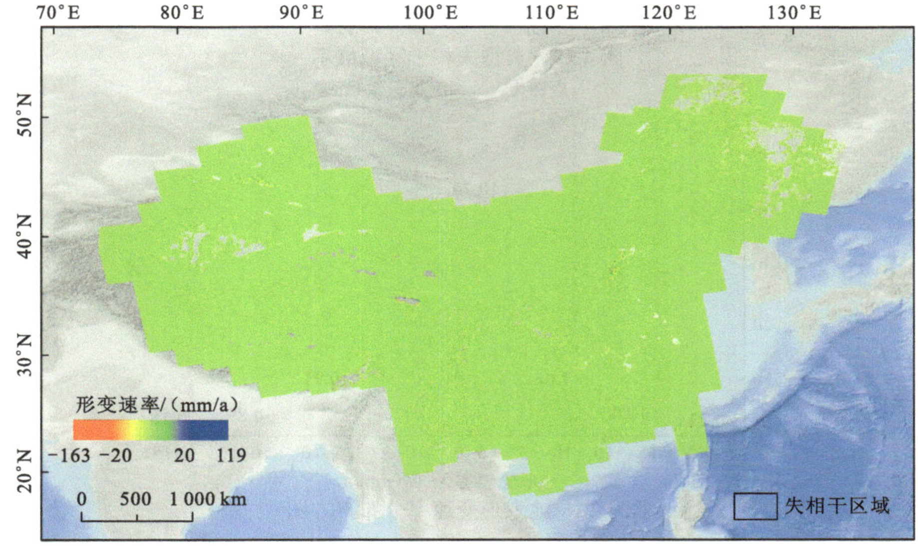

图 4.27　覆盖我国陆域和主要岛屿的地表形变速率图

陆地区域空值为失相干区域；部分海域以形变 0 值显示，以规避海岸线特征出现

（a）藏南谷地

（b）东北兴安岭山系密林区

（c）鄂西密林区

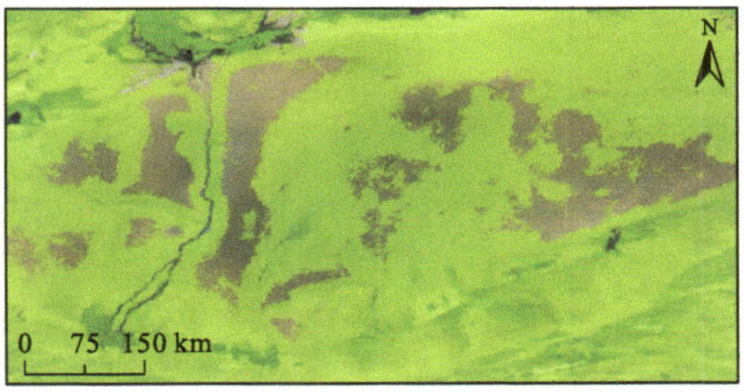

（d）塔克拉玛干沙漠区域

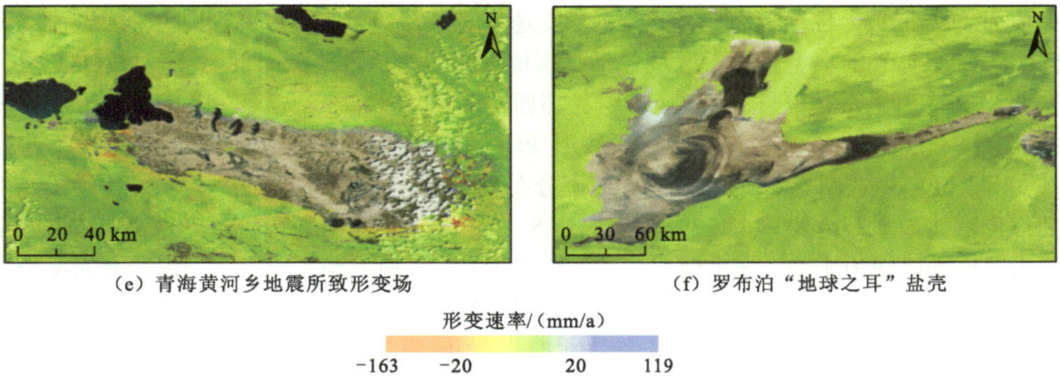

图 4.28 典型失相干区域展示

底图为天地图卫星影像

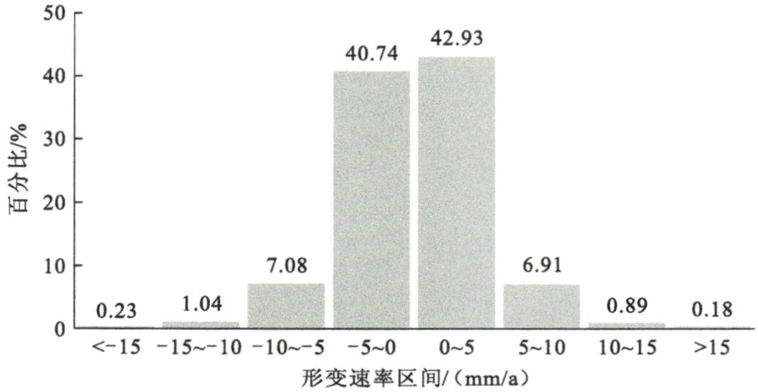

图 4.29 地表形变速率分布直方图

为评价全国地表形变一张图的整体精度，首先对图幅之间的重叠区域进行精度评价。选取一个试点区域，该区域地跨西藏、新疆、青海、四川。区域包含 16 个图幅的 Sentinel-1 数据覆盖范围，图幅分布如图 4.30 所示。

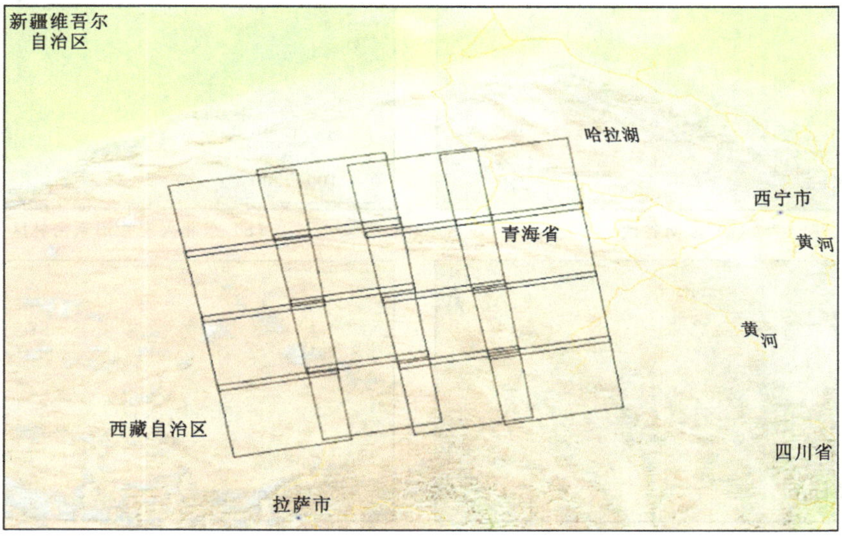

图 4.30 重叠区域示意图

分别统计顺轨及临轨重叠区域的形变速率差值，如图 4.31 所示，并进行精度统计，如表 4.5 所示。可以看出，顺轨和临轨重叠区域平均差值均小于 1 mm/a。

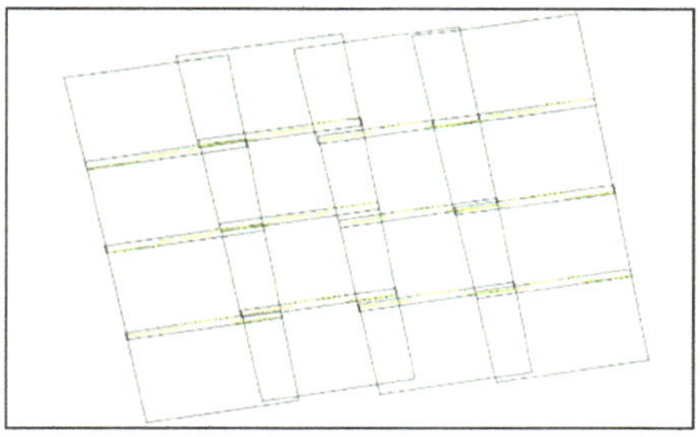

（a）顺轨

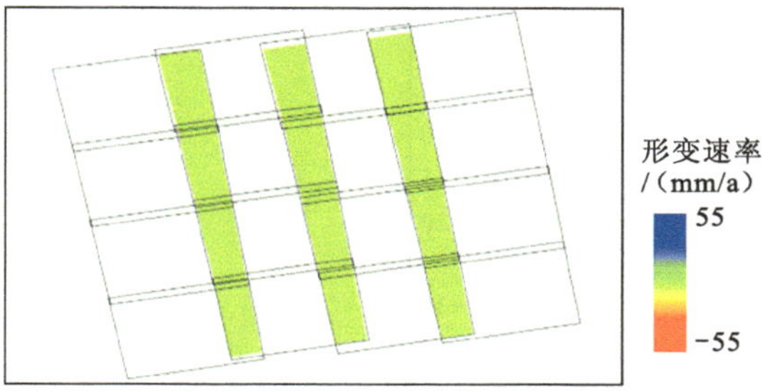

（b）临轨

图 4.31　重叠区形变速率差值图

表 4.5　两种方法的覆盖度及精度对比　（单位：mm/a）

方法	平均值	标准差	RMSE
顺轨	-0.546	4.77	4.85
临轨	-0.528	3.49	3.47

此外，将某公司在全国陆域范围内均匀分布的北斗地基增强系统一张网基准站作为检查点，对全国地表形变一张图进行精度评价。检查点共计 2009 个，如图 4.32 所示，对比两种数据测得的 2021 年年均形变速率，误差分布如图 4.33 所示，基本符合正态分布，中误差为 4.82 mm/a。

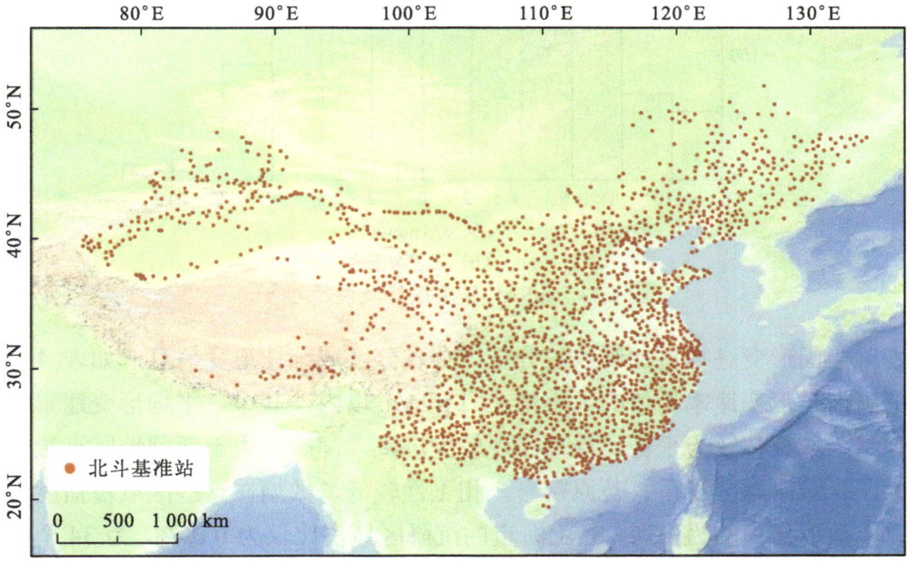

图 4.32　北斗地基增强系统一张网基准站检查点分布

底图为天地图地形渲染图

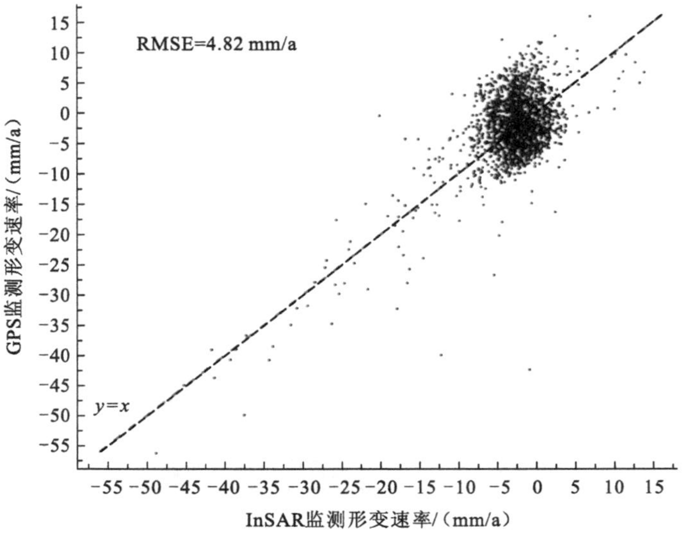

（a）精度统计

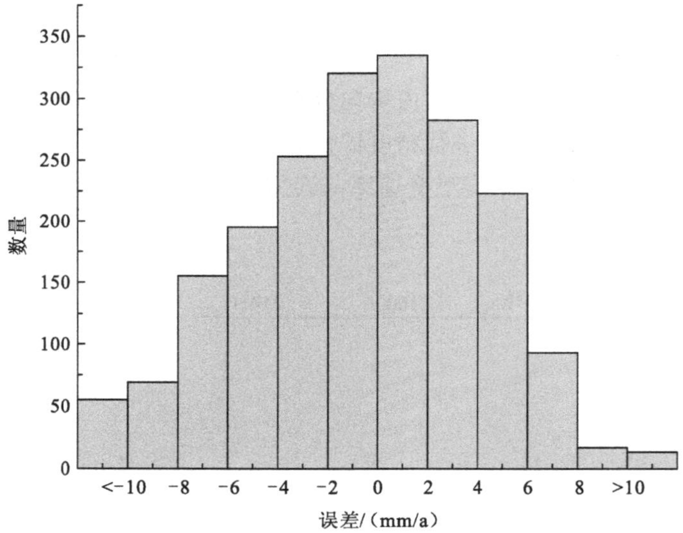

（b）误差分布

图 4.33　InSAR 精度统计及误差分布

为了对全国形变进行更加细致的分析，分省分区域统计形变信息，如表 4.6 所示。在全国范围内，形变速率均值的大小都在 1 mm/a 以内，其中，平均形变速率数值最小为西藏，该区域整体较为平稳，局部出现较大沉降。同时，由于西藏地区湖泊众多，地形起伏大，且藏南地区积雪、苔原密布，相干性较低，数据在这些区域覆盖度较差。平均形变速率数值最大的为上海，且上海市的沉降区域占比仅为 0.05%，为 34 个省级行政区中第二低的。周吕等（2021）和秦晓琼等（2016）发现近年上海市的沉降比较严重，而 2021 年的形变速率图显示上海地表整体已趋于平稳，仅有少数形变场，城市沉降治理工作成效显著。

表 4.6　各省级行政区形变信息统计

地区	省级行政区	平均形变速率/（mm/a）	沉降区域*占比/%	地区	省级行政区	平均形变速率/（mm/a）	沉降区域*占比/%
华北地区	北京	0.04	1.59	东北地区	辽宁	−0.24	0.38
	天津	0.03	1.25		吉林	−0.35	2.06
	河北	−0.06	2.07		黑龙江	−0.22	1.40
	山西	−0.02	1.39		整体	−0.25	1.57
	内蒙古	−0.44	0.95	华中地区	河南	−0.15	5.08
	整体	−0.34	1.63		湖北	0.01	0.77
华东地区	上海	0.08	0.05		湖南	−0.16	0.76
	江苏	−0.15	0.34		整体	−0.10	2.08
	浙江	−0.21	0.72	西南地区	重庆	−0.14	2.05
	安徽	−0.25	0.63		四川	−0.26	3.13
	福建	−0.24	0.84		贵州	−0.23	0.35
	江西	−0.29	0.99		云南	−0.37	1.90
	山东	−0.20	0.87		西藏	−0.49	0.09
	台湾	−0.17	2.88		整体	−0.39	1.10
	整体	−0.23	0.84	西北地区	陕西	0.06	5.26
华南地区	广东	−0.20	1.22		甘肃	−0.18	3.23
	广西	−0.24	0.74		青海	−0.46	0.03
	海南	−0.10	0.56		宁夏	−0.13	3.87
	香港	−0.07	0.41		新疆	−0.25	0.08
	澳门	−0.02	0.71		整体	−0.27	0.88
	整体	−0.21	0.91	全国		−0.29	1.20

注：*沉降区域特指形变速率<−10 mm/a 的区域

34 个省级行政区的沉降区域占比大多在 5%以下，只有河南和陕西超过该数值，分别为 5.08%和 5.26%。河南省的形变主要分布在东北部的商丘、安阳等地市；而陕西省的形变则主要分布在北部的榆林市和中部的西安市周围。

就地理分区而言，昔日饱受地面沉降影响的华北地区的沉降区域占比为 1.63%，在七大行政地理分区排名第二，虽并非沉降最为严重的大区，然而其地表形变确是最为直观的，如图 4.34 所示，说明山西、内蒙古的地下资源开采，以及京津冀的地下水资源对地表的影响仍然显著。沉降区域占比排名第一的为华中地区，如图 4.35 所示，包含了河南、湖北和湖南三省，其中，湖北省的形变集中在鄂西山地密林区，而湖南省的形变则分布在中部及东南部地区。东北地区则由于植被覆盖（森林和农作物）及高纬度地区积雪融冻过程而导致失相干现象严重。

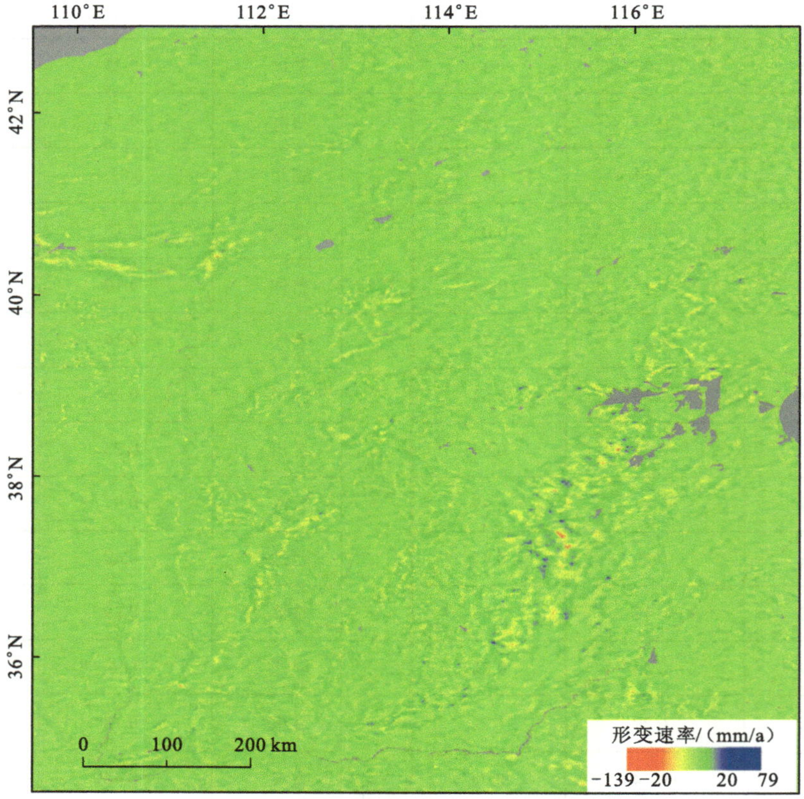

图 4.34　华北地区地表形变速率图

华东地区整体形变区域占比为 0.84%，但是在华东八省份中，台湾省的沉降区域占比达到了 2.88%，台湾省西部地区和东部地区都出现了明显形变迹象，其中，台湾东部地区的形变主要由 2021 年 4 月 18 日花莲市 6.1 级地震造成。此外，西北地区青海省的沉降区域占比仅 0.03%，但其平均形变速率达到了-0.46 mm/a，通过观察其形变速率图可以发现，最大形变速率出现在 2021 年 5 月 22 日青海黄河乡 7.4 级地震所致形变场周围，该次地震对地表的剧烈扰动造成震中周围出现大范围失相干；此外，青海西北部由于台南气田、涩北气田开采，也出现了明显的形变漏斗。

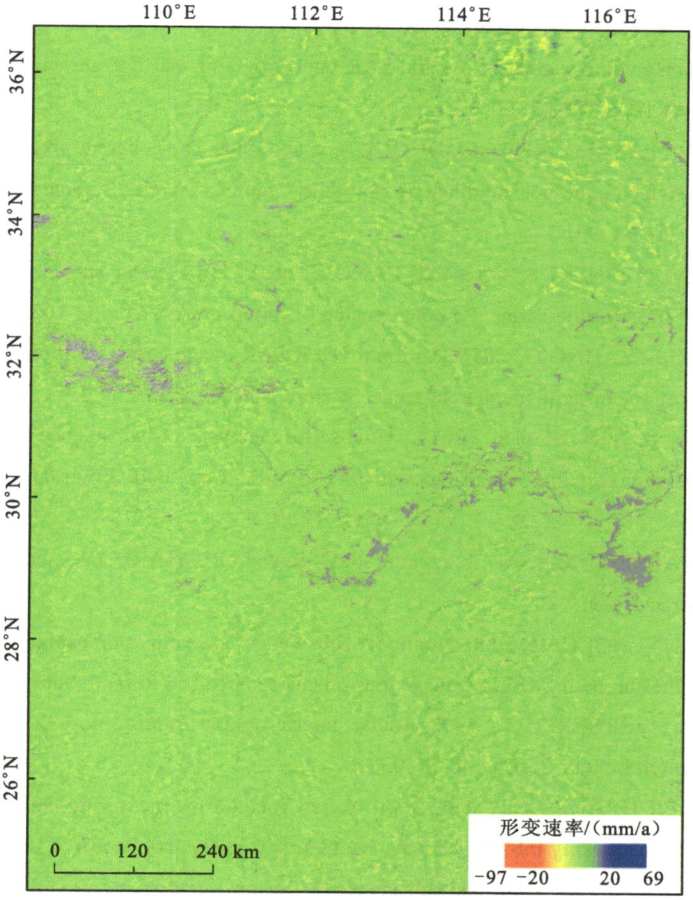

图 4.35　华中地区地表形变速率图

参 考 文 献

秦晓琼, 廖明生, 杨梦诗, 等, 2016. 应用高分辨率 PS-InSAR 技术监测上海动迁房歪斜形变. 测绘通报(6): 18-21, 86.

吴文豪, 周志伟, 李陶, 等, 2017. 精密轨道支持下的哨兵卫星 TOPS 模式干涉处理. 测绘学报, 46(9): 1156-1164.

徐航, 陈富龙, 唐攀攀, 等, 2019. TOPS 模式哨兵-1 雷达干涉图误差校正技术. 测绘通报(10): 114-118.

周吕, 李佳豪, 王成, 等, 2021. 基于时序 InSAR 的上海地区 2018～2020 地铁沿线沉降监测分析. 大地测量与地球动力学, 41(11): 1177-1182.

BAMLER R, JUST D, 1993. Phase statistics and decorrelation in SAR interferograms//International Geoscience and Remote Sensing Symposium: Better Understanding of Earth Environment(IGARSS '93), Tokyo, Japan: 980-984.

BATESON L, CIGNA F, BOON D, et al., 2015. The application of the intermittent SBAS(ISBAS) InSAR method to the South Wales Coalfield, UK. International Journal of Applied Earth Observation and Geoinformation, 34(1): 249-257.

BERARDINO P, FORNARO G, LANARI R, et al., 2002. A new algorithm for surface deformation monitoring based on small baseline differential SAR interferograms. IEEE Transactions on Geoscience and Remote Sensing, 40(11): 2375-2383.

BLANCO-SANCHEZ P, MALLORQUÍ J J, DUQUE S, et al., 2008. The coherent pixels technique(CPT): An advanced DInSAR technique for nonlinear deformation monitoring//Earth Sciences and Mathematics. Birkhäuser Basel: 1167-1193.

CHAUSSARD E, WDOWINSKI S, CABRAL-CANO E, et al., 2014. Land subsidence in central Mexico detected by ALOS InSAR time-series. Remote Sensing of Environment, 140: 94-106.

CHEN Z W, ZHANG L, ZAHNG G, 2016. An improved InSAR image co-registration method for pairs with relatively big distortions or large incoherent areas. Sensors, 16(9): 1519.

DONG S, SERGEY S, YIN H, et al., 2014. Time-series analysis of subsidence associated with rapid urbanization in Shanghai, China measured with SBAS InSAR method. Environmental Earth Sciences, 72(3): 677-691.

FERRETTI A, NOVALI F, FUMAGALLI A, et al., 2009. Beyond PSInSAR: The SqueeSAR approach//AGU Fall Meeting Abstracts: G31A-02.

FERRETTI A, PRATI C, ROCCA F, 2000. Nonlinear subsidence rate estimation using permanent scatterers in differential SAR interferometry. IEEE Transactions on Geoscience and Remote Sensing, 38(5): 2202-2212.

GOLDSTEIN R M, WERNER C L, 1998. Radar interferogram filtering for geophysical applications. Geophysical Research Letters, 25(21): 4035-4038.

HOOPER A, ZEBKER H, SEGALL P, et al., 2004. A new method for measuring deformation on volcanoes and other natural terrains using InSAR persistent scatterers. Geophysical Research Letters, 31(23): L23611.

KIM J W, LU Z, JIA Y, et al., 2015. Ground subsidence in Tucson, Arizona, monitored by time-series analysis using multi-sensor InSAR datasets from 1993 to 2011. ISPRS Journal of Photogrammetry and Remote Sensing, 107(SEP.): 126-141.

MOHAMMADIMANESH F, SALEHI B, MAHDIANPARI M, et al., 2019. Monitoring surface changes in discontinuous permafrost terrain using small baseline SAR interferometry, object-based classification, and geological features: A case study from Mayo, Yukon Territory, Canada. GIScience & Remote Sensing, 56(3/4): 485-510.

TIZZANI P, BERARDINO P, CA SU F, et al., 2007. Surface deformation of long valley caldera and Mono Basin, California, investigated with the SBAS-InSAR approach. Remote Sensing of Environment, 108(3): 277-289.

WANG S, ZHANG G, CHEN Z, et al., 2022. Surface deformation extraction from small baseline subset synthetic aperture radar interferometry(SBAS-InSAR) using coherence-optimized baseline combinations. GIScience & Remote Sensing, 59(1): 295-309.

WERNER C, WEGMULLER U, STROZZI T, et al., 2003. Interferometric point target analysis for deformation mapping//IEEE International Geoscience and Remote Sensing Symposium, 7: 4362-4364.

XU B, FENG G, LI Z, et al., 2016. Coastal subsidence monitoring associated with land reclamation using the point target based SBAS-InSAR method: A case study of Shenzhen, China. Remote Sensing, 8(8): 652.

XU H, CHEN F L, TANG P P, et al., 2019. Error correction of TOPS Sentinel-1 interferograms. Bulletin of

Surveying and Mapping(10): 114-118.

ZHANG L, LU Z, DING X, et al., 2012. Mapping ground surface deformation using temporarily coherent point SAR interferometry: Application to Los Angeles Basin. Remote Sensing of Environment, 117: 429-439.

ZHAO C Y, LU Z, ZHANG Q, et al., 2012. Large-area landslide detection and monitoring with ALOS/PALSAR imagery data over Northern California and Southern Oregon, USA. Remote Sensing of Environment, 124: 348-359.

ZHAO R, LI Z W, FENG G C, et al., 2016. Monitoring surface deformation over permafrost with an improved SBAS-InSAR algorithm: With emphasis on climatic factors modeling. Remote Sensing of Environment, 184C: 276-287.

ZHOU L, GUO J, HU J, et al., 2017. Wuhan surface subsidence analysis in 2015–2016 based on Sentinel-1A data by SBAS-InSAR. Remote Sensing, 9(10): 982.

第 5 章　基于 InSAR 技术的斜坡地灾易发性分区

本章主要介绍斜坡地质灾害（以下简称斜坡地灾）的孕灾环境、诱发因素和斜坡地灾易发性评价中常用的方法，提出顾及地质灾害动力学特征的态势结合斜坡地灾易发性评价方法，通过试验验证该方法的有效性，同时介绍用本书方法研制的全国斜坡地灾易发性分区图及其精度。

5.1　InSAR 技术在斜坡地灾风险识别中的作用

斜坡地灾易发性是指一个地区内现有或潜在斜坡地灾的类型、体积（或面积）和空间分布的定性或定量评价。在传统的斜坡地灾易发性评价中往往考虑现有的和潜在的斜坡地灾的空间分布，而不考虑时间维度，用斜坡地灾的点密度、线密度、面密度或体密度来表征。斜坡地灾易发性评价的过程中运用到的评价因子大多不会在短时间内发生任何变化，因此斜坡地灾易发性分区图反映的是潜在斜坡地灾可能所处的空间位置分布，属于静态数据，而相比于光学遥感，InSAR 能很好地定量监测、表征地表自然环境形态变化，揭示地表缓慢移动过程和潜在危险事件，是传统光学遥感和常规地面观测技术手段的有益补充（Strozzi et al.，2018）。更重要的是，InSAR 以其高密度测量点、更短重访周期，可实现广域范围内地表形变监测对象的精细化表达与刻画。通过 InSAR 获取的斜坡地灾形变信息，对掌握坡体形变演化过程、发生机理机制、活动性斜坡地灾早期识别预警非常重要。历经几十年在斜坡地灾中的持续应用与探索，InSAR 已发展为斜坡地灾监测中强有力的空间大地测量技术，被广泛应用于斜坡地灾早期识别、形变监测、活动模式三维信息获取、诱因分析等领域。由 InSAR 技术生成的地表形变图则反映了数据覆盖时间范围内的地表动态变化，将 InSAR 技术与通过地质学手段的斜坡地灾风险识别技术相结合，可以更全面地进行斜坡地灾隐患筛查。

5.2　斜坡地灾易发性评价

5.2.1　斜坡地灾定义

斜坡地灾指发育于天然斜坡和人工切坡之上的崩塌、滑坡、泥石流等地质灾害（胡瑞林 等，2020），斜坡地灾一般在较短时间内完成灾害运动过程，变形剧烈、运动快速，破坏性大，且前兆现象容易被忽略，因此预测预报和预防的难度大，在我国造成了大量的人员伤亡和财产损失。2016 年 1 月至 2022 年 6 月，我国共发生地质灾害 40829 起，其中滑坡26922起、崩塌9360起、泥石流3262起，斜坡地灾占其中的96.9%。

5.2.2 斜坡地灾孕灾环境与诱发因素

1. 孕灾环境

孕灾环境是指孕育斜坡地灾的环境要素（史培军 等，2020），是斜坡地灾发生的内因，包括地形地貌、地质构造、岩土性质等要素。

1）地形地貌

地形地貌在斜坡地灾的发育分布中有很大影响。山坡的高度、陡峭程度、陡岩数量、山坡方向与外貌、边坡与岩层产状的关系等都影响斜坡地灾的发生。斜坡地灾常在山区、河谷高陡的斜坡区、水域的岸坡区、基坑和矿坑的边坡上发育。斜坡的角度将大大影响斜坡上驱动力的大小。当斜坡的滑动面角度增加时，驱动力增加，在其他条件不变的情况下，斜坡地灾在陡岩上应该更易发生。一般来说，75%～85%的斜坡地灾活动与坡度大于8.5°的斜坡紧密相关。另外，斜坡地灾的发生也与地形、倾向、坡向有关。坡脚倾向、边坡倾向与岩层倾向、片理倾向一致时，则极易发生如崩塌和滑坡的斜坡地灾。

从区域地形地貌来看，斜坡变形破坏主要发育于山地环境中，重点是地形强烈切割的峡谷和台阶转折带的边缘山地及山谷地区，特别是下陡中缓、上陡的山坡和山坡上部成马蹄形的环形地段，当汇水面积比较大时，极易发生斜坡地灾。而平原区则难以发生斜坡地灾。

2）地质构造

地质构造会构成斜坡失稳的破坏面或周界，直接控制斜坡变形破坏的形式和规模。在区域地质构造复杂、新构造运动活跃的地区，斜坡地灾明显较多，在这些区域斜坡稳定性差，危岩体发育密集。地质构造运动会产生构造应力，一般构造应力比岩体自重产生的应力大得多，在构造应力集中的岩体区域，因坡体开挖施工、卸荷而导致应力释放，岩体会发生回弹变形，从而使岩体原有的裂缝面扩大及生成新的裂缝面，大大降低岩体结构的完整性。

构造和产状对山坡的稳定、斜坡面的形成及发展影响很大。一般堆积层和下伏岩层接触面越陡，则其下滑力越大，发生斜坡地灾的可能性也就越大。组成斜坡的岩、土体只有被各种构造面切割分离成不连续状态时，才有可能向下滑动；同时，构造面又为降雨等水流进入斜坡提供了通道。

3）岩土性质

各类岩、土都有可能构成斜坡地灾，在坡形（坡高和坡角）相同的情况下，结构越松散，则抗剪强度和抗风化能力就越低，在水的作用下其性质越容易发生变化。在硬质岩地层中，发生斜坡地灾的可能性较小，但岩体内夹有软弱破碎带或薄风化层、倾角较陡且有地下水活动时，岩层也可能沿软弱面（带）而滑动；而在干燥条件下，质软易风化的岩层容易风化成散粒碎屑（碎片），当受水潮湿后就容易形成表面溜滑；在黏性土层中，一般上部地层较松散（如膨胀土在干旱时表层收缩裂缝）容易渗水，下部比较致密可以起到隔水作用。当水下渗后，分界处就会构成软弱滑移面，上层土体容易沿着软弱面滑动；坡积黏性土含水量较大时，抗剪强度显著降低，容易沿下伏基岩顶面滑动。另外，岩石中含泥质成分占比越高，抵抗斜坡变形破坏的能力则越低。斜坡地灾的发生总是集中在坡体的某些部位、某些面或某些带中，构成营力特别集中或特别活跃的面（带）。

2. 诱发因素

在上述斜坡地灾孕灾环境的基础上，一些诱发因素则会引发或者加速斜坡地灾的发生，主要诱发因素包括水作用、地震和人类活动。

1）水作用

水对斜坡稳定性有多方面的显著影响，包括软化作用、冲刷作用、静水压力和动水压力作用及浮托力作用等。水的软化作用是指由于水的活动使岩土体强度降低的作用。水的冲刷作用是指河、沟、湖、海水流冲刷岸坡，掏蚀坡脚，削弱支撑而使斜坡变高、变陡，不利于斜坡的稳定。水的静水压力和动水压力作用是指当斜坡被水淹没时，若斜坡的表部为相对不透水，坡面就承受一定的静水压力；若斜坡岩土体是透水的，则地下水在其中渗流时由于水力梯度作用，就会对斜坡产生动水压力。水的浮托力作用是指处于水下的透水斜坡，由于水的作用使坡体的有效质量减小，造成斜坡的不稳现象。

进入斜坡内的水触发斜坡地灾的主要作用为：增加坡体质量；浸泡软化地层，形成黏泥薄层，致使抗剪强度大大降低；水充满裂缝时形成静水压力，出现水头差时形成动水压力；干湿交替导致岩土体开裂，使更多的水进入坡体，进一步恶化坡体状况。因此，大量的降水特别是暴雨与斜坡地灾有着极为密切的关系，一般斜坡地灾和各种滑移运动的日期几乎都是与雨季和冰雪融化的时期相吻合。大量降雨将直接引发斜坡地灾，当地面土壤堆积层已饱含水分时，新的降水量只要很小，即可引发斜坡地灾。因为过量的水使地面土壤堆积层中的空气流通孔道被阻断，沿剪切面毛细水压力加大，尤其地表物质是多孔且可渗透的岩土，下伏是低渗透性的物质时，就能形成强大的滑动破坏的条件，导致多次斜坡地灾。

2）地震

地震对斜坡灾害的影响很大，尤其是崩塌和滑坡，地震会引发坡体与滑块沿滑面产生不协调运动，使滑面本身的粗糙度及起伏差变小，并使滑面上的物质被进一步碾碎；或在振动过程中使水进入滑面而产生孔隙水压力并使其升高到一定水平，从而造成滑面上的有效应力降低，抗滑力减小，起到了减阻效应；并且坡体与滑块沿滑面产生不协调振动时，滑块沿滑面向坡下方向产生移动现象。一方面，滑块沿滑面由静摩擦状态转变成动摩擦状态，而一般岩土体的动摩擦系数远比其静摩擦系数小，这就使原处于稳定状态的滑块有可能变成不稳定状态或接近极限平衡状态；另一方面，在一次地震运动过程中，如果产生的移动量达到一定的数值，则会使岩土体开始滑动，形成斜坡地灾。一次强烈地震发生以后，通常紧跟着一系列余震。岩土体在某一强度的震动作用下，作用一次岩土体并不被破坏，但这一强度的震动反复作用多次后却会引起岩土体的破坏。

3）人类活动

人类活动是不可避免地影响岩体稳定性的因素，在边坡开挖的过程中往往对原始的边坡形成破坏，从而带来一系列的影响，这些影响因素有爆破、加固及机械施工带来的附加荷载等。岩质边坡的开挖一般会选用爆破法施工，此类施工方式无疑会加大边坡岩体带的扰动，不利于边坡的稳定。人类的一些活动所造成的斜坡地灾，按其分布和规模，已完全可以与自然因素造成的斜坡地灾比拟。人类的这些活动成为破坏斜坡或边坡岩体平衡的重要条件，有利于斜坡地灾的形成。人类的工程与生产活动必须在充分掌握斜坡地灾发育规律的基础上进行，这些规律应是进行地区改造与防护的基础。同时，实践证明，人类工程和生产活动也为斜坡地灾的发育创造了条件。大多数人为诱发的斜坡地灾主要是由改变山坡形状或容许水分进入岩土体底层造成的。任何增加山坡坡度、修筑边坡的坡度或在斜坡或边坡增加重量等活动，会使岩石缩水、膨胀、松散和风化，天然结构破坏，造成其强度降低或引起动、静水压力对岩石的作用变化，都能导致边坡不稳定而发生斜坡地灾。

5.2.3 斜坡地灾易发性评价方法

目前，常用的斜坡地灾易发性评价的方法主要包括统计分析法和数学模型法，统计分析法包括确定性系数法、信息量法、证据权法等；数学模型法包括随机森林、支持向量机、反向传播（back propagation，BP）神经网络等。各种方法受模型本身限制各有优缺点：统计分析法效果直观，但易受主观因素影响，适用于环境单一、评价因子长期不变的区域；数学模型法自适应、自学习、非线性映射能力强，但受制于样本数据的质量，适用于环境复杂、评价因子非线性的区域。

1. 确定性系数法

确定性系数法可用来分析某一事件发生的敏感程度，是一种概率方法，其模型运用统计分析计算各个分级因子发生斜坡地灾的相对概率（杨光 等，2019），其计算公式为

$$F_c=\begin{cases}\dfrac{P_a-P_s}{P_a(1-P_s)}, & P_a\geqslant P_s\\[2ex]\dfrac{P_a-P_s}{P_a(1-P_a)}, & P_a<P_s\end{cases} \tag{5.1}$$

式中：P_a为某一特征 a 下的发生概率，具体指特征 a 中每一单元存在的斜坡地灾隐患点数量或面积与每一单元分级 a 面积的比值；P_s为整个研究区斜坡地灾发生的概率，指所有斜坡地灾隐患点数量或面积与整个研究区面积比值。敏感性指数值为[−1, 1]，$F_c>0$ 时，斜坡地灾发生概率高，易发性大；$F_c=0$ 时，不能判断是否是斜坡地灾易发区；$F_c<0$ 时，斜坡地灾发生概率低，易发性小。

2. 信息量法

斜坡地灾的形成受多种因素影响，信息量模型反映了一定地质环境下最易致灾因素

及其细分区间的组合；信息量法具体是通过特定评价单元内某种因素作用下斜坡地灾发生频率与区域斜坡地灾发生频率相比较实现的。对应某种因素特定状态下的斜坡地灾信息量公式可表示为

$$I_{Aj \to B} = \ln \frac{N_j / N}{S_j / S} \tag{5.2}$$

式中：$I_{Aj \to B}$ 为对应因素 A、j 状态（或区间）下斜坡地灾 B 发生的信息量；N_j 为对应因素 A、j 状态（或区间）下斜坡地灾分布的单元数；N 为调查区已知有斜坡地灾分布的单元总数；S_j 为对应因素 A、j 状态（或区间）分布的单元数；S 为调查区单元总数。

当 $I_{Aj \to B} > 0$ 时，对应因素 A、j 状态（或区间）下斜坡地灾发生倾向的信息量较大，斜坡地灾发生的可能性较大，或者说利于斜坡地灾发生；当 $I_{Aj \to B} < 0$ 时，因素 A、j 状态（或区间）条件下，不利于斜坡地灾的发生；当 $I_{Aj \to B} = 0$ 时，因素 A、j 状态（或区间）不提供有关斜坡地灾发生与否的任何信息，即因素 A、j 状态（或区间）可以被剔除掉，排除其作为斜坡地灾预测因子。

由于每个评价单元受众多因素的综合影响，各因素又存在若干状态，各状态因素组合条件下斜坡地灾发生的总信息量可由下式确定：

$$I = \sum_{i=1}^{n} \ln \frac{N_j / N}{S_j / S} \tag{5.3}$$

式中：I 为对应特定单元斜坡地灾发生的总信息量，指示斜坡地灾发生的可能性，可作为斜坡地灾易发性指数；N_j 为对应特定因素、第 i 状态（或区间）条件下的斜坡地灾面积或斜坡地灾点数；S_j 为对应特定因素、第 i 状态（或区间）的分布面积；N 为调查区斜坡地灾总面积或总斜坡地灾点数；S 为调查区总面积。

3. 证据权法

证据权法是一种基于贝叶斯准则综合各种证据层来预测某种事件发生概率的一种定量方法，最初用于支持医疗诊断。Agterberg（1992）将证据权法引入地质领域，应用于矿产预测评价，近年也被用于斜坡地灾易发性评价。证据权法本身是一种离散的地学多元统计方法，其实质是根据已有事件发生时各证据存在的概率，来推断证据存在时发生该事件的概率。

证据权法通过对与斜坡地灾形成相关的影响因素的权重指数进行叠加分析，开展斜坡地灾易发性评价。其中，每种影响因素都被视为斜坡地灾易发性评价的证据因子，各证据因子对斜坡地灾易发性的贡献由该因子的权重值来表征。一般将各证据因子图层网格化为不连续的二值化图层：1 代表因子对灾害发生的证据存在，0 代表不存在；通过证据权模型给出该二值化的证据因子图层的权重，最终叠加多元图层，实现斜坡地灾易发性评价。证据权法的分析流程如下。

1）权重计算

计算每一个证据因子的权重，首先要把整个调查区栅格化；利用条件概率计算证据因子图层所有单元对斜坡地灾发生的贡献权重。假设调查区被划分成面积相等的 T 个单元，其中 D 为斜坡地灾单元数，$\bar{D}$ 为非斜坡地灾单元数。对于该证据因子，B/D 和 $B/\bar{D}$

分别表示证据因子B在斜坡地灾单元和非斜坡地灾单元内存在的单元数，B/D和$\bar{B}/\bar{D}$分别表示证据因子在斜坡地灾单元和非斜坡地灾单元内不存在的单元数。其权重定义为

$$W^{+}=\ln\frac{P(B/D)}{P(B/\bar{D})} \tag{5.4}$$

$$W^{-}=\ln\frac{P(\bar{B}/D)}{P(\bar{B}/\bar{D})} \tag{5.5}$$

式中：W^{+}为证据因子存在区的权重；W^{-}为证据因子不存在区的权重。

证据因子权重由落入特定证据因子图层的灾点数和全部灾点数之比与证据因子图层面积和调查区总面积之比的比值决定。证据因子和灾点正相关表示为$W^{+}>0$、$W^{-}<0$，负相关表示为$W^{+}<0$、$W^{-}>0$，不相关时权重为0。对于原始数据缺失区域，其权重值为0。相对系数$C=W^{+}+W^{-}$，用来度量证据因子图层和斜坡地灾之间的相关性大小。

2）证据综合

在上述权重值计算及分析的基础上，通过证据层的优选，选择权重值较大、与斜坡地灾关系密切的证据层，剔除权重值较小、与斜坡地灾关系不密切的证据层；进一步进行证据因子相对地灾点的条件独立性检验，剔除斜坡地灾权重值相对较小而与其他证据因子相关性大的证据层。对最终筛选出的n个关于斜坡地灾点条件独立的证据因子，根据贝叶斯法则，研究区任一单元K为斜坡地灾的可能性，即对数后验概率可表示为

$$F=\ln O\left(\frac{D}{\sum_{i=1}^{n}B_i^{K(i)}}\right)=\sum_{i=0}^{n}W_i^{K}+\ln O(D) \tag{5.6}$$

式中：O为概率，$O(D)=D/(T-D)$；D为存在斜坡地灾的单元网格数；B_i为第i个证据层；$K(i)$为在第i个证据因子层存在时是+，不存在时是−；W_i为第i个证据因子存在或不存在时的权重。

最后计算后验概率：

$$P=\frac{O}{1+O}=\frac{\exp(F)}{1+\exp(F)} \tag{5.7}$$

后验概率值的大小指示易发性的高低，其值在0～1。后验概率值越大，表示易发性越高；后验概率值越小，表示易发性越低。

4. 随机森林模型

随机森林是一种集成机器学习方法（Breiman，2001），它利用随机重采样技术和节点随机分裂技术构建多棵决策树（方匡南 等，2011），通过投票得到最终分类结果，如图5.1所示。

构建随机森林模型的步骤如下。

（1）以历史斜坡地灾点和非斜坡地灾点作为样本集，从中通过随机抽样的方式产生n个样本。

（2）将评价因子作为特征，对n个样本选择其中的k个特征，建立决策树。

（3）重复m次，产生m棵决策树。

（4）运用多数投票机制进行预测。

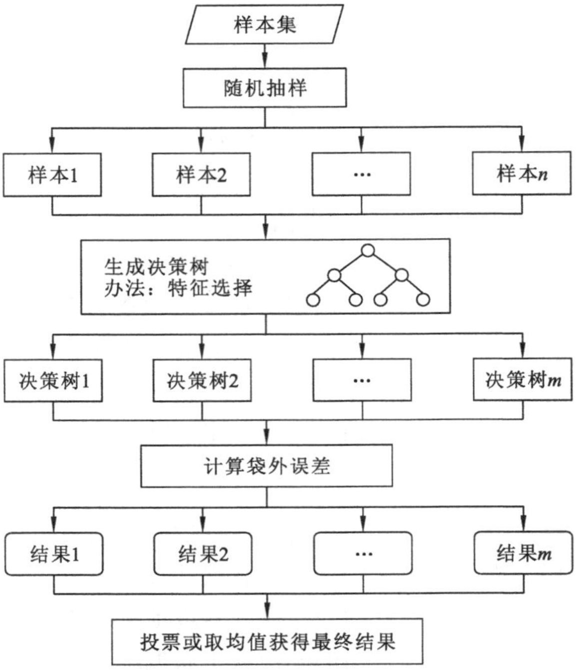

图 5.1　随机森林模型示意图

每棵决策树具有相同的分布，分类误差取决于每一棵决策树的分类能力和它们之间的相关性。而袋外数据的误差是一种无偏估计，可以用来验证模型的性能好坏以防止过拟合。

随机森林的泛化误差定义：

$$P^{*} \leqslant \frac{\bar{\rho}(1-s^{2})}{s^{2}} \tag{5.8}$$

式中：P^{*} 为随机森林的泛化误差；$\bar{\rho}$ 为决策树间的相关度平均值；s 为决策树平均强度。

泛化误差是衡量模型在未知数据上的准确率的指标，从式（5.8）可知，要增强模型的准确度，可减弱决策树间的相关度或增强决策树的强度。对随机森林这种集成算法而言，模型中的每棵决策树结构是不同的，因此可以通过增加决策树的数量来减弱整体的相关度，或者通过增加模型中每棵决策树的叶子节点及深度调整决策树的复杂程度来增强决策树的强度。当模型过于复杂时，模型会过拟合，泛化误差也会增加，因此需要寻找最佳模型复杂度，使泛化误差最小，模型准确度最高。

5. 支持向量机模型

支持向量机（support vector machine，SVM）是一种基于统计学习理论和结构风险最小化原则的监督学习方法（Vapnik，1998）。使用训练数据，SVM 隐式地将原始输入空间映射到高维特征空间，随后在特征空间中，通过最大化类的边界来确定最优超平面。最接近最优超平面的训练点称为支持向量。获得决策面后，就可以用它对新数据分类。假设一个训练数据集的实例标签对 (x_i, y_i)，$x_i \in R^n$，$y_i \in \{1,-1\}$，并且 $i=1,2,\cdots,m$。在斜坡地灾易发性评价中，$\boldsymbol{x}$ 是代表评价因子的一组向量。y_i 的两种类别 $\{1,-1\}$ 代表斜坡地灾像素和非斜坡地灾像素，SVM 分类器通过训练数据找到一个最优超平面来区分这两种类别。

对于线性可分割数据，分割超平面可以定义为

$$y_i(\boldsymbol{w}\times x_i+b)\geqslant 1-\xi_i \tag{5.9}$$

式中：$\boldsymbol{w}$ 为系数向量，决定了超平面在特征空间中的方向；b 为超平面的偏移量；ξ_i 为正松弛变量。

使用拉格朗日乘数解决优化问题来确定最优超平面，让 $\sum_{i=1}^{n}\alpha_i=0$ 并且 $0\leqslant\alpha_i\leqslant C$（$C$ 为惩罚系数）使式（5.10）值最小。

$$\sum_{i=1}^{n}\alpha_i-\frac{1}{2}\sum_{i=1}^{n}\sum_{j=1}^{n}\alpha_i\alpha_j y_i y_j(x_i x_j) \tag{5.10}$$

式中：α_i 为拉格朗日乘数。

用于分类新数据的决定函数可以写成

$$g(x)=\operatorname{sign}\left(\sum_{i=1}^{n}y_j\alpha_i x_i+b\right) \tag{5.11}$$

当发现不能使用线性核函数去寻找分割超平面时，需要将原始的输入数据通过非线性的核函数转换到更高维度的特征空间，此时分类的确定函数可以写为

$$g(x)=\operatorname{sign}\left(\sum_{i=1}^{n}y_j\alpha_i K(x_i,x_j)+b\right) \tag{5.12}$$

式中：$K(x_i,x_j)$ 为非线性核函数。

6. BP 神经网络模型

人工神经网络是由大量处理单元（神经元）互连而成的网络，是人脑的抽象、简化、模拟，反映了人脑的基本特征。它与人脑的相似之处概括为两个方面：一是通过学习过程利用神经网络从外部环境获取知识；二是内部神经元用来存储获取的知识信息。

作为一种多层前馈网络，BP 神经网络在多层感知器的基础上增加误差反向传播信号，训练采用了误差逆传播算法，该模型拓扑与基本结构为 3 层：第一层为输入层；第二层为隐层；第三层为输出层（图 5.2）。隐层只有一层时，BP 神经网络为单隐层神经网络模型结构。

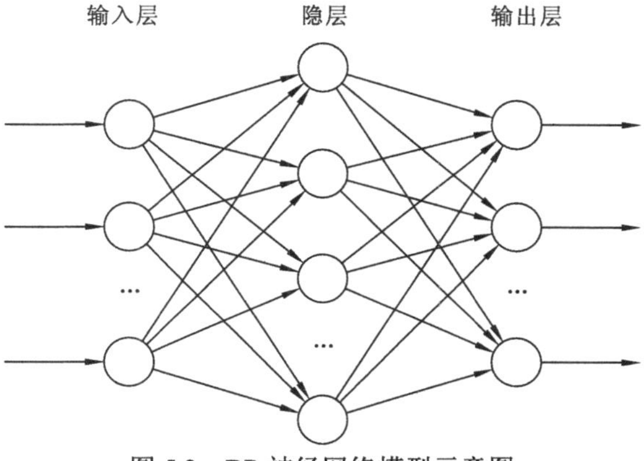

图 5.2　BP 神经网络模型示意图

BP 神经网络的计算过程包含前向、反向传播两部分。输入层的输入信息由隐层的神经元处理后传输到输出层，完成一个正向传播过程。此时，当实际输出与期望输出之间的精度不满足预设精度时，误差会反向传播。输出层按照误差梯度递减的方式沿连接路径不断修正各层的权值，反向传递给隐层和输入层。前向、后向传播往复进行，每一层的权重在这个过程中不断调整，直至误差信号降低到设定值或最大学习次数，学习训练过程结束。

BP 神经网络模型常常采用优化技术中比较普遍的梯度下降法，将样本的输入与输出之间的函数关系转变成非线性优化问题，神经网络可以视为输入与输出之间一个高度非线性的映射。误差信号的反向传播不断调整权值矩阵，经过反复训练权值逐渐收敛并达到一定误差范围。

5.2.4 态势结合斜坡地灾易发性评价方法

由常规地质方法生成的斜坡地灾易发性分区图反映了潜在斜坡地灾可能所处的空间位置分布，属于静态数据，因为其中用到的证据因子大多不会在短时间内发生任何变化。而由 InSAR 技术生成的地表形变速率图则反映了数据覆盖时间范围内的地表动态变化，将动静两种数据结合，更好地进行潜在斜坡地灾的识别，是目前斜坡地灾易发性评价领域的热点之一。本书提出两种态势结合的斜坡地灾易发性评价方法：InSAR 结果和斜坡地灾易发性分区图的耦合更新；InSAR 结果为评价因子的斜坡地灾易发性评价。

1. InSAR 结果和斜坡地灾易发性分区图的耦合更新

将斜坡地灾易发性分区图按照分区依次赋值 1、2、3、4，同时将 InSAR 获取的地表形变按照形变区间赋予不同的贡献值，考虑 InSAR 结果更具有现势性，能够更好地反映近期的地表动态变化，因此赋予其稍高于原始斜坡地灾易发性分区图的贡献值，依次为 2、3、4、5，如表 5.1 所示。

表 5.1 贡献值矩阵

初始斜坡地灾易发性分区	贡献值	地表形变速率/（mm/a）	贡献值
低易发	1	>0	2
中易发	2	0～-10	3
高易发	3	-10～-20	4
很高易发	4	<-20	5

将某区域在初始斜坡地灾易发性分区图上和地表形变速率图上的贡献值相乘，得到更新后的斜坡地灾易发性指数 LSI：

$$\mathrm{LSI} = C_{\mathrm{LSM}} + C_{\mathrm{GDM}} \tag{5.13}$$

式中：C_{LSM} 为初始斜坡地灾易发性分区图的贡献值，C_{GDM} 为地表形变速率图的贡献值。

根据表 5.2 对更新后的权重值重新定义易发性程度，从而完成利用地表形变对初始斜坡地灾易发性分区图的动态更新。除了原始的 4 个等级，更新后的斜坡地灾易发性分区图被分配了一个新的等级，即极高易发等级，以更好地反映更新前后的斜坡地灾敏感性变化。

表 5.2　重分类对照表

更新后的斜坡地灾易发性指数	对应斜坡地灾易发性分区
2～3	低易发
4～5	中易发
6～8	高易发
9～12	很高易发
13～20	极高易发

2. InSAR 结果为评价因子的斜坡地灾易发性评价

将地表形变结果作为评价因子，与斜坡地灾孕灾环境和诱发因素中的地形地貌、地质构造、水作用、地震等评价因子起同等作用，共同完成斜坡地灾易发性评价，使斜坡地灾易发性分区图中体现斜坡地灾的动力学特征。

5.2.5　模型精度验证

斜坡地灾易发性评价中通常会引入受试者工作特征（receiver operating characteristics，ROC）曲线与 ROC 曲线下面积（area under curve，AUC）来评价模型性能优劣，为了介绍上述两项指标，引入二分类数据的混淆矩阵，如表 5.3 所示。

表 5.3　混淆矩阵

样本	预测正样本	预测负样本
正样本	TP	FN
负样本	FP	TN

表 5.3 中：TP（true positive）表示根据阈值判断发生斜坡地灾，实际确实发生的点数；FP（false positive）表示根据阈值判断发生斜坡地灾，实际却未发生的点数；FN（false negative）表示根据阈值判断未发生斜坡地灾，实际确实未发生的点数；TN（true negative）表示根据阈值判断未发生斜坡地灾，实际却发生的点数。而 ROC 曲线是以伪阳性率（false positive rate，FPR）为横坐标、真阳性率（true positive rate，TPR）为纵坐标所绘制的曲线。

$$\mathrm{FPR}=\frac{\mathrm{FP}}{\mathrm{FP}+\mathrm{TN}} \tag{5.14}$$

$$\mathrm{TPR}=\frac{\mathrm{TP}}{\mathrm{TP}+\mathrm{FN}} \tag{5.15}$$

在 ROC 曲线下方的区域对应的面积则为 AUC 值，该数值介于 0 和 1 之间，一般大于 0.5，越接近 1，表明模型的效果越好，精度越高。

5.3 湖北省恩施州斜坡地灾易发性评价

5.3.1 研究区概况与数据源

研究区位于湖北省恩施土家族苗族自治州(以下简称恩施州),地理坐标为109° 45′～110° 38′E,29° 38′～31° 24′N,如图 5.3 所示。区域覆盖面积为 8 156.15 km^2。属于亚热带季风和季风性湿润气候,降水充沛,雨热同期。海拔高度覆盖 50～3 000 m。全区流域主要为长江水系和清江水系,岩溶发育强烈,暗河伏流多,地下水储量丰富。全区地势呈现北部和东南部高,逐渐向南倾斜而相对低下的状态。其地貌基本特征是阶梯状地貌发育。由于受新构造运动间歇活动的影响,研究区大面积隆起成山,局部断陷,沉积形成多级夷面与山间河谷断陷盆地。区内呈现明显层状地貌。地层出露较全,从古生界寒武系至新生界第四系均有分布,其中仅缺下泥盆统、上志留统、中上侏罗统和下白垩统地层。从出露地层看,中-上寒武系、奥陶系、志留系、二叠系、三叠系发育最全,其中三叠系分布最广。研究区发现历史斜坡地灾点共计 822 处,分布如图 5.3 所示,从其空间分布上看,斜坡地灾呈现条带状或团块状分布特征,且多沿河、依山发育,显示出水系和高程的微观控制作用。

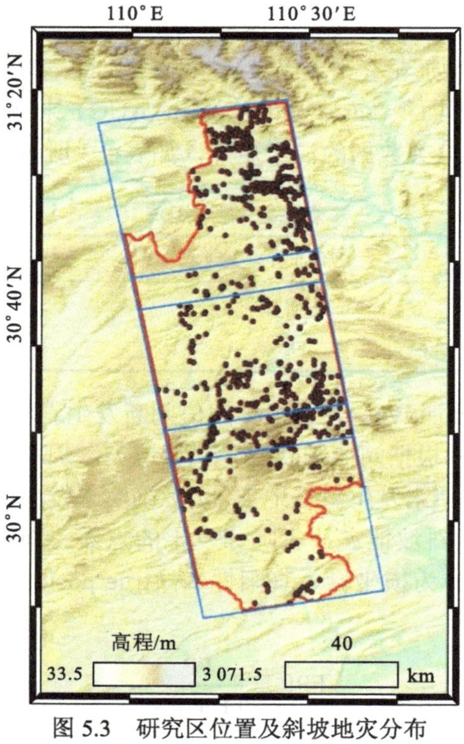

图 5.3 研究区位置及斜坡地灾分布

收集研究区地质环境图、水文气象、土地利用、遥感影像等资料,用于提取斜坡地灾易发性评价因子。数据源信息如表 5.4 所示。

表 5.4 数据源信息

数据	精度	来源
历史地质灾害数据	—	地理科学数据网站
培石幅、巴东县幅、抱龙河幅、风吹垭幅、龙潭坪幅、绿葱坡幅地质图及说明书	1∶5 万	湖北省地质调查局
巴东幅 H-49-9 地质图	1∶20 万	中国地质调查局地质科学数据出版中心
路网数据	30 m	OSM 开源道路数据
水系数据	30 m	OSM 开源水系数据
降水数据	间隔 12 h	中国气象局网站
DEM 数据	10 m	高分湖北中心
第三次全国土地调查数据	—	湖北省地质环境总站
高分一号影像	2 m	高分湖北中心

注：OSM 为 open street map，开源街道地图

5.3.2 斜坡地灾易发性评价因子选取

分析斜坡地灾的分布规律，综合考虑地质环境条件和人类工程活动，并确保各因子相互不影响、无强的相关性，选取高程、坡度、坡向、断层距离、工程岩组、水系距离、土地利用、年均降水量和道路距离共 9 个评价因子（图 5.4），体现斜坡地灾的孕灾环境和诱发因素。

1. 高程

高程控制边坡的应力、温度、植被覆盖，影响斜坡地灾发育程度。研究表明，DEM 精度关系研究区坡度提取的准确度（Kamiński，2020；Chaplot et al.，2006），进而影响斜坡灾害易发性评价的准确度。鉴于目前常用的 SRTM 数据老旧、分辨率低，试验采用 ZY-3 光学立体影像生成的湖北省 10 m 分辨率高精度 DEM。根据研究区 DEM 数据，将研究区高程数据分为 4 级，每级高程差 500 m，形成高程分级图，如图 5.4（a）所示。

研究区中北部和中南部地区是海拔较高区域，即巫山山脉和武陵山山脉组成的山地，最高海拔约为 2 963.97 m，东北部、中部和南部的区域海拔相对较为平坦，最低海拔约为 30.81 m，研究区平均海拔约为 1 061.81 m。斜坡灾害主要沿着高程相对较低的北部和中部区域分布，少数分布在中北部和南部高山峡谷区域。

2. 坡度

坡度为斜坡提供势能，随着地形坡度的增加，斜坡提供的势能也会逐渐增大，重力作用下势能逐渐转变为动能，导致斜坡地灾的发生。

通过 ZY-3 DEM 提取研究区坡度，并将坡度分为 5 组，其中 0°～40° 每十度分为一组，大于 40° 的统一分为一组，得到测区坡度分级图，如图 5.4（b）所示。

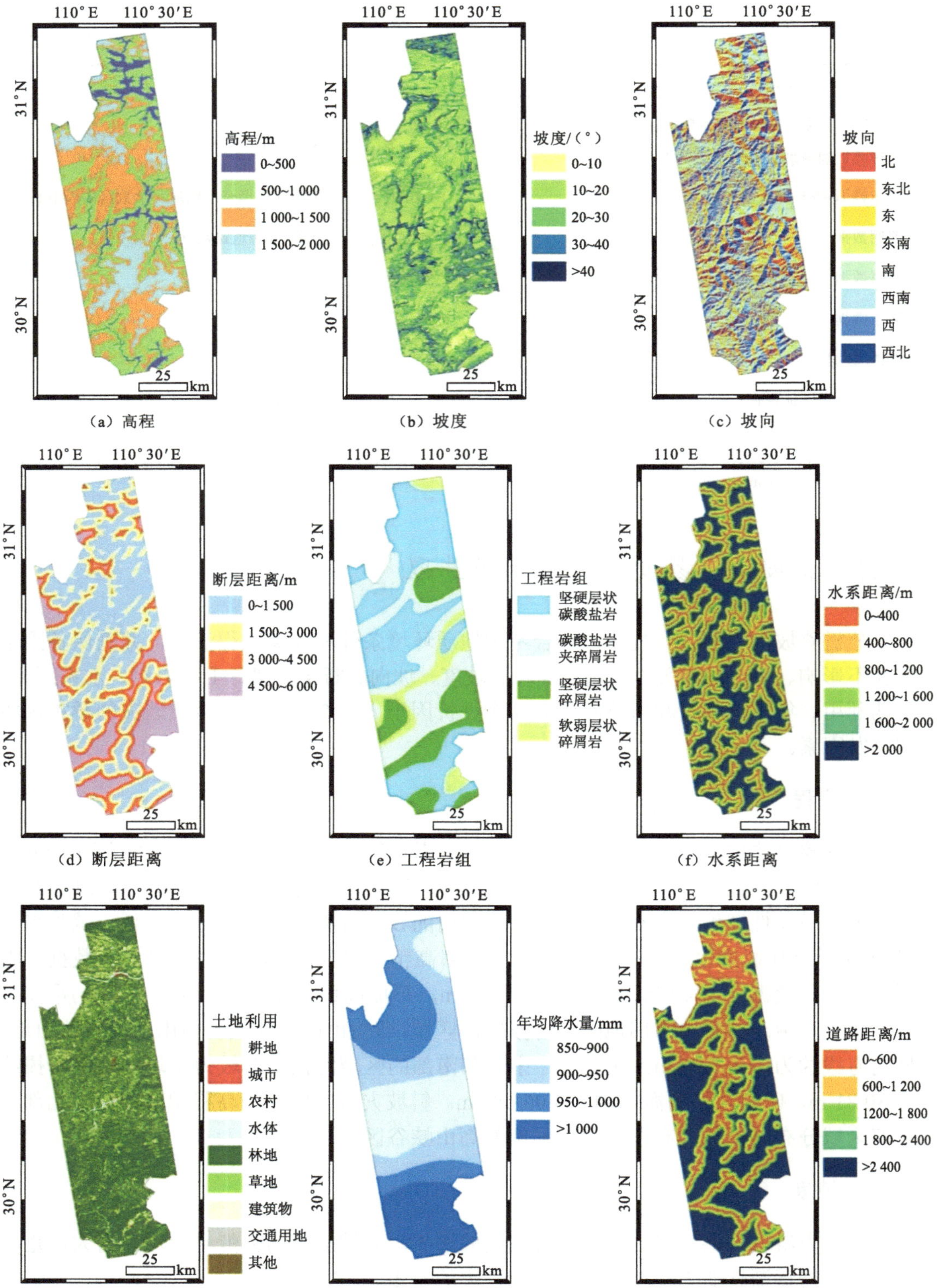

(a) 高程　(b) 坡度　(c) 坡向

(d) 断层距离　(e) 工程岩组　(f) 水系距离

(g) 土地利用　(h) 年均降水量　(i) 道路距离

图 5.4　研究区评价因子

研究区整体地表平均坡度约为25.59°，其中小于5°的平地约占研究区总面积的3%；5°～15°的缓坡地约占18%；15°～25°的斜坡地约占31%；25°～35°的陡坡约占27%；35°以上的险坡地约占21%。

3. 坡向

坡向会影响太阳辐射强度、植被覆盖率、蒸发量等因素，进而影响坡体的稳定性。根据研究区ZY-3 DEM数据计算获得坡向图，坡向分为8类，分别为北、东北、东、东南、南、西南、西和西北向，如图5.4（c）所示。

4. 断层距离

沿断层构造带上软弱构造面发育，岩石极为破碎，风化程度较高，使得地下水富集，易发生斜坡地灾（李益敏 等，2018）。断层对斜坡地灾的影响一般与它们之间的距离相关，根据研究区1∶5万地质图获取断层分布，通过构造缓冲区来对其进行量化，缓冲区共分4级，每级距离1 500 m，得到断层分布对斜坡地灾的影响，如图5.4（d）所示。

断层主要发育在研究区中部及中北部区域，少量发育在南部区域，已知的斜坡灾害点主要分布在断层发育较多的区域，并且与断层面距离越近，斜坡地灾发育越多，距离越远，斜坡地灾发育越少。

5. 工程岩组

工程岩组类型是斜坡地灾发生的物质基础和重要内因，为斜坡地灾的发生提供物质来源，岩土体的物理性质（硬度、抗风化能力）决定其是否容易遭受破坏，以及斜坡地灾易发程度。基于研究区1∶5万和1∶20万地质图资料，根据岩性和岩石硬度将研究区划分为4类岩性，分别为坚硬层状碳酸盐岩、碳酸盐岩夹碎屑岩、坚硬层状碎屑岩和软弱层状碎屑岩，其分布如图5.4（e）所示。

研究区内斜坡地灾发育与工程岩组坚硬程度密切相关，软岩中斜坡地灾多发，坚硬岩中斜坡地灾极少发育，软岩中多为碎屑岩、泥岩和砂岩，岩体脆弱，经风化雨水侵蚀后易产生斜坡地灾，坚硬岩中多为灰岩，岩体结构较稳定，不易发育斜坡地灾。

6. 水系距离

通过水系侵蚀作用，上部斜坡岩土体超过自身承载力向下滑动而导致斜坡地灾。研究区范围包含两大水系（长江水系和清江水系）及其支流在内的河流共31条，地质灾害发育，说明斜坡地灾的发育程度与水系关系密切。通过构造缓冲区以表示水系对斜坡地灾易发性的影响，缓冲区共分6级，每级距离400 m，得到水系对斜坡地灾的影响图，如图5.4（f）所示。

7. 土地利用

根据第三次全国土地调查数据，处理后可得到研究区范围内的土地利用类型，研究区中林地分布面积较大，其次是耕地，交通用地及其他分布面积最小，如图5.4（g）所示。

8. 年均降水量

降雨（尤其暴雨）经常是诱发斜坡地灾的重要条件。降雨过程中，大量地表水进入坡体，增加其下滑动力；同时，雨水随着岩石裂隙或破裂面进行渗透作用，使层面的黏聚力和内摩擦角减小，降低抗剪强度，影响坡体稳定性。研究区内共有 65 个雨量站，统计 2010 年以来的每日降水量数据，计算出各个降雨站的年平均降水量，通过插值得到研究区年均降水量图，研究区年均降水量分布区间为 850～1 070 mm，将降水量分为 4 级，分别为 850～900 mm、900～950 mm、950～1 000 mm 和>1 000 mm，如图 5.4（h）所示。

9. 道路距离

山区道路修建时会对坡体进行开挖或填补，改变坡体原有的应力状态，稳定性降低；道路修好后，过往车辆的行驶会加剧坡体的形变速度，进而提高斜坡地灾发生的可能性。道路对斜坡地灾的影响与距离有关，根据研究区道路分布图，构造缓冲区，缓冲区共分 5 级，每级距离 600 m，得到道路对斜坡地灾的影响图，如图 5.4（i）所示。

为进一步总结研究区的孕灾环境，根据历史斜坡地灾数据的空间分布，统计斜坡地灾在高程、坡度、坡向、断层距离、工程岩组、水系距离、土地利用、年均降水量和道路距离这些因子的分布情况，如图 5.5 所示。从图中可以看出：研究区内斜坡地灾多发

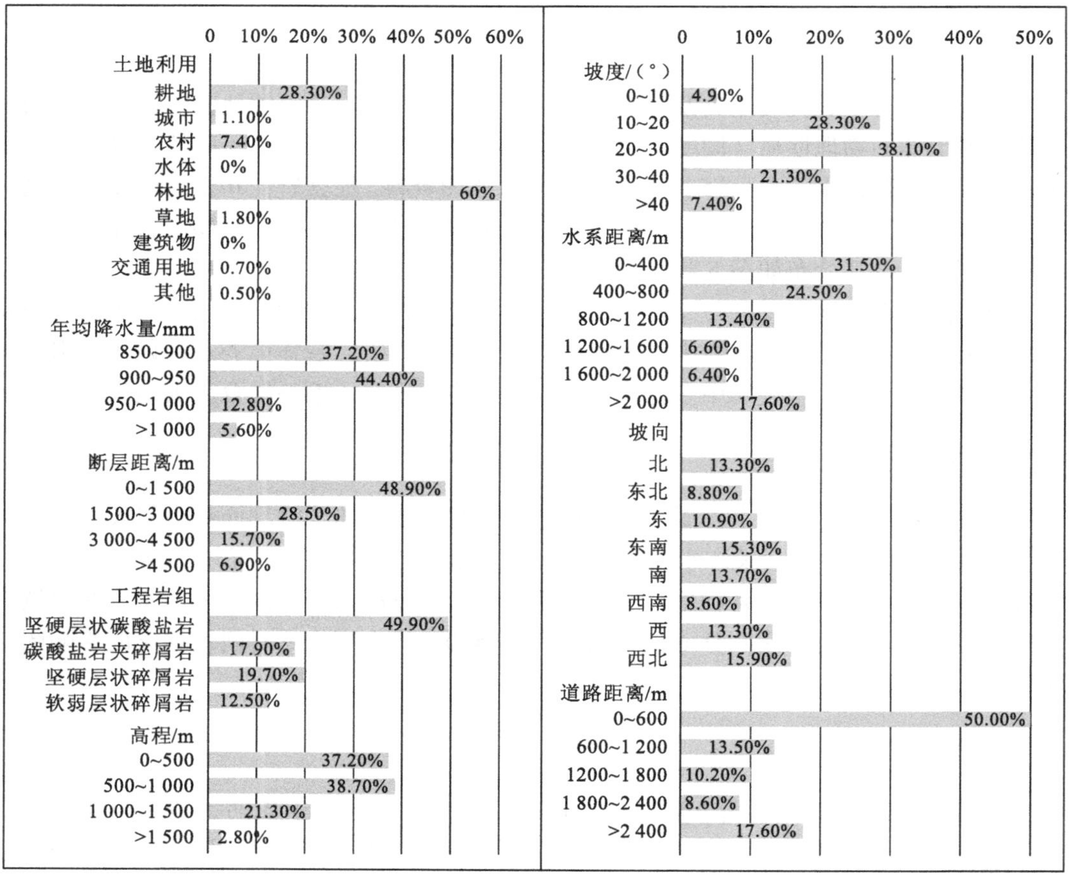

图 5.5　斜坡地灾在各因子区间分布

于海拔 0～1 500 m 处，且集中于林地及坚硬层状碳酸盐岩地区；断层活动对斜坡地灾的发育有促进作用，尤其是距离断层 1 500 m 以内的区域，历史斜坡地灾占比接近 50%；同时，距离道路 600 m 以内的斜坡地灾占比达 50%，说明道路扰动对斜坡地灾影响很大；坡向对斜坡地灾的影响较为平均，每个类别占比相近；该区域斜坡地灾多发于距水系 1 200 m 以内的区域，以及坡度介于 10°～40° 的区域。

5.3.3 基于证据权方法的斜坡地灾易发性评价

采用证据权方法对研究区进行斜坡地灾易发性评价，即将已有斜坡地灾和各个证据因子图层空间进行关联分析，得到斜坡地灾点处各个证据因子的分布情况，来求取各个证据层因子对斜坡地灾发生贡献的大小（权重）。该方法在一定程度上避免了因子权重赋值的主观性，综合考虑了影响因子存在与不存在二元条件下对斜坡地灾易发性的贡献，有较高的评价精度。

根据研究区的资料收集情况及数据的分辨率，以 100 m×100 m 的网格单元为斜坡地灾易发性分区图的空间尺度，共将研究区划分为 815 615 个评价单元。所有的因子数据统一形成标准化栅格图层，将历史斜坡地灾数据叠加到各图层后，根据证据权方法的公式计算权重，得到斜坡地灾易发性权重计算表，如表 5.5 所示。

表 5.5 因子权重计算表

因子	因子分级	历史地灾点个数	单元数	W_i^+	W_i^-	W_i
高程	0～500 m	260	69 965	1.469 84	−0.508 66	1.978 50
	500～1 000 m	274	259 748	0.207 91	−0.730 00	0.937 90
	1 000～1 500 m	145	361 068	−0.758 50	−0.417 31	−0.341 18
	>1 500 m	20	124 834	−1.677 66	−0.034 28	−1.643 38
坡度	0～10°	51	119 118	−0.694 43	−0.088 72	−0.605 70
	10°～20°	213	268 175	−0.076 12	−0.541 50	0.465 38
	20°～30°	290	245 148	0.322 64	−0.766 14	1.088 77
	30°～40°	127	133 586	0.103 83	−0.239 78	0.343 61
	>40°	18	49 588	−0.859 58	−0.027 78	−0.831 80
坡向	北	96	101 142	0.102 21	−0.168 64	0.270 85
	东北	55	82 132	−0.246 89	−0.091 13	−0.155 76
	东	84	101 467	−0.034 65	−0.146 22	0.111 57
	东南	100	122 838	−0.051 45	−0.181 77	0.130 32
	南	101	104 552	0.119 84	−0.179 00	0.298 84
	西南	57	85 490	−0.251 25	−0.095 02	−0.156 22
	西	99	103 730	0.107 72	−0.174 97	0.282 69
	西北	107	114 264	0.088 69	−0.193 21	0.281 90

续表

因子	因子分级	历史地灾点个数	单元数	W_i^+	W_i^-	W_i
断层距离	0～1 500 m	342	344 749	0.146 42	−1.163 75	1.310 17
	1 500～3 000 m	190	217 533	0.018 98	−0.432 57	0.451 55
	3 000～4 500 m	116	122 332	0.101 23	−0.213 48	0.314 71
	>4 500 m	51	131 001	−0.789 56	−0.090 26	−0.699 29
工程岩组	坚硬层状碳酸盐岩	349	374 255	0.084 50	−1.278 18	1.362 69
	碳酸盐岩夹碎屑岩	125	191 651	−0.273 28	−0.257 55	−0.015 72
	坚硬层状碎屑岩	137	165 683	−0.035 83	−0.273 76	0.237 93
	软弱层状碎屑岩	88	35 291	1.069 64	−0.140 63	1.210 27
水系距离	0～400 m	242	128 426	0.788 91	−0.504 29	1.293 20
	400～800 m	160	109 968	0.529 87	−0.300 42	0.830 29
	800～1 200 m	90	100 429	0.044 69	−0.157 19	0.201 88
	1 200～1 600 m	42	97 104	−0.684 25	−0.070 35	−0.613 90
	1 600～2 000 m	53	88 227	−0.355 59	−0.088 42	−0.267 17
	>2 000 m	112	291 461	−0.802 59	−0.271 80	−0.530 79
年均降水量	850～9 00 mm	262	218 595	0.335 76	−0.641 62	0.977 38
	900～950 mm	307	252 470	0.350 21	−0.837 56	1.187 76
	950～1 000 mm	85	195 990	−0.681 54	−0.170 69	−0.510 85
	>1 000 mm	45	148 571	−1.040 66	−0.081 37	−0.959 29
道路距离	0～600 m	357	183 782	0.819 36	−0.922 47	1.741 84
	600～1 200 m	90	116 170	−0.101 04	−0.160 73	0.059 69
	1 200～1 800 m	74	98 518	−0.131 99	−0.127 27	−0.004 71
	1 800～2 400 m	58	80 366	−0.171 99	−0.096 09	−0.075 90
	>2 400 m	120	336 779	−0.878 14	−0.320 93	−0.557 21
土地利用	耕地	198	136 229	0.528 82	−0.399 78	0.928 60
	城市	9	1 275	2.114 80	−0.012 98	2.127 78
	农村	47	18 761	1.074 31	−0.071 24	1.145 55
	水体	0	13 233	—	—	—
	林地	423	629 593	−0.243 60	−4.076 86	3.833 27
	草地	12	8 979	0.444 79	−0.017 51	0.462 30
	建筑物	0	1 180	—	—	—
	交通用地	6	507	2.636 34	−0.008 63	2.644 97
	其他	4	5 858	−0.227 40	−0.005 78	−0.221 62

根据表 5.5，对每个因子图层各级赋予综合权重，将各因子图层的综合权重值叠加求和，得到该单元的易发性指数。在进行最终的易发性指数计算之前，需对每个评价因子进行条件独立性检验。卡方（χ^2）检验结果表明，选取的评价因子相互之间均满足条件独立性检验。

将斜坡地灾易发性权重赋给各证据权栅格图层并进行加权叠加，最后根据加权叠加的综合结果，将整个研究区域斜坡地灾易发性划分为 4 个等级：很高、高、中、低，如图 5.6 所示。

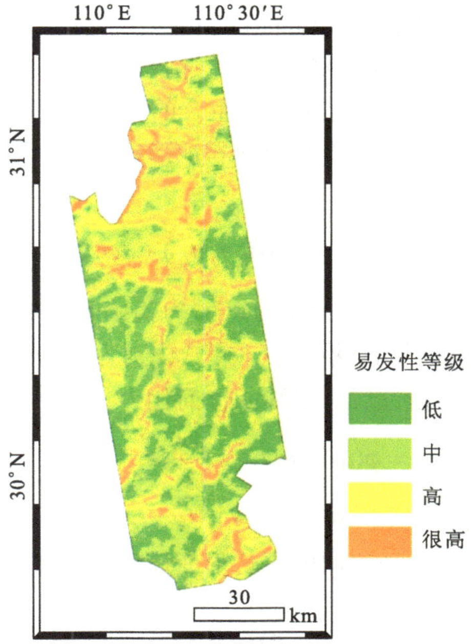

图 5.6　初始斜坡地灾易发性分区图

本次斜坡地灾易发性评价模型的 AUC 值为 0.827 6，表明该模型精度较高，模型 ROC 曲线如图 5.7 所示。

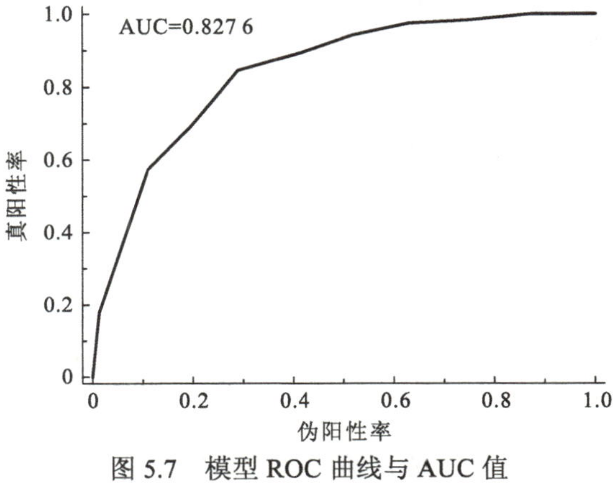

图 5.7　模型 ROC 曲线与 AUC 值

5.3.4 态势结合斜坡地灾易发性评价

1. 形变速率计算

SBAS-InSAR 技术最早是由意大利学者 Berardino 提出并开展地表形变监测（Berardino et al.，2002）。SBAS-InSAR 技术克服了时空基线过长而导致的失相干现象，同时缓解了大气效应及地形对差分的影响，通过最小二乘法得到地表形变时间序列，并借助奇异值分解法进行时空拟合，使 InSAR 地表形变监测的精度达到毫米级，在斜坡地灾变形监测研究方面具有测量精度高等优越性（Lanari et al.，2007）。

假设有同一研究区域的 N 幅 SAR 影像，选择一幅作为主影像，将其余影像统一配准至该影像上，通过空间基线阈值选出优化组合的干涉对后，对由 t_B 和 t_A（$t_B>t_A$）时间组合生成的第 j 幅干涉图，进行去平地效应和地形相位后，干涉图中任意一点的干涉相位可以表示为

$$\delta\varphi_j = \varphi(t_B) - \varphi(t_A) = \frac{4\pi}{\lambda}(d_{t_B} - d_{t_A}) + \delta\varphi_j^{\text{topo}} + \delta\varphi_j^{\text{atm}} + \delta\varphi_j^{\text{noise}} \tag{5.16}$$

式中：λ为雷达中心波长；d_{t_B}、d_{t_A} 分别为以 t_0 为初始时刻，对应于 t_B 和 t_A 时刻在雷达视线方向的累积形变量；$\delta\varphi_j^{\text{topo}}$、$\delta\varphi_j^{\text{atm}}$、$\delta\varphi_j^{\text{noise}}$ 分别为残余的地形相位、大气相位、噪声相位。去除形变量以外的相位后，干涉相位简化为

$$\delta\varphi_j = \varphi(t_B) - \varphi(t_A) = \frac{4\pi}{\lambda}(d_{t_B} - d_{t_A}) \tag{5.17}$$

$$d_{t_B} - d_{t_A} = v_i(t_B - t_A) \tag{5.18}$$

式中：v_i 为 t_A 至 t_B 时段内雷达视线向的平均形变速率。由此解缠后的差分干涉图相位可由矩阵表示为

$$\boldsymbol{BV} = \delta\boldsymbol{\varphi} \tag{5.19}$$

式中：$\boldsymbol{B}$ 为 $M\times N$ 秩亏阵，利用奇异值分解法可对其进行求解，进而得到时序形变速率及累积形变量。

采用 L 波段的 ALOS-2 卫星 PALSAR-2 传感器 Ultra-Fine 超精细模式数据，工作波段为 L 波段（1.2 GHz 段，波长 23.5 cm），最小分辨率为 3 m（距离向）×1 m（方位向），幅宽 55 km×70 km，能在任何大气条件下全天候工作。ALOS-2 数据具有高分辨率和强穿透性的优点，有利于发现地灾体细微形变且在植被覆盖较高的监测区有较好的应用优势。选取顺轨三个图幅的 SAR 数据，影像覆盖范围如图 5.8 所示，数据时间跨度为 2020 年 4 月至 2021 年 8 月，共计 42 景数据。设置空间基线为 100 天，得到 66 对干涉对参与后续 SBAS 流程，SAR 影像时空分布如图 5.9 所示（以其中一幅为例，其余两幅由于是顺轨拍摄，卫星空间姿态改变不大，可以认为空间基线一致）。

基于研究区 ALOS-2 数据和 SBAS-InSAR 方法，按照 100 天的时间基线阈值和 200 m 的空间基线阈值对研究区的地表形变进行提取，如图 5.10 所示。研究区整体较为稳定，伴有局部的抬升或沉降，形变速率介于−140～90 mm/a。其中较为剧烈的沉降多发现于研究区中部和北部区域，即长江和清江流域两岸，陡峭的山体及河水的冲刷可能加剧了地表的形变，导致这些区域出现了较多的剧烈沉降，且有较大的斜坡地灾隐患。

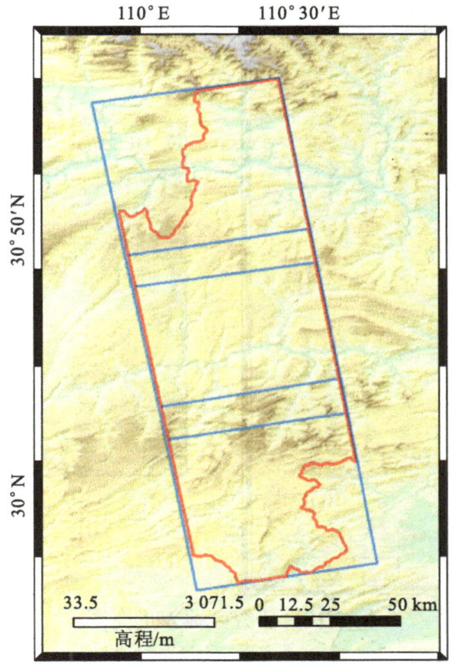

图 5.8　SAR 影像覆盖范围

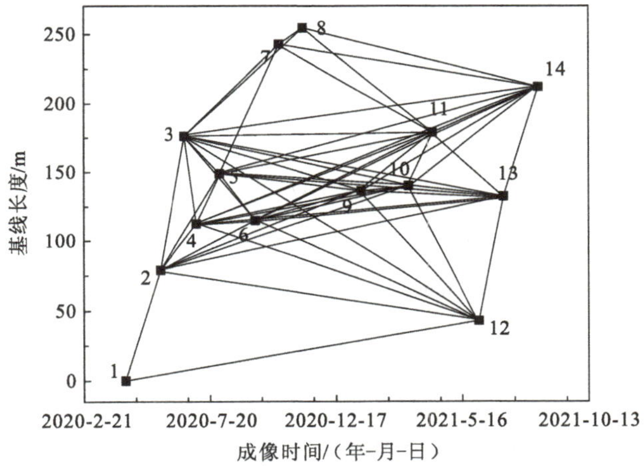

图 5.9　SAR 影像时空分布图

图 5.11（a）为研究区形变速率的直方图，从图中可知，研究区内形变速率小于 0 的面积占比达 56.12%，相应地，形变速率大于 0 的面积占比 43.88%，研究区内形变占比最大的为-10～0 mm/a 的区间，达到了 43.42%，其次是 0～10 mm/a 的区间，占比为 33.24%。研究区整体的形变趋势偏向于轻微下沉，这也对研究区的斜坡地灾发育起到了促进作用，因此更加有必要对研究区的斜坡地灾易发性进行统计。

同时，为了验证 InSAR 形变速率图的精度，收集研究区 37 处 GPS 点位在 2020 年 4 月至 2021 年 7 月的数据，并计算各个点位的垂向平均形变速率作为真值，然后将 InSAR 结果投影到垂直向并与 GPS 点进行对比，如图 5.11（b）所示。InSAR 结果与 GPS 形变结果之间的相关性 R^2 为 0.921，InSAR 结果的 RMSE 为 1.973 mm，说明 InSAR 获取的研究区形变速率准确率较高。

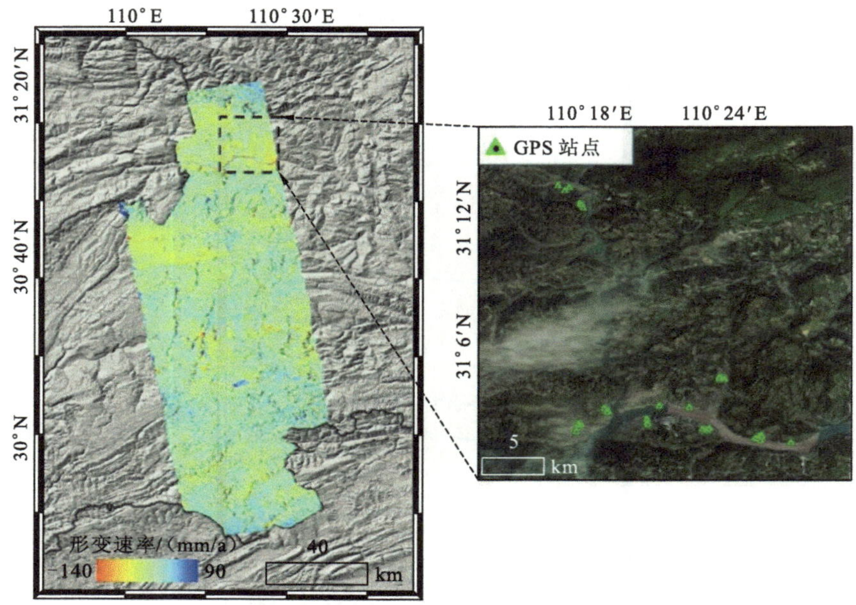

图 5.10　研究区地表形变图

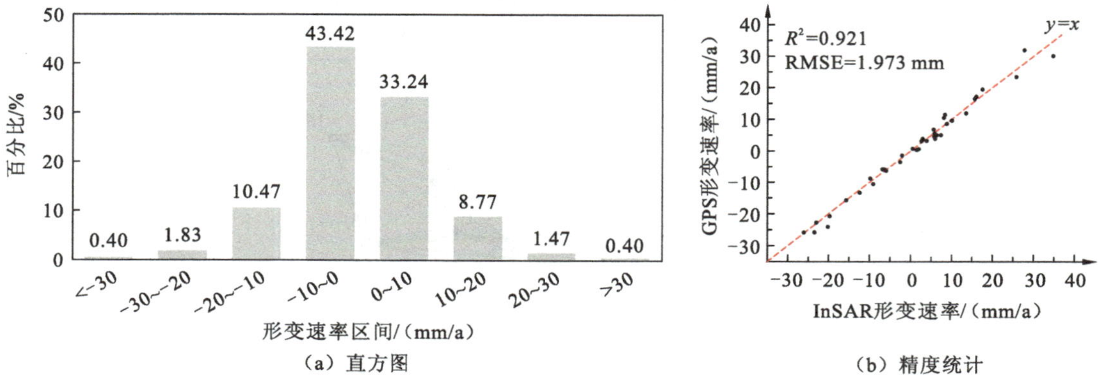

图 5.11　形变速率分布图

2. 斜坡地灾易发性分区图动态更新结果

根据 5.2.4 小节中结合地表形变的斜坡地灾易发性评价中所提出的更新方法，对初始的易发性评价结果进行更新。

由于斜坡地灾易发性分区图制作时采用了 100 m×100 m 的格网单元，InSAR 数据结果与其分辨单元不一致，通过最邻近法将 InSAR 结果降采样到与初始斜坡地灾易发性分区图一致的格网单元，并根据贡献矩阵的分区，将 InSAR 结果进行分类统计并依照形变速率所处区间进行赋值，统计如表 5.6 所示。同时，对初始斜坡地灾易发性分区图根据贡献矩阵赋值，然后将其与 InSAR 赋值结果进行乘积运算，得到更新后的结果，并根据表 5.6 对更新后的结果重新进行危险等级评价，得到态势结合斜坡地灾易发性分区图，如图 5.12 所示。

表 5.6　形变速率重分类统计表

形变速率/（mm/a）	单元数	贡献度
>0	411 757	2
0～-10	330 465	3
-10～-20	83 772	4
<-20	17 123	5

图 5.12 和图 5.13 中存在部分空白区域，这是 InSAR 结果中的空值所致，由于叠掩效应、山体对雷达波的遮挡作用及雷达波在水面不反射的特性，InSAR 结果在这些区域无法形成有效干涉，从而产生数据空值。对于这些空白区域，由于缺少地表形变数据，无法对其进行更新，但为了结果的完整度，保留了其原来的危险性，并生成了填充后最终的斜坡地灾易发性分区图，如图 5.14 所示。

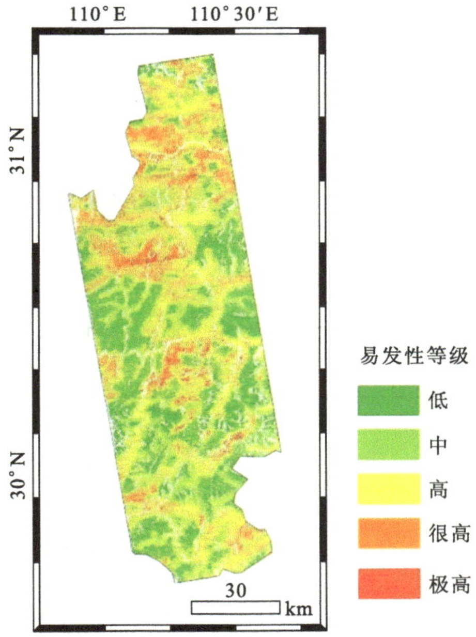

图 5.12　态势结合斜坡地灾易发性分区图

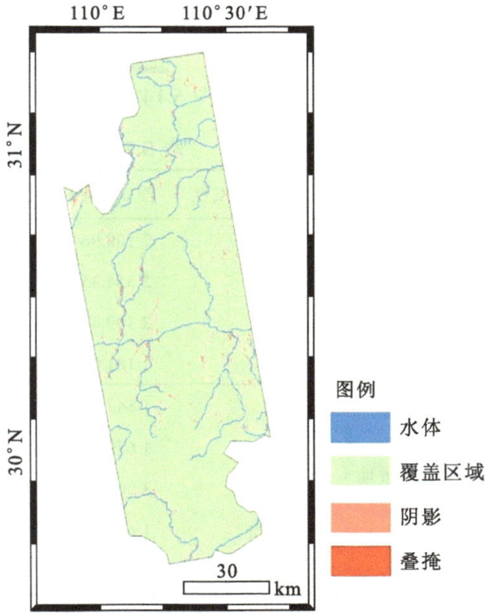

图 5.13　InSAR 覆盖区域

5.3.5　结果对比

为了对比斜坡地灾易发性分区图更新效果，将更新前后的斜坡地灾易发性分区图进行统计，统计各个分区的面积和占比，以及在该分区上分布的历史斜坡地灾点数量和斜坡地灾点密度，如表 5.7 所示。其中，斜坡地灾点密度通过易发区中斜坡地灾点数量除以该分区面积计算得到，该指标在真实历史数据层面上表现了斜坡地灾易发性分区中斜坡地灾的易发程度。同时为了更直观地展现更新前后分区面积的变化情况，还做了更新前后各个分区占比的环比图，如图 5.15 所示。

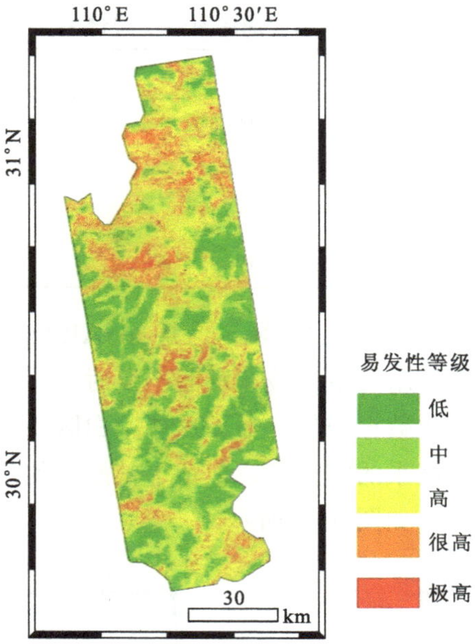

图 5.14　最终态势结合斜坡地灾易发性分区图

表 5.7　斜坡地灾易发性评价分区统计表

方法	斜坡地灾易发性	面积/km^2	面积占比/%	历史斜坡地灾点数量/个	斜坡地灾密度/(个/km^2)
初始斜坡地灾易发性评价	低	2 100.96	25.79	62	0.030
	中	2 554.35	31.36	156	0.061
	高	2 309.48	28.35	321	0.139
	很高	1 181.51	14.50	283	0.240
态势结合斜坡地灾易发性评价	低	1 842.13	22.61	57	0.031
	中	1 679.86	20.62	94	0.056
	高	3 008.76	36.93	365	0.121
	很高	1 495.49	18.36	275	0.183
	极高	120.06	1.47	31	0.258

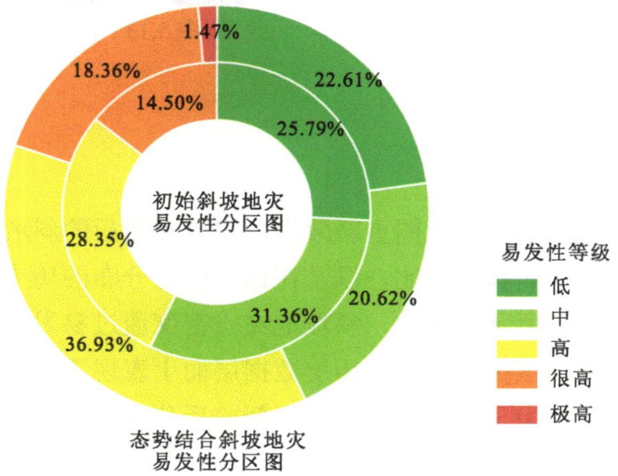

图 5.15　态势结合前后各个分区占比的环比图

初始的斜坡地灾易发性分区图划分的高风险区和很高风险区面积分别为 2 309.48 km^2 和 1 181.51 km^2，分别占研究区总面积的 28.35%和 14.50%。落在这两个分区的历史斜坡地灾点数量共有 604 个，约为全部斜坡地灾点数量的 73.48%。计算各分区的斜坡地灾点密度可以看出，斜坡地灾点密度随危险等级提高而升高。整体来看，由证据权方法生成的斜坡地灾易发性分区图所表现的研究区斜坡地灾危险性处于中风险的面积居多，但该易发等级内的斜坡地灾点密度仅为 0.061 个/km^2，而历史斜坡地灾最多的很高易发区在斜坡地灾易发性分区图中所占的面积仅为 14.5%。

态势结合斜坡地灾易发性分区图中，划分的高、很高、极高风险区域的面积分别为 3 008.76 km^2、1 495.49 km^2 和 120.06 km^2，分别占研究区总面积的 36.93%、18.36%和 1.47%。落在这三个区域的历史斜坡地灾点数量共 671 个，约为全部斜坡地灾点数量的 81.63%，高于更新前的结果。值得注意的是，虽然极高风险分区面积在整个研究区的占比很小，但该分区内的斜坡地灾点数量达到 31 个，密度为 0.258 个/km^2，是所有分区内最高的。

同时，在完成斜坡地灾易发性评价的基础上，对研究区进行了野外调查，发现了一些明显的斜坡地灾迹象，如图 5.16 所示，统计这些地点在更新前后的斜坡地灾易发性分区图中的分级情况，如表 5.8 所示。

(a) 110.213° E，31.058° N　(b) 110.296° E，30.867° N　(c) 110.311° E，31.840° N

(d) 110.162° E，30.431° N　(e) 110.420° E，31.037° N　(f) 110.288° E，31.222° N

图 5.16　实地验证点

表 5.8　验证点易发性等级更新

点号	初始斜坡地灾易发性等级	态势结合斜坡地灾易发性等级
(a)	很高	极高
(b)	高	极高
(c)	高	极高
(d)	高	极高
(e)	高	很高
(f)	很高	高

以上验证点中，图 5.16（a）～（d）中为滑坡灾害，图 5.16（e）中为地面沉降。图 5.16（a）和（d）中滑坡较为典型，图 5.16（d）中现场可见沿江斜坡岩土体滑入江中，形态呈圈椅状，滑坡前缘至江岸，后缘与基岩相连，滑体宽 110 m、长 135 m。图 5.16（c）中滑坡体是由修建进山公路削坡诱发的，滑坡解体的土体顺着路外侧陡崖往下运动，堆积于沟道内。滑坡上部坡度为 40°～42°、下部为 35°～38°、平均约为 39°。堆积体顶部呈锥状，底部最厚达 10 m，平均厚度达 6 m，主要以碎块石为主。图 5.16（h）中不稳定斜坡由于靠近房屋威胁较大，已进行了固化治理。图 5.16（e）中公路出现坍塌下降，沉降 3～5 cm，该公路下方沿江处树木滑动，公路每年都在变形，处于不稳定状态。

对斜坡地灾易发性更新效果而言，图 5.16（a）～（e）中点位的易发性相较于原始斜坡地灾易发性分区图中的等级均有所提高，而图 5.16（f）中点位由于采取了固化治理，其地表基本稳定，更新后的易发性等级下降。说明态势结合斜坡地灾易发性分区图对斜坡地灾隐患更加敏感，提取更加准确。

5.4　长江流域斜坡地灾易发性评价

5.4.1　研究区概况与数据源

长江是亚洲第一大河，流经青藏高原、横断山脉、云贵高原、四川盆地、江南丘陵、长江中下游平原，流经地区资源丰富，支流和湖泊众多。长江流域跨越 11 个纬距、32 个经距，呈东西长、南北短的流域形状，流域总面积达 180 万 km^2，涉及我国 19 个省（自治区、直辖市），约占我国陆地总面积的 1/5（高歌 等，2022；王岩 等，2022），流域内地形呈多级阶梯状分布，地形地貌复杂。

长江流域人口约 5.99 亿人，占全国总人口的 42.9%，地区生产总值约为 40.3 万亿元，占全国的 44.1%，有三个国家级的城市群，分别是成渝城市群、长江中游城市群、长三角城市群。但长江流域是我国受地质灾害影响较严重的区域，区域内地形陡峭、气候复杂，每年都会因斜坡地灾造成人员伤亡和经济损失。例如：2019 年 7 月 23 日，贵州省水城县发生特大山体滑坡事件，造成近 1 600 人受灾、43 人死亡、9 人失踪，直接经济损失 1.9 亿元；2019 年 8 月 20 日 0 时至 7 时，四川省汶川县累计降雨量最大达到 65 mm，导致汶川县多处发生泥石流，造成12人遇难和28人失联，直接经济损失达14亿元；2020年8月21日，四川省雅安市发生山体滑坡，滑坡破坏量约为80万m^3，造成8人死亡、1人受伤。

长江流域地跨扬子准地台、三江褶皱系、松潘甘孜褶皱系、秦岭褶皱系和华南褶皱系5个地质大构造单元，下游处于秦岭东西向构造带与南岭东西向构造带之间。地质构造复杂多样，太古宇至第四系均有出露，并有不同时期的岩浆岩分布（陈喜昌 等，1987；谷德振，1957）。新构造运动和地震活动西强东弱。长江流域中西部地区以山地为主，地形破碎而起伏变化大，区域稳定性较差，地质灾害大量发育，东部地区地势较低，以丘陵、平原为主，地质灾害相比西部发育较少。

通过美国国家航空航天局官方网站下载的研究区30 m分辨率数字高程模型数据（DEM），提取研究区高程、坡度、坡向等地形信息；从中国地质调查局地质科学数据出版中心网站发布的中国地质环境图系数据库中下载《中国工程地质图》和《中国及毗邻海区活动断裂分布图》，提取研究区工程岩组信息、活动断裂分布信息和1900年至今震级大于5级的783次地震分布信息；通过OSM开源数据网站下载的中国水系和道路数据，提取长江干流及1～5级支流的水系和长江流域道路分布信息；通过中国气象局国家气象信息中心提供的长江流域202个气象观测站2015～2019年的逐12 h降水数据，插值计算得到年平均降水数据；通过国家地球系统科学数据中心提供的全国不透水面数据提取城市范围；通过武汉大学测绘遥感信息工程国家重点实验室获取全国地表形变数据；通过地理科学数据网站收集研究区内的历史斜坡地灾编录数据。

各类数据获取渠道和用途如表5.9所示。

表5.9　数据源信息表

数据	精度	来源	用途
历史斜坡地灾数据	—	地理科学数据网站	制作斜坡地灾样本数据
基础地质图	1∶250万	中国地调局地质科学数据出版中心	提取工程岩组因子
不透水面数据	30 m	国家地球系统科学数据中心	提取城市范围
路网数据	30 m	OSM开源道路数据	提取道路因子
水系数据	30 m	OSM开源水系数据	提取水系因子
地震数据	30 m	中国地质调查局地质科学数据出版中心	提取地震因子
降水数据	间隔12 h	中国气象局网站	提取降水因子
DEM数据	30 m	美国国家航空航天局官方网站	提取高程、坡度、坡向因子
地表形变数据	40 m	武汉大学测绘遥感信息工程国家重点实验室	提取地表形变因子

5.4.2　斜坡地灾易发性评价因子选取

分析斜坡地灾的分布规律，综合考虑地质环境条件和人类工程活动，并确保各因子相互不影响、无强的相关性，选取高程、坡度、坡向、工程岩组、断层距离、水系距离、震源距离、年均降水量和道路距离 9 个评价因子，体现斜坡地灾的孕灾环境和诱发因素，并将 InSAR 检测的地表形变速率作为斜坡地灾动力学特征，加入评价因子中，共 10 个评价因子（图 5.17），完成长江流域斜坡地灾易发性评价。

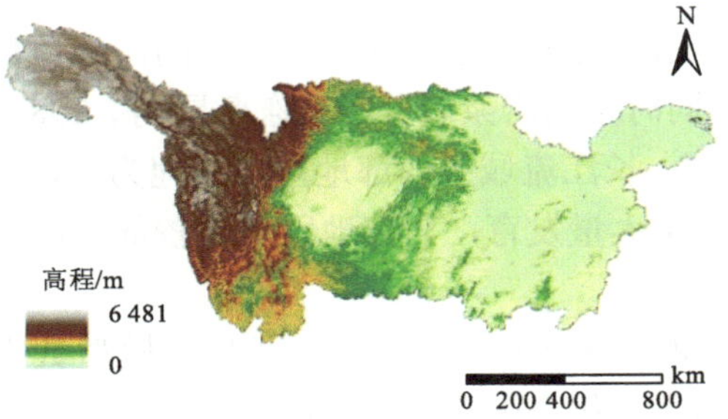

（a）高程

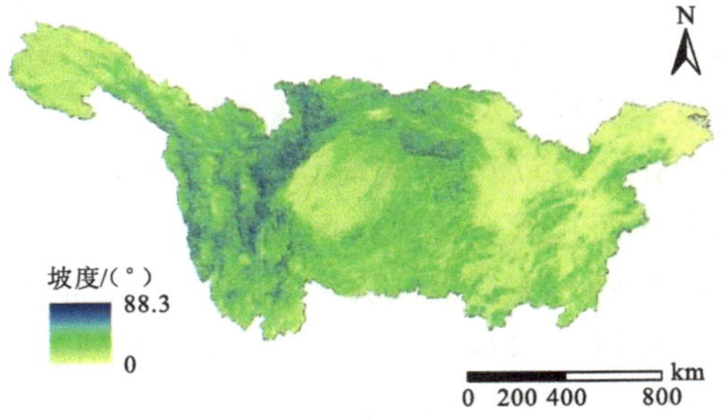

（b）坡度

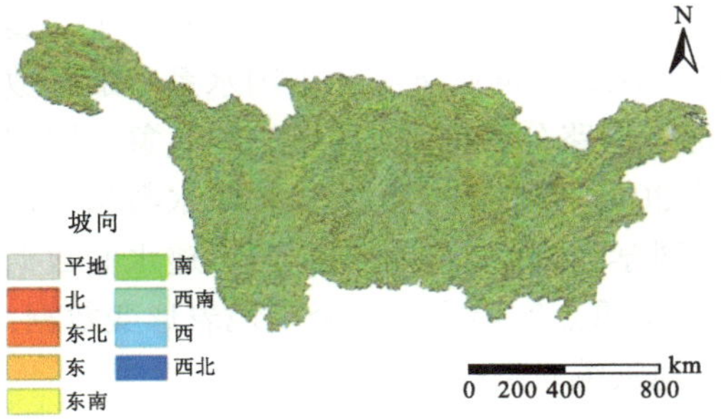

（c）坡向

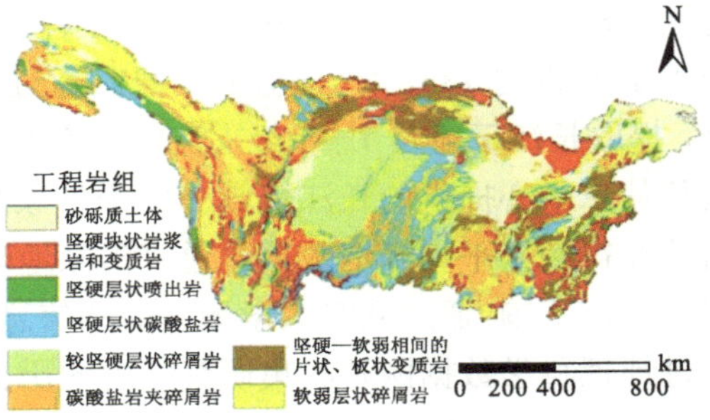

（d）工程岩组

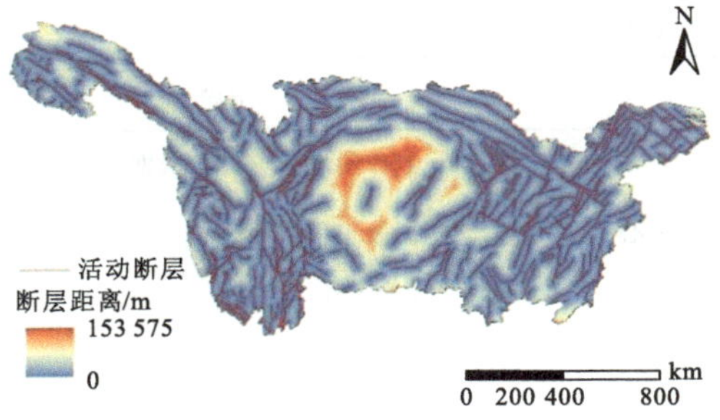

（e）断层距离

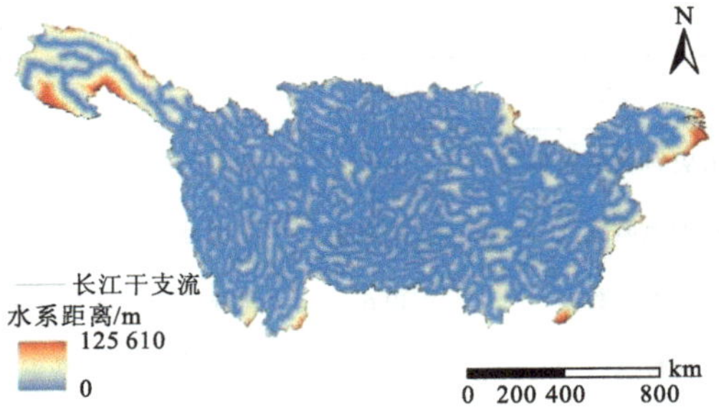

（f）水系距离

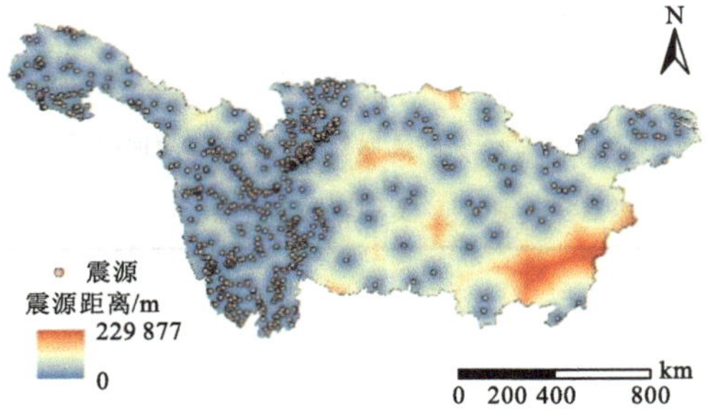

（g）震源距离

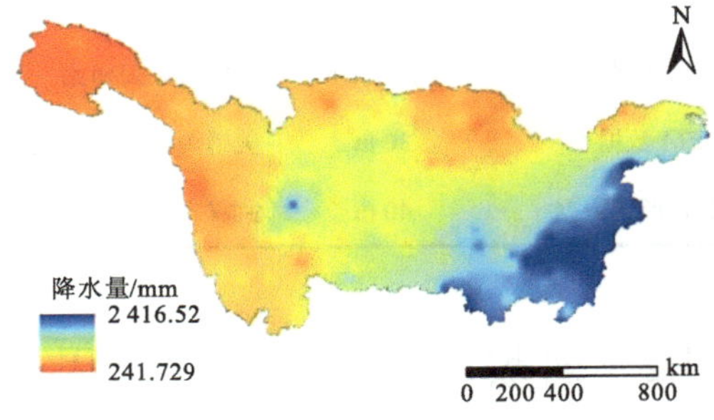

（h）年均降水量

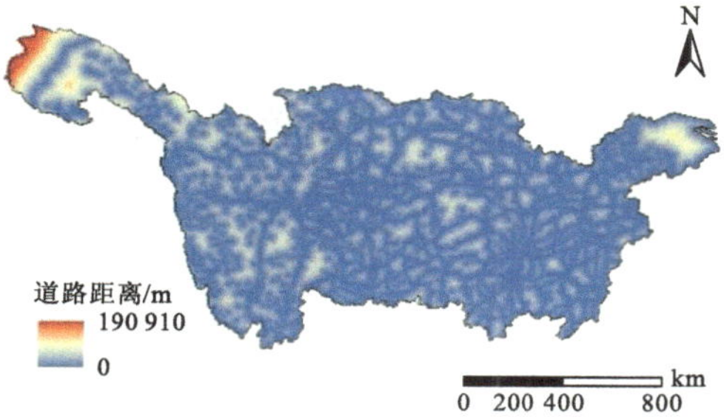

（i）道路距离

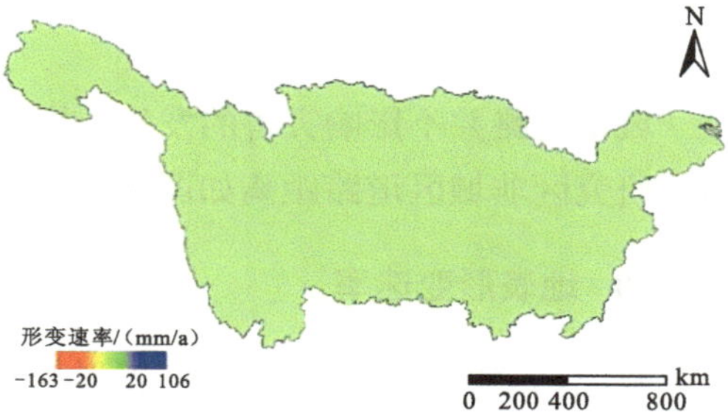

（j）地表形变速率

图 5.17 评价因子图

1. 高程

研究区高程分布跨度较大，分布区间为 0～6481 m。如图 5.17（a）所示。

2. 坡度

研究区坡度分布区间为 0°～88.3°，如图 5.17（b）所示。

3. 坡向

研究区坡向分为北、东北、东、东南、南、西南、西和西北向，如图 5.17（c）所示。

4. 工程岩组

研究区内工程岩组按照坚硬程度可分为砂砾质土体、坚硬块状岩浆岩和变质岩、坚硬层状喷出岩、坚硬层状碳酸盐岩、较坚硬层状碎屑岩、碳酸盐岩夹碎屑岩、坚硬—软弱相间的片状、板状变质岩和软弱层状碎屑岩，共 8 类，如图 5.17（d）所示。

5. 断层距离

断层对斜坡地灾的影响与距离相关，研究区的活动断层分布和断层距离如图 5.17(e)所示。

6. 水系距离

研究区的水系分布和水系距离如图 5.17（f）所示。

7. 震源距离

地震的强烈作用使岩土体的内部结构发生破坏和变化，使原有的结构面张裂、松弛，加上地震会使地下水突然升高或降低，更容易导致斜坡地灾发生。研究区的震源分布和震源距离如图 5.17（g）所示。

8. 年均降水量

研究区的年均降水量分布区间为 241.729～2416.52 mm，如图 5.17（h）所示。

9. 道路距离

城市道路并不影响灾害的发生，因此通过不透水面数据提取城区范围，去除城区道路。研究区非城区道路距离如图 5.17（i）所示。

10. 地表形变速率

斜坡地灾的动力学特征由地表形变速率体现。地表形变速率可以表现地震形变、地面沉降、山体滑坡、冰川流动、活火山隆起或者下沉、地壳断层运动等，因此地表形变速率与斜坡地灾的发生有一定的相关性。研究区地表形变速率如图 5.17（j）所示。

5.4.3 评价方法与精度分析

长江流域面积大，地形地貌、地质条件复杂，更适合运用数学模型法，而随机森林模型在评价过程中无须对评价因子进行量纲规范化处理，可直接进行运算，处理高维度和大数据量的数据集能力强。因此，本小节选取随机森林模型用于长江流域斜坡地灾易发性评价。

根据研究区的资料收集情况及数据的分辨率，以 100 m×100 m 的网格单元为斜坡地灾易发性分区图的空间尺度，共将研究区划分为 180 854 800 个评价单元。在研究区内选取一定的正、负样本数据作为数据集，正样本数据为历史斜坡地灾编录中筛选的近十年的斜坡地灾点数据，共覆盖 14 070 个栅格单元，负样本数据为随机选取研究区未发生斜坡地灾的栅格单元，数量与正样本数据相同。将数据集按照 7∶3 的比例分为训练集和测试集，训练集用来训练模型的参数，测试集用来测试模型精度。

运用 Python 中的 scikit-learn 模块构建随机森林模型，构建模型的过程中有两个参数对模型精度影响较高，分别是 n_estimators（模型中决策树的个数）和 max_depth（模型中决策树的深度），通过设置不同的参数值可以得到模型准确度曲线，进而得到最优参数值，如图 5.18 所示。

从图 5.18（a）中可以看出，当 n_estimators 值升至 180 时，模型准确度收敛到最高值并趋于稳定，当 n_estimators 值为 460 时，训练集和测试集的准确度均达到最高。从图 5.18（b）中可以看出，当 max_depth 值升至 15 时，模型准确度收敛到最高值，当 max_depth 值为 19 时，训练集和测试集的准确度均达到最高，将 n_estimators 和 max_depth 值分别设为 460 和 19，构建随机森林模型。

运用随机森林模型实现斜坡地灾易发性评价本质是一个二分类问题，通过模型可以计算出研究区的每一个栅格单元发生斜坡地灾的概率，介于 0～1。概率越大指示该地区越脆弱，越容易发生斜坡地灾，按照等间距法以 0.2、0.4、0.6 和 0.8 作为断点将概率值划分为 5 个区间，由低到高分别赋予极低、低、中、高、极高斜坡地灾易发区，如图 5.19 所示。

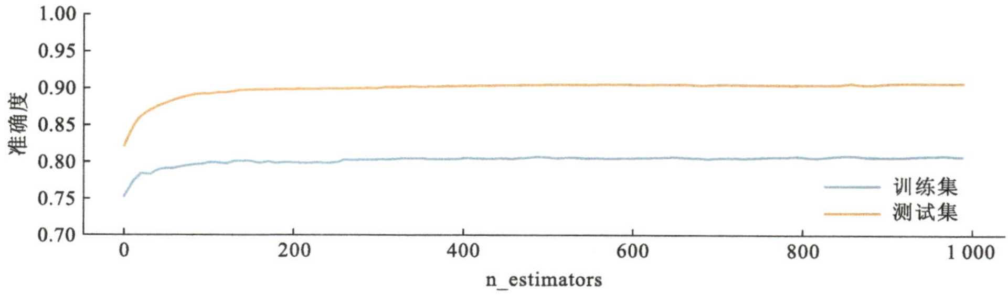

（a）n_estimators准确度曲线

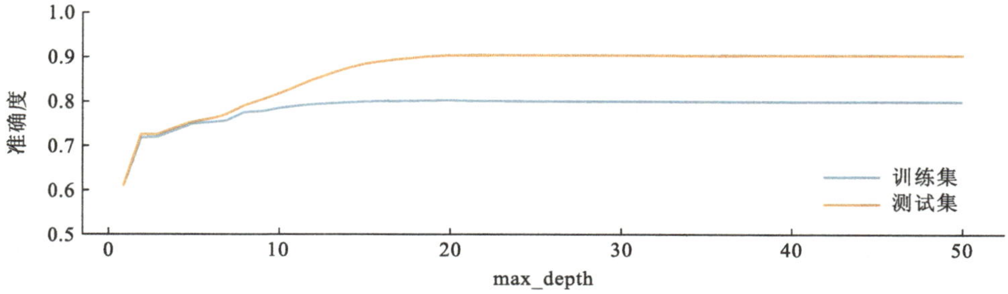

（b）max_depth准确度曲线

图 5.18　随机森林模型参数准确度曲线

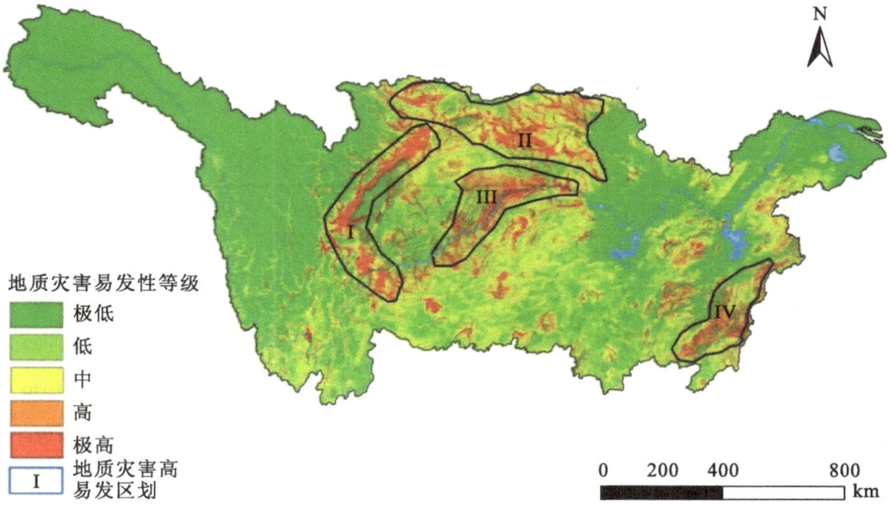

图 5.19　长江流域斜坡地灾易发性分区图

I、II、III、IV 为斜坡地灾高易发区

通过随机森林模型得到长江流域斜坡地灾易发性评价因子的贡献程度图，如图 5.20 所示，可以看出，高程贡献值为 0.33，坡度贡献值为 0.29，年均降水量贡献值为 0.28，地表形变贡献值为 0.24，坡向贡献值仅为 0.06。由此可见，高程和坡度所占权重较大，年均降水量和地表形变次之，坡向和道路距离对斜坡地灾的发生贡献较小。

模型的性能可以通过 ROC 曲线体现，而模型精度可以根据 ROC 曲线下方面积 AUC 值评估。本次斜坡地灾易发性评价模型的 AUC 值为 0.948，表明该模型精度较高，如图 5.21 所示。

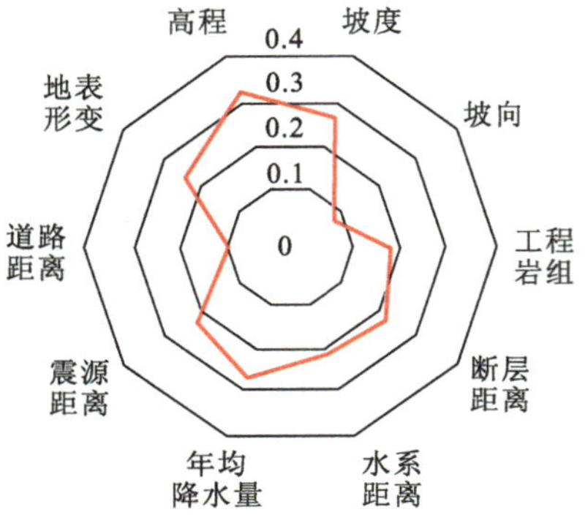

图 5.20　斜坡地灾易发性评价因子贡献程度图

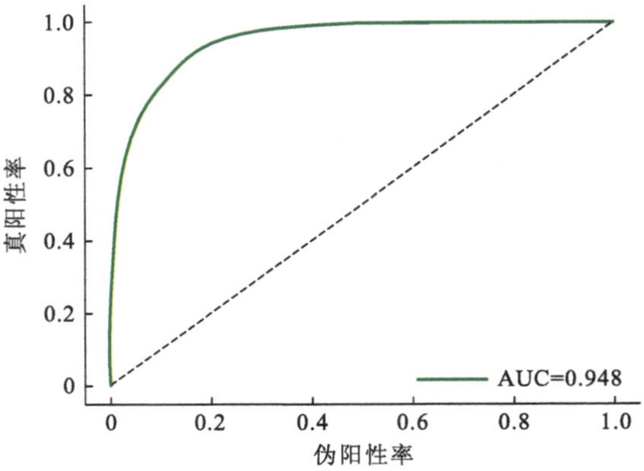

图 5.21　模型 ROC 曲线和 AUC 值

ROC 曲线结果虽然表现较好，但是不能反映出斜坡地灾易发性评价结果的空间分布是否合理。因此，为了验证结果的合理性，将实际分布的斜坡地灾位置作为验证数据，统计各个易发性分区的面积、面积占比，斜坡地灾点数量、斜坡地灾占比、斜坡地灾点密度，如表 5.10 所示，研究区内超过一半的面积为斜坡地灾极低或低易发区，占研究区面积的 68.9%，其中极低易发区面积为 941 715.5 km^2，区内斜坡地灾密度为 0.001 个/km^2；研究区内仅有 14.9%的区域斜坡地灾易发程度为高或极高，而位于区域内的斜坡地灾点数量为 9 704 个，占研究区斜坡地灾总数的 68.9%，其中极高易发区面积占比 4.0%，却包含了研究区 40.6%的斜坡地灾点，斜坡地灾密度达到 0.08 个/km^2，远远高于其他分级区域。由此可见，运用随机森林模型绘制的斜坡地灾易发分区图符合实际情况。

表 5.10　长江流域斜坡地灾易发性评价分区统计表

易发性等级	面积/km^2	面积占比/%	斜坡地灾点数量/个	斜坡地灾占比/%	斜坡地灾点密度/（个/km^2）
极低	941 715.5	52.3	925	6.6	0.001
低	298 810.3	16.6	1 529	10.9	0.005
中	291 758.5	16.2	1 912	13.6	0.007
高	195 340.3	10.9	3 984	28.3	0.020
极高	72 399.5	4.0	5 720	40.6	0.080

5.4.4　斜坡地灾易发性分区

结合长江流域斜坡地灾易发性分区图可以看出，斜坡地灾低易发区和极低易发区主要位于研究区西部的青藏高原和东部的长江中下游平原，呈片状分布；斜坡地灾高易发区和极高易发区集中分布于研究区中部四川盆地周围和东南部的丘陵地带，高易发区主要沿河流和构造带呈线状集群分布，符合斜坡地灾发育特点。按照分布特点可以在研究区内划分 4 个斜坡地灾高易发区，如图 5.19 所示。

（1）四川盆地西斜坡地灾高易发区。该区位于四川盆地西的雅安，向南延伸至贵州南部边界，向北延伸至广元市，呈 C 形分布，全区海拔基本在 1 500～2 000 m，自北向南逐渐降低。该区地质构造复杂，地震频发，地形陡峭，松散碎屑物质丰富，降雨充沛，滑坡、泥石流沿河流密集发育，威胁区内的水利水电工程。

（2）秦岭—大巴山斜坡地灾高易发区。该区海拔多在 1000～3000 m，第四系坡残积层在区内广泛分布，沿江岸以片岩、板岩、千枚岩等软质易滑岩组为主。

（3）重庆—宜昌沿江斜坡地灾高易发区。该区位于重庆至宜昌段长江干流沿岸，海拔主要在 0～1000 m，区域内地理环境复杂多样，地质构造较为发育，地形陡峭。受长江干支流水系侵蚀作用影响，区域内坡体稳定性变差，易发生斜坡地灾。

（4）于山—武夷山斜坡地灾高易发区。该区位于江西东部低山丘陵区。地形上山岭连绵、丘陵广布，气候受海洋影响很大，年降水量为 1400～1900 mm。区内以构造侵蚀中低山为主，山高坡陡，地形地貌复杂，台风暴雨为该区斜坡地灾的最直接诱发因素。

5.5　全国斜坡地灾易发性分区图

利用 5.2 节中所述的斜坡地灾易发性评价方法，根据已有的斜坡地灾编录数据库，确定评价尺度为 40 m×40 m 的栅格单元，基于随机森林模型，选取高程、坡度、坡向、断层距离、工程岩组、水系距离、震源距离、年平均降水量、道路距离和地表形变 10 个评价因子，开展全国陆域和主要岛屿的斜坡地灾易发性评价，评价结果如图 5.22 所示。根据全国斜坡地灾易发性评价结果，将全国划分为斜坡地灾极高易发区、高易发区、中易发区、低易发区和极低易发区。

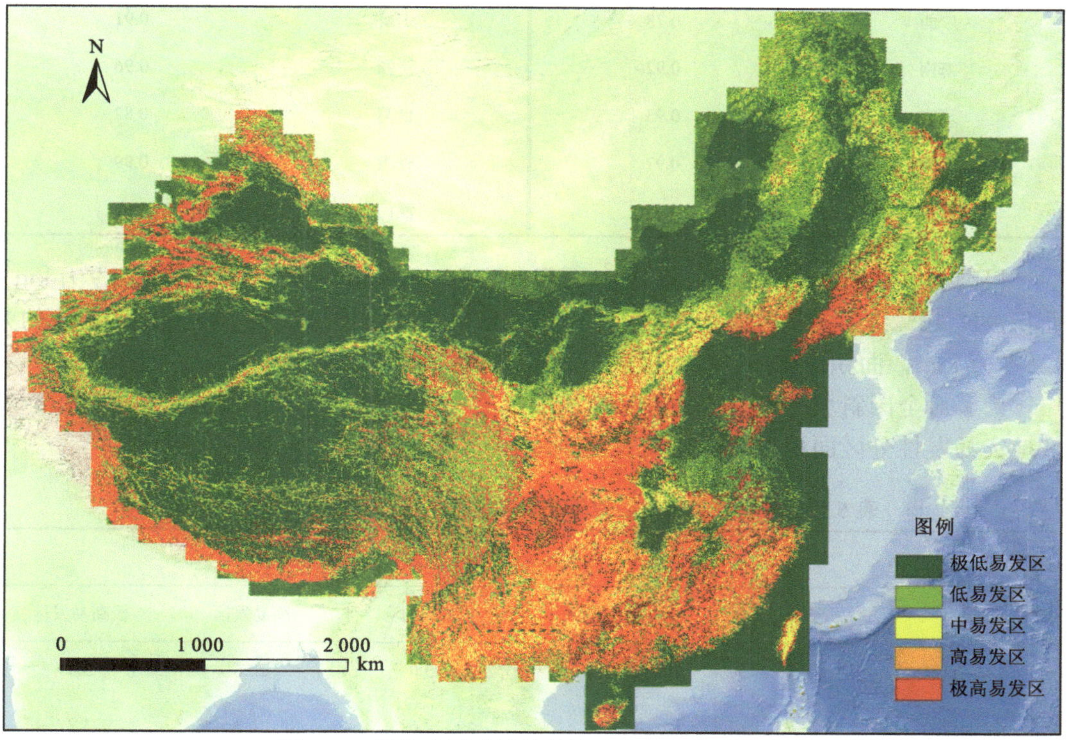

图 5.22　覆盖我国陆域的斜坡地灾易发性分区图

将 AUC 值作为准确度指标，各省（自治区、直辖市）评价准确度如表 5.11 所示，从表中可以看出，大部分省（自治区、直辖市）的准确度超过 0.9，广东、广西、浙江、湖南和云南等的斜坡地灾易发性分区图的准确度较低，在 0.8 左右，全国斜坡地灾易发性分区图的平均准确度为 0.904，总体准确度较高。

表 5.11　各省（自治区、直辖市）评价准确度

省（自治区、直辖市）	准确度	省（自治区、直辖市）	准确度
北京	0.92	山东	0.91
天津	0.92	河南	0.93
河北	0.92	湖北	0.92
山西	0.93	湖南	0.79
内蒙古	0.94	重庆	0.83
上海	0.99	四川	0.89
江苏	0.99	贵州	0.86
浙江	0.81	云南	0.81
安徽	0.93	西藏	0.96
福建	0.84	陕西	0.94
江西	0.83	甘肃	0.91
广东	0.80	青海	0.96
广西	0.78	宁夏	0.91
海南	0.92	新疆	0.96
辽宁	0.93	台湾	0.82
吉林	0.97	香港	0.99
黑龙江	0.93	澳门	0.99

极高易发区面积约为 155.1 万 km^2，面积占比 16.1%；高易发区面积约为 134.9 万 km^2，面积占比 14%；中易发区面积约为 117.54 万 km^2，面积占比 12.2%；低易发区面积约为 135.8 万 km^2，面积占比 14.0%；极低易发区面积约为 420 万 km^2，面积占比 43.6%。

为了对全国斜坡地灾易发性进行更加细致的分析，统计各省（自治区、直辖市）斜坡地灾易发性分区面积占比，如表 5.12 所示。

表 5.12　各省（自治区、直辖市）斜坡地灾易发性分区面积占比表

省（自治区、直辖市）	占本省（自治区、直辖市）面积比重/%				
	极低易发区	低易发区	中易发区	高易发区	极高易发区
北京	36.3	12.2	23.0	22.6	5.9
天津	72.3	10.6	7.6	6.3	3.2

续表

省（自治区、直辖市）	占本省（自治区、直辖市）面积比重/%				
	极低易发区	低易发区	中易发区	高易发区	极高易发区
河北	47.9	14.8	18.2	9.5	9.6
山西	9.1	6.0	32.3	27.6	25.0
内蒙古	68.8	22.4	6.8	1.5	0.5
上海	75.1	22.3	1.2	0.8	0.6
江苏	65.6	18.9	7.0	3.1	5.4
浙江	20.8	4.5	13.5	27.7	33.5
安徽	32.5	22.5	10.3	14.3	20.4
福建	7.5	3.4	14.7	37.0	37.4
江西	16.2	2.9	8.2	22.4	50.3
广东	19.4	4.3	9.8	24.6	41.9
广西	9.0	1.8	10.6	36.7	41.9
海南	25.4	8.6	11.3	19.2	35.5
辽宁	31.3	3.8	9.7	18.7	36.5
吉林	35.3	15.9	22.3	14.4	12.1
黑龙江	42.9	21.7	22.3	10.4	2.7
山东	57.0	8.0	3.1	9.0	22.9
河南	41.5	16.3	9.4	11.7	21.1
湖北	29.1	4.6	19.7	21.0	25.6
湖南	15.4	2.5	15.4	41.9	24.8
重庆	5.4	0.5	8.6	22.7	62.8
四川	12.9	19.5	13.7	17.9	36.0
贵州	2.1	2.2	11.7	48.7	35.3
云南	6.1	6.7	15.1	41.8	30.3
西藏	64.9	13.6	8.5	5.3	7.7
陕西	8.9	4.6	17.1	32.3	37.1
甘肃	36.5	17.1	16.6	16.7	13.1
青海	46.5	22.5	13.7	6.8	10.5
宁夏	30.5	29.5	21.5	14.3	4.2
新疆	64.1	14.1	9.0	6.2	6.6
台湾	19.6	7.4	37.1	17.1	18.8
香港	73.6	22.3	2.8	0.6	0.7
澳门	92.3	2.3	2.2	2.4	0.8

重庆位于长江上游，四川盆地东南部山地丘陵区，气候冬暖夏热，雨量充沛，降水集中，地表岩土体长期经受比较强烈的风化作用，变得松散破碎，夏季暴热暴雨，地面洪水成灾，江河水位陡涨陡落，易造成斜坡地灾发生。

四川的斜坡地灾高易发区、极高易发区主要位于四川盆地西部山区，该地区位于全球三大地震带之一的地中海—印度尼西亚地震带上，位于我国青藏高原地震区，地震较活跃。此外，四川盆地西部山区雨量充沛，夏季雨水多，山区地质体属于软弱质沉积岩，地震和降水极易诱发斜坡地灾。

上海、江苏、青海、黑龙江斜坡地灾极低易发区的面积占比较大，不易受斜坡地灾影响。上海、江苏因处于长江中下游平原区，地势平坦，无斜坡地灾发育的孕灾环境；青海、黑龙江的大部分地区，地质条件稳定，降雨量较少，无法形成斜坡地灾的诱发因素，所以斜坡地灾发生较少。

全国主要划分为以下 11 个斜坡地灾极高易发区。

（1）阿尔泰山斜坡地灾极高易发区。该区位于新疆最北部，地势由西向东、由南向北逐渐降低，受降水、冰川融水影响，斜坡地灾较发育。

（2）天山山脉斜坡地灾极高易发区。该区位于新疆中部天山山脉地区，天山山脉呈东西走向，极高易发区沿天山山脉呈带状分布。

（3）藏南谷地斜坡地灾极高易发区。该区位于西藏南部边陲，受河流、冰川融水影响，斜坡地灾极高易发区沿江呈线状分布。

（4）甘肃中部黄土高原斜坡地灾极高易发区。区域地貌以黄土高原为主，黄土覆盖厚，地下水丰富，软弱面发育，渭河流经该区域，受河水冲蚀作用，地层不稳定。

（5）四川盆地斜坡地灾极高易发区。该区位于四川盆地西部，盆地周围山脉发育，区域受地震和降水影响，斜坡地灾频发。

（6）秦岭—大巴山斜坡地灾极高易发区。该区主要由秦岭、大巴山组成，南为大巴山，北为秦岭，区内峰峦重叠，山岭陡峻，河谷深切。

（7）横断山脉—哀牢山斜坡地灾极高易发区。该区范围内有怒山、雪盘山、云岭、雪山、玉龙山、点苍山等大山，怒江、澜沧江、金沙江和独龙江等河流穿山而过，河流冲刷造成该地区地形陡峭，高差巨大，斜坡地灾极高易发区主要沿河流成线状分布。

（8）太行山—吕梁山斜坡地灾极高易发区。该区位于黄河谷地和汾河谷地间，山脉走向由南向北，山脉地形陡峭，易发生斜坡地灾。

（9）辽东半岛斜坡地灾极高易发区。千山山脉从南至北横贯整个辽东半岛，受海洋气候影响，夏季多雨，易发生小型斜坡地灾。

（10）山东半岛斜坡地灾极高易发区。区域中部地形隆起，分布有泰山、鲁山、蒙山等山脉，周围均是低山丘陵，区域内小型斜坡地灾较发育。

（11）东南沿海丘陵斜坡地灾极高易发区。该区位于东南沿海低山丘陵区。地形上山岭连绵，丘陵广布，气候受海洋影响很深，区域内地质体以石灰岩为主，受溶蚀作用影响，形成峰林广布、地形崎岖的丘陵地貌。

参 考 文 献

陈喜昌, 蔡彬, 1987. 长江流域地貌特征及其环境地质意义. 中国地质(5): 11-14.

方匡南, 吴见彬, 朱建平, 等, 2011. 随机森林方法研究综述. 统计与信息论坛, 26(3): 32-38.

高歌, 殷水清, 陈涛, 等, 2022. 长江流域降雨侵蚀力时空变化及成因分析. 农业工程学报, 38(3): 84-92.

谷德振, 1957. 长江流域地质概述. 人民长江(3): 1-10.

胡瑞林, 陈平, 庄茂国, 等, 2020. “坡长制斜坡地质灾害防治体系”的建立与技术要点. 工程地质学报, 28(4): 748-761.

李益敏, 谢亚亚, 蒋德明, 等, 2018. 怒江州斜坡地质灾害孕灾环境因素敏感性研究. 水土保持研究, 25(5): 300-305.

史培军, 杨文涛, 2020. 山区孕灾环境下地震和极端天气气候对地质灾害的影响. 气候变化研究进展, 16(4): 405-414.

王岩, 王登红, 黄凡, 2022. 长江流域矿产资源特征及成矿规律. 地质学报, 96(5): 1724-1735.

杨光, 徐佩华, 曹琛, 等, 2019. 基于确定性系数组合模型的区域滑坡敏感性评价. 工程地质学报, 27(5): 1153-1163.

AGTERBERG F P, 1992. Combining indicator patterns in weights of evidence modeling for resource evaluation. Nonrenewable Resources, 1(1): 39-50.

BERARDINO P, FORNARO G, LANARI R, et al., 2002. A new algorithm for surface deformation monitoring based on small baseline differential SAR interferograms. IEEE Transactions on Geoscience and Remote Sensing, 40(11): 2375-2383.

BREIMAN L, 2001. Random forests. Machine Learning, 45: 5-32.

CHAPLOT V, DARBOUX F, BOURENNANE H, et al., 2006. Accuracy of interpolation techniques for the derivation of digital elevation models in relation to landform types and data density. Geomorphology, 77(1-2): 126-141.

KAMIŃSKI M, 2020. The impact of quality of digital elevation models on the result of landslide susceptibility modeling using the method of weights of evidence. Geosciences, 10(12): 488.

LANARI R, CASU F, MANZO M, et al., 2007. An overview of the small baseline subset algorithm: A DInSAR technique for surface deformation analysis. Deformation and Gravity Change: Indicators of Isostasy, Tectonics, Volcanism, and Climate Change: 637-661.

STROZZI T, ANTONOVA S, GÜNTHER F, et al., 2018. Sentinel-1 SAR interferometry for surface deformation monitoring in low-land permafrost area. Remote Sensing, 10(9): 1360.

VAPNIK V, 1998. Statistical learning theory. New York: Wiley.